示范性职业教育规划教材

药物制剂技术

主　编◎李德鑫　刘裕红　吴　敏

西南交通大学出版社
·成都·

图书在版编目（CIP）数据

药物制剂技术 / 李德鑫，刘裕红，吴敏主编. —成都：西南交通大学出版社，2020.8
示范性职业教育规划教材
ISBN 978-7-5643-7536-2

Ⅰ. ①药… Ⅱ. ①李… ②刘… ③吴… Ⅲ. ①药物－制剂－技术－高等职业教育－教材 Ⅳ. ①TQ460.6

中国版本图书馆 CIP 数据核字（2020）第 155798 号

示范性职业教育规划教材

Yaowu Zhiji Jishu
药物制剂技术

主　　编 / 李德鑫　刘裕红　吴　敏

责任编辑 / 牛　君
助理编辑 / 姜远平
封面设计 / 何东琳设计工作室

西南交通大学出版社出版发行
（四川省成都市金牛区二环路北一段 111 号西南交通大学创新大厦 21 楼　610031）
发行部电话：028-87600564　028-87600533
网址：http://www.xnjdcbs.com
印刷：成都中永印务有限责任公司

成品尺寸　185 mm × 260 mm
印张　19.75　　字数　492 千
版次　2020 年 8 月第 1 版　　印次　2020 年 8 月第 1 次

书号　ISBN 978-7-5643-7536-2
定价　49.00 元

课件咨询电话：028-81435775
图书如有印装质量问题　本社负责退换

《药物制剂技术》编委会名单

（排名不分先后）

李德鑫（贵阳职业技术学院）

毛午佳（贵阳职业技术学院）

吴　敏（贵阳职业技术学院）

陈湘霞（贵阳职业技术学院）

涂　鸿（贵阳职业技术学院）

贾　俊（贵阳护理职业学院）

李启泉（西南医科大学附属中医医院・中西医结合医院）

刘裕红（贵阳职业技术学院）

邓军琳（贵阳职业技术学院）

周　立（贵阳职业技术学院）

谭红琴（贵阳职业技术学院）

张　放（贵阳职业技术学院）

前 言

药物制剂技术是集药学、质量管理、工程技术等多学科知识于一体的综合应用技术。随着《中华人民共和国药典》（2015 年版）和《药品生产质量管理规范》（2011 年版）的实施，制剂技术现代化水平得到进一步提高，制药行业对药物制剂从业人员的技能和素质提出了更高的要求。本教材根据药物制剂生产岗位的职能要求、药物制剂人员国家职业技术标准要求和高等职业教育人才培养的要求，以《中华人民共和国药典》（2015 年版）和《药品生产质量管理规范》（2011 年版）为基准，按照药物制剂生产的工作要求和剂型类别，将制剂工作内容进行归类整合，以每一个项目为一个模块的编写方式，设置了“制剂前处理”“固体制剂”“半固体制剂”“液体制剂”和“无菌制剂”五个项目模块。每个项目按以下方式构建内容体系：一、项目要求（时间要求、质量要求、安全要求、文明要求、环保要求）；二、项目分析；三、项目实施路径与步骤（理论链接、生产操作）；四、项目实施（劳动组织形式、项目评价），项目实施以构成项目任务完成来实现；五、项目作业；六、项目拓展，将药物制剂的理论知识与实践操作直接结合。

本教材模块化的编写方式是我们对职业教育课程改革的探索。由于编者水平所限，书中不足之处在所难免，敬请广大读者提出宝贵意见，以使我们进一步提高。

编 者

2019 年 12 月

目 录

项目一 药物制剂生产前处理

项目二 固体制剂的制备

项目三 半固体制剂的制备

项目一 药物制剂生产前处理

项目要求

- 时间要求：教学学时 18 课时；
- 质量要求：符合国家药品生产的相关标准要求；
- 安全要求：严格按照药品前处理操作规程进行项目作业；
- 文明要求：自觉按照文明生产规程进行项目作业；
- 环保要求：按照环境保护要求进行项目作业。

项目分析

不同药物制剂的制备需在相应的制备环境内进行，以保证药物的质量。所有的制剂的制备，可能涉及称量、干燥、粉碎、过筛、混合、配料以及中药材的提取纯化等药物制剂制备的前处理操作。一般情况下，固体物料使用前应对物料进行前处理，即将物料加工成符合药品生产所要求的粒度和干燥程度等。称量、配料、干燥、粉碎、过筛、混合、制粒和中药材的提取纯化等基本单元操作适合于各种固体制剂剂型的制备过程；而液体制剂制备过程中使用的固体物料也要经过适当的前处理过程才能适于溶解、配制和过滤等操作，故称量、配料、干燥、粉碎、过筛和混合等操作作为制剂前的前处理，是每一种剂型的制备都需要的。中药制剂的生产前处理，除称量、配料、粉碎、过筛、混合及干燥外，还有中药材的提取纯化等基本操作。

项目实施路径与步骤

【项目实施路径】

- 任务一　称量配料
- 任务二　干燥
- 任务三　粉碎
- 任务四　分筛
- 任务五　混合
- 任务六　中药材提取纯化

【项目实施步骤】

任务一　称量配料

称量操作

第 1 步　生产前检查及准备

（1）操作人员按《人员进入 D 级洁净区标准操作规程》进入操作岗位。

（2）由岗位班长组织人员对该岗位进行全面检查，检查操作间门上或门旁是否挂有 QA 检查员下发的绿色“清场清洁合格，准予使用”状态标志。

（3）进入操作间，检查有无前批次“生产清场合格证”（副本），并在有效期内；设备是否有“已清洁”标志及“完好”标志；计量器具有无“计量合格证”，并在有效期内；检查完后，由岗位班长填写“生产前检查记录”，并在“检查人”项确认签字。

（4）进入操作间，如前批次“生产清场合格证”（副本）不在有效期内，则对操作间及其设备进行清洁消毒，并填写好记录，由 QA 检查员确认合格，并在“复核人”项确认签字。

（5）操作过程依据批生产指令、岗位操作规程、产品工艺规程、设备标准操作程序进行。

（6）操作人员首先掌握批生产指令内容及相关操作要求。

（7）根据批生产指令对物料进行核对接收，核对内容包括名称、规格、批号、数量与外观质量。

（8）将检查情况及时记录在生产记录上。

（9）开始操作时将设备状态牌撤换。给设备换上“正在运行”标志，操作间换上“正在生产”标志，并在“正在生产”标志上填写相关信息。

第 2 步　操作过程

（1）称定空配料容器（带盖）的皮重*，在配料单上记录容器的皮重。

（2）按规定的方法，准确称取处方量的物料，在配料单上记录物料的净重。需分几次称量的，须在配好的每个包装上均贴上配料标签，在配料标签右上角应注明该包装是第几包装。

（3）需根据含量计算重量时，配料员必须按领料单上给定的领料量及检验报告书上的实际含量计算领料量，并注明含量，交主管负责人审核签字。

（4）所有的称量作业必须有人进行复核，复核人复核无误后，在配料单上签字确认。

---

* 此处的皮重实指质量，包括后文中的毛重、净重、称重、重量等，因相关行业的生产实践中一直沿用，故本书予以保留。——编者注

（5）称量或复核过程中，每个数值必须与规定数值一致（允许在误差范围内）。

（6）称量过程中所用称量器具应每料一个，不得混用，以免造成交叉污染。

（7）填写记录。

第3步　生产结束后的清场和清洁

（1）将称量好的药物装在洁净的容器内，送往下道工序，及时更换状态标志。

（2）关闭设备的电源，按照相应的清洗规程对设备、电器等擦至无污迹、粉尘。

（3）按《清场标准操作程序》及所用设备清洁标准操作程序进行清场和清洁。

（4）填写清场清洁记录，经 QA 检查员检查合格后在清场记录上签字，挂上清场合格状态标志，并签发“清场合格证”，将本次“清场合格证”（正本）附入批生产记录，副本放于下批生产记录。

第4步　异常情况处理

生产过程中如发生异常情况，影响正常生产时，应按《异常情况（偏差）报告处理标准管理程序》及时填写《异常情况（偏差）报告》并及时通知车间负责人处理。

配料操作

第1步　操作工按洁净区更衣程序更衣并进入工作岗位

第2步　工前检查及准备

（1）检查上一班次的“清场合格证”。

（2）检查容器、设备、场地的卫生是否合格。

（3）取下设备状态标志、清场状态标志，挂上工序卡。

（4）仔细阅读有关的生产指令，认真核对物料盛装容器上标签的程序。

（5）填写工前检查记录。

第3步　操作步骤

（1）操作人员按规定的称量方法和指令进行称量，将称量后的物料放于规定的容器内。

（2）填写称量单，注明生产的品名、批号、批量、规格及称量的物料品名、代号、批号、检验单号、数量，并由称量人签名、注明日期，贴于容器外。

（3）详细填写批配料记录。

（4）复核人对上述过程进行监督、复核。确认所用物料为检验合格的物料，物料的名称、代号、数量与主配方一致，容器外标志准确无误。

（5）经复核后，复核人在标志单上签名，并再次复核称量人填写的批记录与配料过程准确无误，并在批记录的复核人项下签名。

（6）称量的物料与批配方记录完全一致，无多余、遗漏后，放于指定的地点，经质量监督人员复审后，在批配料记录上签字。

（7）物料进入下一工序时应填写好交接记录，交接双方均应在记录上签字。

（8）在称量或复核过程中，每个数值都必须与规定值一致（允许在误差范围内）。如发现有偏差，必须及时分析，并立即报告，直到做出合理的解释，由生产部与质量管理部有关人员共同签发，方可进入下一步工序，同时在批记录上详细记录，并有分析、处理人员的签名。

第4步 清 场

（1）按相关的 SOP 的要求，进行设备清洗。

（2）按相关的 SOP 的要求，进行容器、场地的清洁。

（3）取下工序卡，挂上设备状态标志、清场状态标志。

（4）关好水、电开关。

（5）填写清场记录。

知识拓展一

TCS-150 电子秤标准操作规程

（1）开机及置零。

① 按“开/关”键，仪表进行 99999-00000 自检，完成后自动回零，进入称量状态。

② 在使用的过程中，空秤、零点不为零时，可按“置零”键，仪表数字即自动回零，置零范围：±2%。

（2）操作。

① 将所需称量的物体放在秤台上，待仪表上的数值稳定后显示数值即为此次称量的毛重数据。

② 当称同一物体或同一批数量的物体时可采用按“累计”键把单次重量进行储存，在称完之后再按“累计重示”键，可显示出累计所称物体的毛重。如想随时察看累计重量，按“累计重示”键，则显示已累计次数及累计重量值，保持 2 秒钟后，即返回称重状态；如想长时间察看，可按“累计重示”键不放。如要清除累计，可同时按“扣重”和“累计重示”键，即可清除累计结果，此时累计指示符号熄灭。中途开、关机后，累计结果也会丢失。

③ 被称物体需要去皮时，将物体置于秤台上，待显示稳定后，按“扣重”键，可将显示的重量值作为皮重扣除，即完成去皮重程序，此时仪表显示净重为“0”，扣重标志符号亮。

（3）称重完毕后按“开/关”键，进入关机状态。

（4）每天下班对电子秤按《电子秤清洁标准操作规程》清洁，清洁完毕，挂上“已清洁”卫生状态牌。

知识拓展二

TCS-150 电子秤清洁标准操作规程

（1）清洁剂和消毒剂的配制：

① 1%洗衣粉液或 1%洗洁精液，配制按《清洁剂配制标准操作规程》。

② 75%乙醇或 0.2%新洁尔灭液，配制按《消毒剂配制标准操作规程》。

（2）清洁用具：塑胶桶、海绵块、尼龙块。

（3）每日清洁程序：

① 每日称量完毕后，关掉电源，用干海绵块或用干尼龙刷刷一遍，把灰尘擦掉。

② 用饮用水湿润海绵块，再拧干后，把电子秤抹干净，晾干备用。

（4）每周周末清洁消毒一次：

① 周末称量完毕后，关掉电源，用干海绵块或尼龙刷擦拭一遍，用清洁剂湿润海绵块再拧干，把电子秤擦拭一遍，再用饮用水湿润另一海绵块，拧干后擦一遍。

② 用 75%乙醇或 0.2%新洁尔灭湿润海绵块后再拧干，将电子秤擦拭一遍，再用纯化水洗净海绵块，再拧干后将电子秤擦拭干净，晾干备用。

③ 消毒剂乙醇与新洁尔灭液每月须交替使用。

（5）清洁消毒完毕后，清洁工具按《清洁工具标准操作规程》进行清洁存放。

（6）每次清洁后，挂上“已清洁”牌。

（7）做好清洁记录。

知识拓展三

清洁剂配制标准操作规程

1. 1%洗洁精配制

（1）取量筒量取洗洁精 100 mL，倒入容积为 15～20 L 的塑料桶内。

（2）在磅秤上称取 9.9 kg 纯化水，将其大部分倒入盛洗洁精的塑料桶中，其余小部分将量筒内的洗洁精洗入塑料桶中，搅拌均匀，至洗洁精全部与水混合。

（3）将配制的溶液，用 2 层新纱布过滤到另一带盖塑料桶中，滤毕盖上盖。

（4）在盛配制溶液的桶上贴上注明清洁剂名称、浓度、配制日期等内容的标签。

（5）做好配制记录，记录于“清洁剂配制记录”中。记录内容有：清洁剂名称、配制日期、清洁剂量、水量、总量、配制人等。

2. 1%洗衣粉液配制

（1）取普通天平称取洗衣粉 100 g，倒入容积为 15～20 L 的塑料桶内。

（2）在磅秤上称取 9.9 kg 纯化水，倒入盛洗衣粉的塑料桶中，缓慢搅拌，至洗衣粉全部溶解为止。

（3）将配制的溶液，用 2 层新纱布过滤到另一带盖塑料桶中，滤毕盖上盖。

（4）在桶上贴上注明清洁剂名称、浓度、配制日期等内容的标签。

（5）做好配制记录，记录于“清洁剂配制记录”中。记录内容有：清洁剂名称、配制日期、清洁剂量、水量、总量、配制人等。

知识拓展四

消毒剂配制标准操作规程

1. 1%苯酚液的配制

（1）在普通天平上称取工业级苯酚（或化学纯苯酚）50 g，置于烧杯内。

（2）在胶桶内放置 4.95 L 热纯化水（温度 60～70 °C）。

（3）戴上胶手套，用玻璃棒边搅拌边徐徐加入称好的固体苯酚，继续搅拌至苯酚全部溶解。

（4）将配制的溶液，用 2 层新纱布过滤到另一带盖胶桶内，滤毕盖上胶盖。

（5）在胶桶上贴上注明消毒液名称、浓度、配制日期等内容的标签。将胶桶放置在指定的位置上。

（6）做好配制记录。记录于“消毒剂配制记录表”中。

（7）注意：本品见光或遇空气即变粉红色，固体应予密封，暗处保存。液体应盖好盖。搅拌苯酚液时用力不宜过猛，以免溶液溅出，伤害眼睛。

2. 75%乙醇的配制

（1）用量筒量取 95%乙醇 3 947 mL 放入不锈钢桶内，往桶内加纯化水 1 053 mL，搅拌均匀即得，盖上桶盖。

（2）配制完毕后，在容器上贴上标明消毒液名称、浓度、配制日期等内容的标签，并做好配制记录。

（3）本品为易燃品，应贮阴凉处，严禁与火种接触。

3. 0.2%新洁尔灭的配制

（1）用量筒取 400 mL 5%的新洁尔灭溶液于胶桶中，加纯化水至 10 000 mL，搅拌均匀，即得，盖上桶盖。

（2）配制完毕后，在桶上贴上标明消毒液名称、浓度、配制日期等内容的标签，并做好配制记录。

（3）本品不能与肥皂混合使用，以免降低其消毒效果。

4. 3%来苏尔消毒液的配制

（1）用量筒取 300 mL 来苏尔，倒入 15～20 L 的塑料桶或不锈钢桶中，再往桶内注入 9 700 mL 纯化水，搅拌均匀，即得，盖上桶盖。

（2）在桶上贴上标明消毒液名称、浓度、配制日期等内容的标签，并做好配制记录。

知识拓展五

生产用具、容器清洁标准操作规程

1. 网筛清洁操作程序

（1）生产过程中所有使用的网筛，在使用完毕后用清水冲去残留物。

（2）冲净残留物的网筛，用硬毛刷蘸上 1%洗衣粉液对网筛的网和筛壁进行擦洗，至筛网和筛壁无任何遗留物为止。再用清水冲净清洁剂，至无泡沫或清洁剂遗留斑为止。

（3）用毛刷蘸 0.1%～0.2%新洁尔灭液擦洗网筛的网和筛内外壁，擦完后 15 分钟，再用清水冲洗，至无遗留消毒剂斑迹，然后烘干或晾干。放置于规定的位置并盖上干净塑料布，最后挂上卫生状态标志（注：消毒剂新洁尔灭液与 75%乙醇须交替使用）。

（4）填写“生产用具、容器清洁记录表”。

2. 不锈钢桶、塑料桶、塑料水壳清洁操作程序

（1）生产过程中所有使用的不锈钢桶、塑料桶、塑料水壳，在使用完毕后用清水冲去残留物。

（2）冲净残留物的桶（盖）、壳，用硬毛刷蘸上 1%洗衣粉液对桶（盖）、壳的内外壁进行擦洗，至内外壁特别是拐弯处或交接处无残留物。然后用清水冲洗，至无泡沫或清洁剂遗留斑迹为止。

（3）用毛刷蘸 0.1%～0.2%的新洁尔灭液擦洗桶（盖）、壳的内外壁，擦完后 15 分钟，再用清水冲洗消毒液，至无遗留消毒剂斑迹，然后烘干或晾干。放置于规定的位置，桶盖好盖，无盖的桶倒置，最后盖上干净塑料布，挂上卫生状态标志（注：消毒剂新洁尔灭液与 75%乙醇须交替使用）。

（4）填写“生产用具、容器清洁记录表”。

3. 不锈钢烘盘、不锈钢搅拌桨、不锈钢小铲、不锈钢油灰刀的清洁操作程序

（1）生产使用完后的不锈钢烘盘、不锈钢搅拌桨、不锈钢小铲、不锈钢油灰刀，

用清水冲去残留物。不锈钢搅拌桨因搅拌的是具黏性的浆液，干后洁膜不易洗去，故使用完后应立即冲洗或浸泡于清水中。

（2）用硬毛刷蘸上1%洗衣粉液对烘盘内外表面和搅拌桨等的外表面进行擦洗，至表面和拐角处无任何残留物为止。再用清水冲洗，至无泡沫或清洁剂遗留斑迹为止。

（3）用海绵块蘸0.1%～0.2%新洁尔灭液擦洗不锈钢烘盘等内外表面，擦洗不锈钢搅拌桨、小铲、灰刀等表面，擦完后15分钟，再用清水冲洗，至无遗留消毒剂斑迹为止，然后烘干或晾干。放置于规定的位置，堆放整齐，最后盖上干净塑料布，挂上卫生状态标志（注：消毒剂新洁尔灭液与75%乙醇须交替使用）。

（4）填写“生产用具、容器清洁记录表”。

4. 涤纶烘布、涤纶布袋清洁操作程序

（1）生产过程中所有使用的涤纶烘布、涤纶布袋，在用完毕后，放于不锈钢桶内，用清水浸泡1～2小时（水浸过布面）。

（2）浸泡过的烘布或布袋用硬毛刷蘸1%洗衣粉液刷洗布的正、反面，至布面无残留物。然后在不锈钢桶内加清水冲洗，直到流出水无泡沫。

（3）烘布与布袋稍绞干，置于不锈钢桶内，加0.1%～0.2%新洁尔灭液浸泡15分钟，捞出，尽量绞干消毒液（桶内消毒液补加新洁尔灭液后仍可作其他器具消毒用）。消毒后的烘布与布袋置于另一不锈钢桶内，用流水方法冲净消毒剂，至流出液无泡沫。捞出烘布与布袋，用手尽量绞干，展开，然后烘干（注：新洁尔灭液与75%乙醇须交替使用）。

（4）折叠好烘布、布袋，放于洁净塑料袋内，存放于指定位置，标上卫生状态标志。

（5）填写“生产用具、容器清洁记录表”。

5. 塑料地台板清洁操作规程

（1）已使用两个月或已污染的塑料地台板应进行清洁消毒。

（2）先用清水冲洗台板正面和底面，后用毛刷蘸1%洗衣粉擦洗台板正、反面，然后用清水冲净清洁剂。

（3）用海绵块蘸上3%～5%来苏尔液擦洗地台板正、反面，30分钟后用清水冲净消毒液。晾干后放回指定存放点或直接使用。

（4）填写“生产用具、容器清洁记录表”。

注：所有器具、容器的清洁都应在洗涤间内进行。

知识拓展六

清洁工具清洁标准操作规程

（1）毛巾（抹布）每次用后，用1%洗衣粉液搓洗，再用饮用水冲洗干净（以清洗水无色透明为度），然后用0.1%～0.2%新洁尔灭液浸泡15分钟。取出，用饮用水冲洗净消毒剂，晾干于洁具间的固定位置，最后标上已清洁标志。

（2）海绵地拖把、海绵块、塑料毛刷每次用后挤去水，再用 1%洗衣粉液反复挤压洗涤，洗涤后用水清洗，然后用 3%～5%来苏尔液消毒剂浸泡 15 分钟，最后用水洗净消毒剂，挤干水后，晾干于洁具间的固定位置，最后标上卫生状态标志。

（3）地拖桶（塑料桶），每次用后用毛刷蘸 1%洗衣粉液刷洗桶内外壁，由内至外。刷完后，用清水冲洗，再用毛刷蘸 0.1%～0.2%新洁尔消毒液由桶内至桶外反复刷洗桶壁。然后用水冲去消毒液，最后倒置于洁具间的固定位置，并标上卫生状态标志。

（4）最后填写“清洁工具清洁记录”。

（5）新洁尔灭液与 75%乙醇须交替使用。

称量与配料步骤所需表格如表 1-1 至表 1-14 所示。

表 1-1　批生产指令

产品名称：	产品代号：	页数：
起草人及日期：	审核人及日期：	批准人及日期：
颁布部门：	颁布日期：	生效日期：
分发部门：		

从______年____月____日起，制剂车间生产__________________万粒（片、袋、瓶、支等）。
规格为：__________，批号为：______________。请车间按________________生产指令组织生产。
包装规格如下：
批包装指令下达后方可进行包装。

原 辅 料 定 额 量

序号	材料名称	单位	定额量	生产厂家	批号	每万粒（片、袋）用量
1						
2						
3						
4						
5						
备注						

表 1-2　岗位操作前确认记录

产品名称		规格		批号	
操作前检查项目					
序号	项目	是	否	检查人	复核人
1	是否有上批清场合格证				
2	上批清场合格证是否在效期内				
3	设备是否有“已清洁”及“完好”状态标志				
4	容器具、工具是否齐备，并已清洁干燥				
备注					
日期					

表 1-3 过效期清场记录

清场前产品：	批号：	
清场后产品：	批号：	
清场人：	清场日期：	
清场项目	检查情况	
	已 清	未 清
设备是否清洁消毒		
物料是否已清理		
工具、器具、容具、物料袋是否清洗干净		
地面、门窗、内墙、顶棚是否清洁干净		
初效过滤器是否清洁干净		
其他项目		
备注：		
检查人： 日期：	复核人： 日期：	

表 1-4 称量配料记录

产品名称		批号		规格		称量日期	

原辅料名称（代号）	桶号	备料重量/kg	复称重量/kg	差额	称量人	复核人
备 注：						

表 1-5 配料标签

代号：	编号：	
品名：		
含量：	有效期：	
毛重：	净重：	
成品代号：	批号：	日期：
成品名：		签名：

表 1-6　偏差处理记录

产品名称		产品批号	
工序（岗位）		出现偏差时间	
操作人员			
出现异常偏差经过及状况		签名：	
发生异常偏差的原因分析及解释		车间主任：	
生产技术部门审核意见		生产技术部负责人：	
质量部门审批意见		QA 负责人：	

表 1-7　清场原始记录

<table>
<tr><td colspan="2">产品名称</td><td colspan="2"></td><td>批号</td><td></td><td>规格</td><td></td></tr>
<tr><td colspan="2">工序</td><td colspan="2"></td><td>地点</td><td></td><td>日期</td><td>年　月　日</td></tr>
<tr><td>清场要求</td><td colspan="7">（1）各工序在更换产品、规格、批号时，应进行清场
（2）将本批的中间产品、废弃物、剩余物料以及与续产产品无关的工艺文件等清离现场，无遗留物。各状态标志符合清场后状态
（3）按清洁 SOP 清洁生产设备，做到设备内外无油污、干净、无物料遗留物，设备见本色
（4）按清洁 SOP 清洁（或清扫）工具、容器，做到清洁、无异物、无物料遗留物
（5）按清洁 SOP 清洁地面、墙壁、门窗、天棚、地漏、开关箱外壳等，做到无积水、无积尘、无药液、无粉渣
（6）按清洁 SOP 清洗清洁工具，做到干净、无遗留物，于规定位置干燥、放置
（7）按清洁 SOP 清洗工作服装，并按人员物料进入洁净区或控制区的程序执行</td></tr>
<tr><td rowspan="11">清场情况</td><td>清场项目</td><td colspan="4">操作要求</td><td>操作者</td><td>自查记录</td></tr>
<tr><td>物料</td><td colspan="4">结料、剩余物料退料</td><td></td><td></td></tr>
<tr><td>中间产品</td><td colspan="4">清点、送规定地点放置、挂标记</td><td></td><td></td></tr>
<tr><td>废弃物</td><td colspan="4">清离现场、置规定地点</td><td></td><td></td></tr>
<tr><td>工艺文件</td><td colspan="4">与续产产品无关的，清离现场</td><td></td><td></td></tr>
<tr><td>工具器具</td><td colspan="4">冲洗、湿抹或清扫干净、置规定处</td><td></td><td></td></tr>
<tr><td>容器管道</td><td colspan="4">冲洗、湿抹或清扫干净、置规定处</td><td></td><td></td></tr>
<tr><td>生产设备</td><td colspan="4">湿抹或冲洗、见本色，标志符合状态</td><td></td><td></td></tr>
<tr><td rowspan="2">工作场地</td><td colspan="4">清扫、湿抹或湿拖干净，标志符合状态</td><td></td><td></td></tr>
<tr><td colspan="4">回风口清洁干净</td><td></td><td></td></tr>
<tr><td>洁具</td><td colspan="4">清洗干净、置规定干燥</td><td></td><td></td></tr>
<tr><td colspan="4">班组检查情况

检查者
时间</td><td colspan="4">车间质管员检查情况

质管员
时间</td></tr>
</table>

表 1-8　清场合格证（正本）

<table>
<tr><td>清场班组或工序</td><td colspan="3"></td></tr>
<tr><td>产品名称</td><td></td><td>产品批号</td><td></td></tr>
<tr><td>清场者</td><td></td><td>复核者</td><td></td></tr>
<tr><td>清场日期</td><td></td><td>复核日期</td><td></td></tr>
<tr><td colspan="4">清场结论：

车间质管员：　　　年　　月　　日</td></tr>
</table>

表 1-9　清场合格证（副本）

<table>
<tr><td>清场班组或工序</td><td colspan="3"></td></tr>
<tr><td>产品名称</td><td></td><td>产品批号</td><td></td></tr>
<tr><td>清场者</td><td></td><td>复核者</td><td></td></tr>
<tr><td>清场日期</td><td></td><td>复核日期</td><td></td></tr>
<tr><td colspan="4">清场结论：

车间质管员：　　　年　　月　　日</td></tr>
</table>

表 1-10　生产用具、容器清洁记录表

车间：________________　　　　洁净级别：________________

日期	用具、容器名称	清洁剂		消毒剂		操作人
		名称	用量	名称	用量	

表 1-11　洁净工具清洁记录

部门：

清洁日期	洁具名称	使用清洁剂及用量	使用消毒剂及用量	操作人

表 1-12　设备清洁记录表

设备名称：

清洁日期	设备清洁部位	清洁记录		消毒记录		清洁、消毒方法	操作人
		清洁剂名称	清洁剂用量	消毒剂名称	消毒剂用量		

表 1-13　清洁剂配制记录

清洁剂名称	配　制/mL				配制人
	日期	清洁剂量	水量	总量	

表 1-14　消毒剂配制记录

消毒剂名称	配　制/mL				配制人
	日期	消毒剂量	水量	总量	

任务二 干 燥

第一部分 理论知识

一、干燥的定义

干燥是指利用热能使湿物料中的湿分（水分或其他溶剂）汽化，并利用气流或真空带走汽化了的湿分，从而获得干燥固体产品的操作过程。干燥的目的在于提高药物的稳定性，便于制剂进一步加工、运输和贮存。物料中的水分根据其能否干燥除去可分为平衡水分与自由水分，根据水分除去的难易程度可分为结合水与非结合水。

二、干燥方法

（一）按供热方式分

1. 传导干燥

热能通过传热壁面加热物料，干燥介质与湿物料不接触，属于间接加热。

2. 对流干燥

干燥介质与湿物料接触，将热能传递给物料，湿分被介质带走，属于直接加热。

3. 辐射干燥

电磁波、红外线等由辐射器发射到物料表面，被物料吸收转化为热能，使湿分汽化，被空气带走。

4. 介电干燥

利用高频电场交变作用，极性分子及离子产生偶极子转动和离子传导，将辐射能转换为热能，使湿分汽化，被空气带走。

（二）按操作压力分

1. 常压干燥

在常压下进行，应用广泛，适用于对干燥没有特殊要求的物料的干燥。

2. 真空干燥

在真空下进行，适用于热敏性物料、湿分蒸气必须回收的物料的干燥。

（三）按操作方式分

1. 间歇式干燥

适应性广，设备投资小，操作控制方便；但生产能力小，劳动强度大。

2. 连续式干燥

生产能力大，干燥质量均匀，热效率高，劳动条件好。

三、干燥原理

干燥过程的原理是两个方向相反的过程同时进行。一个是传热过程，热量由热空气传递给湿物料，这个过程是从外向内的；另一个是传质过程，水分蒸发由物料内部向表面扩散，然后不断被汽化，这个过程是由内向外的。干燥速率就是单位时间内在单位干燥面积上被干燥物料所汽化的水分量。

在物料被干燥的过程中，随着水分含量的变化可分为两个不同的阶段。首先是恒速干燥阶段，这时物料的含水量较多，表面水分不断地被汽化的同时，内部的水分不断地扩散至表面，使表面有足够的湿润状态。这个阶段干燥速度可以视为恒定的，干燥速度取决于物料表面水分的汽化速度，因此叫表面汽化控制阶段。

第二阶段为减速干燥阶段，当物料含水量较少时，内部的水分向表面迁移的速率低于表面汽化速率，水分不能及时足够地扩散到表面，此时干燥的速度主要取决于物料内部水分的扩散速率，因此叫内部扩散控制阶段。该阶段热量一部分用于汽化，一部分用于温度升高，随水分的减少，速率不断下降，直至含水量达到平衡。

四、物料中所含水分的性质

1. 结晶水

结晶水是化学结合水，一般用风化方法去除，在药剂生产中不视为干燥过程。如芒硝（$Na_2SO_4 \cdot 10H_2O$）经风化，失去结晶水而成玄明粉（Na_2SO_4）。

2. 结合水

结合水是指存在于细小毛细管中的水分和渗透到物料细胞中的水分。这种水分难以从物料中去除，因为毛细管内水分所产生的蒸气压较同温度时水的蒸气压低；物料细胞中的水分被细胞膜包围和封闭，如不扩散到膜外，也不易蒸发去除。

3. 非结合水

非结合水是指存在于物料表面的润湿水分，包括粗大毛细管中的水分和物料孔隙中水分。此种水分因为所产生的蒸气压等于同温度下水的蒸气压，与物料结合力弱，易于去除。

4. 平衡水分与自由水分

某物料与一定温度、湿度的空气接触时，会发生排除水分或吸收水分的过程，直到物料表面所产生的蒸气压与空气中的水蒸气分压相等为止，物料中的水分与空气中的水蒸气处于动态平衡状态，此时物料中所含的水分称为该空气状态下的物料平衡水分。平衡水分与物料的种类和空气的状态有关。物料不同，在同一空气状态下的平衡水分就不同；同一种物料，在不同的空气状态下的平衡水分也不同。物料中所含的总水分为自由水分与平衡水分之和，在干燥过程中可以除去的水分只有自由水分（包括部分非结合水和部分结合水），不能除去平衡水分。

五、影响干燥的因素

1. 物料性质

影响干燥的物料性质包括物料形状、大小、水分结合方式、黏性、料层厚度等。一般物料呈结晶状、颗粒状、堆积薄者，干燥速率较快。

2. 介质状态

（1）温度：适当范围内提高空气温度，可加快蒸发速度，利于干燥。

（2）湿度：相对湿度降低，干燥速率提高，故可采用干燥剂、除湿机及鼓风等改善相对湿度。

（3）流速：提高空气流速，可降低物料表面水分汽化阻力，提高等速阶段干燥速率。但空气流速对物料内部水分的扩散影响极小，与降速阶段干燥速率基本无关。

3. 干燥方法

（1）静态干燥：物料静止不动，温度逐渐升高，物料内部水分缓慢向表面扩散而蒸发。但升温过快物料易出现结壳，形成假干现象。

（2）动态干燥：物料处于跳动、悬浮态，可增加其暴露面积，有利于提高干燥效率。但必须及时供给足够的热能。

4. 干燥压力

干燥压力与蒸发量成反比。减压干燥能降低干燥温度，提高干燥效率。

六、干燥常见问题分析及其解决措施

（一）常压干燥常见问题及其解决措施

1. 物料黏结、色泽不均

原因：物料翻动不及时；进料时温度过高。解决措施：及时翻动湿物料；将湿物料放进干燥器后再逐渐升温加热。

2. 干燥速率低

原因：干燥温度太低；排湿选择不当；排风风量太小；热量散失。解决措施：适当调高干燥温度；调整排湿阀开启度；检查风机及风管是否漏气，叶片是否有杂物；检查需保温部位，查看是否保温。

（二）真空干燥常见问题及其解决措施

1. 物料溢出

原因：物料层太厚；温度、真空度不当。解决措施：调整、控制物料厚度；调整温度、真空度，使二者相匹配。

2. 干燥效率低

原因：等速干燥阶段时间短；物料厚度不适宜。解决措施：搅拌加热面上的物料，增长等速干燥阶段的时间；调整物料厚度。

（三）沸腾干燥常见的问题及其解决措施

1. 物料流动性差

原因：风压低、风量分布不当；物料过多。解决措施：调节风压和风量分布；调整物料量。

2. 物料“塌床”

原因：物料过湿；风量不足或不均匀，温度低；床面干料层高度不够。解决措施：降低物料含水量；增加风量、升高温度；增加干料层厚度。

3. 干燥速率降低

原因：气流温度过低；袋滤器堵塞。解决措施：调高气流温度及气流量；及时清除袋滤器积尘。

（四）冷冻干燥常见问题及其解决措施

1. 成品含水偏高

原因：容器药液装量过厚；升华干燥过程中供热不足；干燥室真空度不够，冷凝器温度偏高。解决措施：物料一般装料厚度应在 10 ~ 15 mm；增强供热；调整干燥室真空度和冷凝器温度。

2. 成品萎缩

原因：残存水分过高，出箱后吸收水分产生空洞、萎缩现象；料液或支架剂浓度过低。解决措施：控制成品含水量；调整药液浓度，使固形物含量为 4% ~ 25%。

3. 喷　瓶

原因：预冻温度过高，冻结不实；升华供热过快，局部过热融化；料液浓度过低。解决措施：控制预冻温度，保证料液冻实；控制升华温度不超过共熔点；适当增加药液中固形物含量。

4. 产品颜色和孔隙度不均匀

原因：预冻不及时，溶液产生沉淀。解决措施：及时预冻。

（五）微波干燥常见问题及其解决措施

1. 物料干燥不均匀

原因：物料呈大块或堆积放置；物料接受磁场不均匀。解决措施：大块物料最好处理成小块或颗粒，分散放置；使物料处于动态。

2. 干燥效能降低

原因：冷凝水黏附在微波传输系统等内表面，微波经过时部分被冷凝水吸收；干燥过程中脱落的粉末消耗掉一定的微波能。解决措施：定期检查微波传输系统；做好清洁工作，建立定期清理制度。

第二部分　干燥生产操作

第 1 步　生产前准备与检查

（1）操作人员按《人员进入 D 级洁净区标准操作规程》进入操作岗位。

（2）由岗位班长组织人员对该岗位进行全面检查，检查操作间门上或门旁是否挂有 QA

检查员下发的绿色“清场清洁合格，准予使用”状态标志。

（3）进入操作间，检查有无前批次生产“清场合格证”（副本），并在有效期内；设备是否有“已清洁”标志及“完好”标志；计量器具有无“计量合格证”，并在有效期内；检查完后，由岗位班长填写“生产前检查记录”，并在“检查人”项确认签字。

（4）进入操作间，如前批次生产“清场合格证”（副本）不在有效期内，则对操作间及其设备进行清洁消毒，并填写好记录，由 QA 检查员确认合格，在“复核人”项确认签字。

（5）操作过程依据批生产指令、岗位操作规程、产品工艺规程、设备标准操作程序进行。

（6）操作人员首先应掌握批生产指令内容及相关操作要求。

（7）根据批生产指令对物料进行核对接收，核对内容包括名称、规格、批号、数量与外观质量。

（8）将检查情况及时记录在生产记录上。

（9）开始操作时将设备状态牌撤换。给设备换上“正在运行”标志，操作间换上“正在生产”标志，在“正在生产”标志上填写相关信息。

第 2 步　干燥操作

（1）将待干燥的物料均匀摊于热风循环烘箱盘内，厚度约 5 cm，将热风循环干燥机的自控箱面板上的电源开关打开，此时电源指示灯应亮，温度数字显示的调节仪也应有信号显示。

按“风机开”按钮，首次使用烘箱时应在风机一侧观看风机叶片是否为顺时针方向转动，以判断风机转向是否正确。

打开蒸汽阀和截止阀，使蒸汽从电磁阀的旁路通过，排出管路中的积水和脏污后，关闭截止阀。

将温度数字显示调节上的“测量-设定”切换开关打开，此时仪表显示的数字即为烘箱内温度值。

将上述“测量-设定”切换开关拔向左边的“下限设定”位置，此时仪表显示的数字即为下限设定值。调节“下限设定”旋钮，使下限设定值达到烘箱所需的恒温数值，此时干燥机将根据所设定的恒温数值自动开、关蒸汽电磁阀。设定后，干燥机逐渐升温至工艺要求温度，干燥过程应按要求翻盘并监测温度。

（2）检测物料是否达到工艺要求的含水量。

（3）当物料干燥完毕后，关闭蒸汽阀、风机、电源开关，冷却物料。

（4）将干燥后的物料盛装于洁净容器内，容器外附状态标志，标明品名、规格、批号、数量和日期。及时填写批生产记录。

第 3 步　清场和清洁

（1）生产结束后，将干燥物料转移到中间站相应位置存放。

（2）按《清场标准操作程序》及各所用设备清洁标准操作程序进行清场清洁。

（3）填写清场清洁记录，经 QA 检查员检查合格后在清场记录上签字，挂上“清场合格”

状态标志，并签发“清场合格证”，将本次“清场合格证”（正本）附入批生产记录。

第4步　异常情况处理

生产过程中如发生异常情况，影响正常生产时，应按《异常情况（偏差）报告处理标准管理程序》及时填写“异常情况（偏差）报告”，并及时通知车间负责人处理。

干燥生产记录见表 1-15。

表 1-15　干燥生产记录

产品名称		批号		干燥日期		
干燥方法		设备型号		干燥前重量		
物料名称	设备编号	干燥温度	入箱时间	出箱时间	干燥时间	干燥后重量
备注						
操作人		复核人			记录人	
车间管理人				QA 检查员		

知识拓展七

烘干机操作规程

（1）打开蒸汽进汽阀门和手动旁通阀门，将管道和机内的积水排除。

（2）合上电源开关，给烘干机送电。

（3）按“设置”键，时间显示器分钟高位闪烁显示，按上升键“∧”或下降键“∨”，设置时间分钟的十分位数值。

（4）按“设置”键，时间显示器分钟低位闪烁显示，按上升键“∧”或下降键“∨”，设置时间分钟的个位数值。

（5）按“设置”键，温度显示器高位闪烁显示，按上升键“∧”或下降键“∨”，设置温度数值“0”或“1”。

（6）按“设置”键，温度显示器中位闪烁显示，按上升键“∧”或下降键“∨”，设置温度值 0～9。

（7）按“设置”键，温度显示器低位闪烁显示，按上升键“∧”或下降键“∨”，设置温度数值 0～9。

（8）按“设置”键，退出设置状态，如再按则重复如上操作。

（9）打开烘干机门，将待干燥物料放入烘干机内，关好门，按“运行”按钮进入烘干程序。

（10）烘干程序运行完毕，发出烘干信号后，关闭电源开关，打开烘干机门，将待干燥物料取出。

（11）关闭蒸汽进汽阀门。

（12）填写设备运行记录。

（13）注意事项：

① 当交流电发生相位缺失时，系统将停止所有动作，缺相指示灯亮，右边显示器第一位显示“E”并报警，按任意键可停止报警。

② 运行中若打开烘干机门，则停止加热，正反转停止，显示暂停；待门关上后，恢复显示，继续加热及正反转。

任务三 粉 碎

第一部分 理论知识

一、粉碎的定义

粉碎是借助机械力或其他方法将大块的固体物料碎裂成适宜程度的碎块或细粉的操作过程。粉碎度是物料粉碎前后的粒径之比，是评价粉碎效果的重要指标。粉碎是中药制药过程中基本的单元操作之一。

二、粉碎的目的

（1）有利于有效成分的浸出，便于提取。中药材的组织细胞一般排列较紧密，细胞壁也很厚，溶剂不易渗透、扩散，药材经粉碎到一定程度后，细胞破碎，利于浸润，加速了有效成分的溶出；

（2）有利于片剂及其他剂型的制备；

（3）便于调剂，有助于提高药剂的内在质量。药物粉碎不仅利于均匀混合、减少单一制剂单位的重量或含量差异，而且有利于药物的内服吸收或能较好地发挥药物的吸附及覆盖作用；外用则有可能降低局部的机械刺激性。

（4）便于新鲜中药材的干燥；

（5）增加药物的表面积，促进药物的溶解与吸收。

三、常用的粉碎方法

粉碎方法可以根据物料粉碎时的状态、组成、环境条件、分散方法、粉碎设备等不同而分为单独粉碎、混合粉碎、干法粉碎、湿法粉碎、低温粉碎、流能粉碎、闭塞粉碎与自由粉碎、开路粉碎与循环粉碎等。

1. 单独粉碎

单独粉碎是指将一味药物单独进行粉碎的方法，一般以下药物常采用单独粉碎：

（1）贵重细料药，如牛黄、鹿茸、麝香、羚羊角等；

（2）毒性药，如马钱子、轻粉等；

（3）刺激性药，如蟾酥；

（4）氧化性或还原性强的药物，如火硝、硫黄、雄黄等；

（5）树脂、树胶类药，如乳香、没药等。

还有很多情况也需单研粉碎，如制剂中需单独提取的药物；因质地坚硬在粉性药物为主的处方中不便与余药一同粉碎，而需捣碎研磨粉碎的药，如三七、赭石等。

2. 混合粉碎

混合粉碎是指将处方中药物经过适当处理后，全部或部分药物掺合在一起共同粉碎的方法。混合粉碎适用于处方中性质及硬度相似的群药粉碎，也适用于处方中含少量黏性或油性物料的粉碎，这样既可避免一些黏性药物单独粉碎的困难，又可使粉碎与混合操作结合进行，提高效率。复方制剂中的多数药材均采用此法粉碎。

3. 特殊处理后的粉碎

（1）串料法（串研法）：先将处方中非黏性药料混合粉碎成粗粉，然后陆续掺入黏性大的药物再行粉碎；或先将黏性药与其他药料掺合在一起先粉碎成粗粉，60 °C 以下充分干燥后，再行粉碎。串料法适于含黏液和糖分或树脂的黏性药材，如天冬、麦冬、枸杞、大枣、桂圆、山茱萸、黄精、玉竹、熟地黄等。

（2）串油：将处方中非油脂性药料先粉碎成粗粉，再掺入油脂性药料后混合粉碎；或将油脂性药料先捣成糊状，再掺入其他细粉后再行粉碎。此法适于含脂肪油较多的药材，如果实、果仁类药材等。

（3）蒸罐：当处方中含有动物类（如乌鸡、鹿胎*）及滋补类药材时，应用蒸罐法。将处方中不需蒸煮的药材先粉碎成粗粉，与蒸后的其他药材混匀，低温干燥后再粉碎成细粉。

蒸制药材一般用铜罐或夹层不锈钢罐，先将较坚硬的药材放入底层，再将肉性药材放于中层，最后放一些植物性药材，然后将黄酒或其他药汁等液体辅料倒入，通常分两次倒入，第一次倒入总量的 2/3，第二次倒入剩余的 1/3。其蒸制的时间由药材的性质而定，一般为 16 ~ 48 h，有的品种可蒸 96 h，以液体辅料基本蒸尽为度。蒸制的温度可达 100 ~ 105 °C。

4. 干法粉碎

干法粉碎是把药物经过适当的处理，使药物中的水分含量降至一定限度（一般应少于 5%）后再行粉碎的方法。根据药材特性可采用混合粉碎、单独粉碎或特殊处理后粉碎。药物的干燥应根据药物的性质选用适宜的干燥方法，一般温度不宜超过 80 °C。药品生产中多采用干法粉碎。

5. 湿法粉碎

湿法粉碎是指在药物中加入适量的水或其他液体后再进行研磨粉碎的方法。通常选用的

---

* 本书所载某些药材涉及某些濒危或保护动植物，仅用于对医药知识的学习；对于任何形式的野生动物或植物的使用均须遵守国家的相关法律法规。——编者注

液体是以药物遇湿不膨胀，两者不发生变化，不妨碍药效为原则。湿法粉碎可降低颗粒间的聚结，降低能量消耗，提高粉碎效率；可避免操作时粉尘飞扬；可减轻对人体的危害，如用于刺激性较强药物或毒性药物的粉碎。难溶于水的矿物类药物和贝壳类药物，常采用水飞法和加液研磨法，此二法均属湿法粉碎。

（1）水飞法：将非水溶性药料（如朱砂、炉甘石、珍珠、滑石粉等）先打成碎块，置于研钵中，加入适量水，用杵棒用力研磨，直至药料被研细，当有部分研成的细粉混悬于水中时，及时将混悬液倾出，余下的稍粗大药料再加水研磨，再将细粉混悬液倾出，如此反复进行，直至全部药料被研成细粉为止。将混悬液合并，静置沉降，倾出上部清水，将底部细粉取出干燥，即得极细粉。很多矿物、贝壳类药物均可采用水飞法制得极细粉。但水溶性的矿物药如芒硝等则不能采用水飞法。

（2）加液研磨法：将药料先放入研钵中，加入少量液体后进行研磨，直至药料被研细为止。研樟脑、冰片、薄荷脑等药时，常加入少量乙醇；研麝香时，则加入极少量水。注意要轻研冰片，重研麝香。

6. 低温粉碎

低温粉碎是利用物料在低温时脆性增加、韧性与延伸性降低的性质以提高粉碎效果的方法。对温度敏感的药物、软化温度低而容易形成“饼”的药物，常低温粉碎以获得极细粉。低温粉碎适用于在常温下粉碎困难的物料以及软化点低的物料，如树脂、树胶、干浸膏等。粉碎时先将物料冷却，然后迅速通过粉碎机粉碎，或将物料与干冰或液化氮气混合再进行粉碎。

7. 闭塞粉碎与自由粉碎

闭塞粉碎是在粉碎过程中，已达到粉碎要求的粉末不能及时排出而继续和粗粒一起粉碎的操作。闭塞粉碎中的细粉成了粉碎过程的缓冲物，影响粉碎效果且能耗较大，故只适用于小规模的间歇操作。

自由粉碎则是在粉碎过程中已达到粉碎度要求的粉末能及时排出而不影响粗粒的继续粉碎的操作。自由粉碎效率高，常用于连续操作。

8. 开路粉碎与循环粉碎

开路粉碎是一边把物料连续地供给粉碎机的同时不断地从粉碎机中取出已粉碎的细物料的操作。即物料只通过一次粉碎机的操作，工艺简单，操作方便，但粒度分布宽，适用于粗碎和对粒度要求不高的粉碎。

循环粉碎是经粉碎机粉碎的物料通过筛子或分级设备使粗粒重新回到粉碎机反复粉碎的操作。该法操作的动力消耗相对低，粒度分布窄，适于对粒度要求比较高的粉碎。

四、粉碎操作前需要准备的工作

（1）明确粉碎目的，了解粉碎机原理，根据被粉碎物料的特性选择粉碎机。如万能粉碎机，其原理是物料以撞击撕裂研磨而粉碎，可通过更换不同规格的筛板网而得到粗细不同的粉末，且粉末相对均匀，适用于粉碎强黏性的浸膏、结晶性物料等，如蜂蜡、阿胶、冰片。应根据应用目的和欲制备的药物剂型控制适当的粉碎度。

（2）为了提高粉碎效率，保护粉碎机械，降低能耗，在粉碎操作前应对欲粉碎物料进行前处理：如按有关规定，进行净选加工；药材先干燥至一定程度，控制水分含量（一般5%以内）等。并应在粉碎机的进料口设置磁石，吸附加入药料中的铁屑和铁丝等金属物，以防金属物混入机内而发生事故；粉碎机启动时必须无负荷，待机器全面启动，并正常运行后，再进药粉碎。停机时，应待机内物料全部取出后，稍等约 2～3 分钟，再断电源。

（3）粉碎前和粉碎过程中，应注意及时过筛，以免部分药物过度粉碎，并可提高工效；在粉碎过程中应注意减少细粉飞扬，并防止异物掺入。尤其在粉碎毒药或刺激性强的药物时，应注意个人安全防护，做到操作安全；植物药材必须全部粉碎应用，较难粉碎部分（如叶脉、纤维等）不应随意丢掉，以免损失药物的有效成分，使药物的含量相对减少或增高。

五、常用粉碎设备

1. 锤击式粉碎机

锤击式粉碎机适用于粉碎干燥、性脆易碎的药物或做粗粉碎用。其主要由钢壳、钢锤、筛板及鼓风机等组成。

药物自加料口进入粉碎室，当回转盘高速旋转时，安装在其上的钢锤借离心力伸直挺立，对药物进行强烈的锤击。药物因离心抛射经撞击而粉碎。达到一定细度的粉末自筛板分出，经吸入管、鼓风机及排风管进入集粉袋中，不能通过筛板的粗粉继续在粉碎室内粉碎，粉末细度以更换不同孔径的筛板进行调节。

2. 万能粉碎机

万能粉碎机在各类粉碎机中粉碎能力最大，是中药厂中普遍应用的粉碎机，适用于粉碎含黏软、油润、纤维性及坚硬等类药物。其主要构造由机壳和装在动力轴上的甩盘、挡板及风扇等部件组成。

药料自加料口进入粉碎机，靠甩盘上的打板粉碎，经粉碎的药粉通过挡板，被风扇吹起自出粉口经输粉管吹入药粉沉降器，使粗细粉分离。细粉由细粉出料器逸出至布袋收集，粗粉经回流管回到加料斗中重新粉碎。使用本机进行粉碎时，应控制机内温度在 60 °C 以下。

3. 万能磨粉机

万能磨粉机是一种应用较广的粉碎机。其主要由两个带钢齿的圆盘及环状筛网组成，装于水平轴上的圆盘一个可以转动，另一个不动，盘上装有较多数目的钢齿，当两盘相合时，两盘钢齿交错排列，药料在钢齿间被粉碎。

操作时，首先开动机器空转，待高速转动时，再加入药料。药料自加料斗加入，借抖动装置的抖动，经加料口均匀地进入带钢齿的圆盘中，由于离心力的作用，药料被甩向圆盘的钢齿间，借钢齿的撞击、劈裂和挤压作用而被粉碎。粉碎至一定细度的粉末通过环状筛板，从出粉口落入粉末收集袋中，粗粉继续被粉碎。粉末的细度可通过更换不同孔径的筛网进行调节。在粉碎过程中，圆盘高速旋转，产生强烈的气流，易使粉末飞扬，因此必须装有集尘排气装置，以收集粉末和保证安全。

4. 球磨机

球磨机适用于粉碎矿物药（如朱砂）、贝壳类药物（如珍珠）、易熔化的树脂类药物（如松香）、树胶类药物（如桃胶）、刺激性药物（如芦荟）、吸湿性较大的药物（如大黄浸膏）、细料药（如鹿茸）以及挥发性药物（如麝香）等。其主要由圆形球罐和罐内大小不等的圆球组成。罐和球由钢、瓷或花岗岩石制成。球罐的轴固定在轴承上。

操作时将药物装入罐内密盖后，由电动机带动旋转，药物借圆球落下时的撞击劈裂作用及球与罐壁间、球与球之间的研磨作用而被粉碎。圆形球罐应有适宜的转速，以使罐内圆球沿罐壁运动至最高点而落下，达到最好的粉碎效果。

使圆球从最高位置以最大速度落下的圆形球罐转速的极限值，称为临界转速。可由下式计算：

$$n = 42.3 / D^{1/2}（转/分）$$

式中　n——临界转数，r/min；

　　D——球磨机的内直径，m。

在实际工作中，球磨机的转速一般采用临界转速的 70% ~ 75%。

5. 流能磨

流能磨在粉碎的过程中，被粉碎的物料温度不升高，因此常用于抗生素、酶等低熔点或其他热敏感的药物的粉碎。而且在粉碎的同时进行了分级，所以可得到均匀的微粉。

本机无活动部件，似空心轮胎，高压气流以 170.6 ~ 2 073.21 kPa 的压力自底部喷嘴引入，此时高压气流在下部膨胀变为高速或超音速气流在机内高速循环，待粉碎的药物由加料斗经送料器进入机内高速气流，药物在粉碎室内互相碰撞而被粉碎，并随气流上升到分级器，微粉由气流带入收集袋中。粉碎室顶部的离心力使大而重的颗粒分层向下返回粉碎室而继续粉碎。操作时要注意加料速度应一致，以免堵塞喷嘴。

6. 振动磨

振动磨主要由筒体、激振器、支撑弹簧、研磨介质、驱动电机等组成。其槽形或管形筒体支撑于弹簧上，筒体中部有主轴，轴的两端有偏心块，主轴的轴承装在筒体上，并同电动机连接。

操作时，将药物和研磨介质装入筒体内，筒体高速旋转时，研磨介质在筒体内做高频振动、自转运动及旋转运动，使研磨介质之间、研磨介质与筒体内壁之间产生强烈的冲击、摩擦、剪切等作用，将药物磨细。

五、粉碎常见问题及解决措施

（一）黏性强的药材的粉碎方法

粉碎大量含黏液质、糖分或胶类、树脂等成分的“黏性”药料时，如与方中其他药料一齐粉碎，亦常发生粘机和难过筛现象，故通常采用“串料”的方法。

“串料”，即将处方中黏性大的药料留下，先将其他药料混合粉碎成粗粉，然后用此混合药粉陆续掺入含“黏性”的药料中，再行粉碎一次。“黏性”物质在粉碎过程中，及时被先粉碎出的药粉分散并吸附，使粉碎与过筛得以顺利进行。

另外，也可先将黏性大的药材冷却或烘干后，立即用粉碎机不加筛网打成粗粉，将此粗粉与粉碎好的其他药材的粗粉混合均匀，选用适宜的筛网再粉碎一遍，其效果可能比“串料”更好。

（二）质地坚硬的药材的粉碎方法

对于质地坚硬的矿物类、贝壳类、化石类药材（如磁石、牡蛎、龙骨等），因药材硬度高，粉碎时破坏分子间的内聚力所需外力大，药材被粉碎时对筛网的打击也大，易使筛网变形或被击穿。对这类药材可不加筛网或加 5 ~ 10 目筛网先粉碎一次，使成粗粉，再加上适宜的筛网，将粗粉粉碎为所需细粉，这样可以提高效率。某些矿物类药材，也可先打成碎块，除去杂质后，加适量水，用电动研钵或球磨机湿法粉碎，即俗称的“水飞”法。

（三）果实、种子类及树脂类中药材的粉碎方法

果实、种子类药材，如桃仁、杏仁、柏子、酸枣仁等，其油性较强，粉碎时易黏在粉碎机上，使药材难于通过筛孔，虽可采用与其他药材一并粉碎，但也易黏附粉碎机，过筛困难。因此，这类药常采用“串油”的方法粉碎。

“串油”，即将处方中“油性”大的药料留下，先将其他药料混合粉碎成细粉，然后用此混合药粉陆续掺入含“油性”药料，再行粉碎。这样因先粉碎出的药粉可反复多次及时将油吸收，降低粉料油性，不使其黏附粉碎机与筛孔。

（四）中药浸膏粉碎中出现黏结问题的处理方法

中药制药生产中仍存在用烘干法和真空干燥法制备浸膏的工艺。因此，除中药材的粉碎外，科研与生产中还涉及中药浸膏的粉碎，浸膏在粉碎过程中常出现吸潮结块或受热软化黏结现象，堵塞筛网，且醇提取浸膏较水提取浸膏吸湿性较强，粉碎得到的浸膏粉也更易黏结，更难于粉碎。为解决操作过程中浸膏黏结的问题，应注意如下事项：

（1）粉碎时应控制环境相对湿度在临界相对湿度下，可安装除湿机调节。

（2）选用粉碎室配有冷却夹层套的粉碎机，可克服粉碎时产热导致浸膏软化现象，以免阻塞筛网。同时粉碎环境温度宜控制在相对较低温度，具体温度可根据浸膏性质来确定。

（3）可采取先将浸膏冷冻或冷藏处理，增加其脆性，利于粉碎过筛。

（4）及时分装密封，防止浸膏粉重新吸潮黏结，因浸膏粉较浸膏表面积大，更易吸潮黏结。

（五）干法粉碎中常见问题及其解决措施

1. 粉碎效率低

原因：药材中含糖类、黏液质、胶类、树脂、纤维性、油性成分较多；药材质地坚硬；新鲜的动物类药材。解决措施：采用“串料”方法、混合粉碎、低温粉碎等；或先粉碎成粗粉，再将粗粉粉碎为所需的细粉；采用“蒸罐”方法、混合粉碎，或采用冷冻粉碎法。

2. 浸膏粉碎中吸潮

原因：浸膏中含有糖类、树脂、胶类等成分。解决措施：控制环境相对湿度在浸膏临界相对湿度以下；选用粉碎室配有冷却夹层套的粉碎机；将浸膏先预冻处理后再粉碎；及时分装密封。

3. 粉尘飞扬

原因：细粉在粉碎腔内高速运动，获得离心加速度，离开粉碎腔，产生粉尘。解决措施：安装除尘器、布袋除尘或采取水淋、水池除尘。

4. 微生物超标

原因：物料、设备、操作人员、环境带菌。解决措施：药材粉碎前淋洗、干燥、灭菌；

粉碎设备及相关器械采用 75%乙醇、0.2%新洁尔灭或 2%煤酚皂溶液消毒灭菌；空间环境采用漂白粉、乳酸、紫外线等消毒灭菌。

5. 粉碎设备运转时发生振动

原因：机器与地面接触不均匀，地脚螺丝松动；高速回转部分平衡不良；轴承磨损。解决措施：垫平机器与地面的接触，拧紧地脚螺丝；检查各锤片架平衡程度，进行平衡调整；更换轴承。

6. 粉碎室内有金属撞击声

原因：有坚硬杂物落入粉碎室；螺栓、锤片、齿板局部破裂或崩落。解决措施：立即停机检查，修补或调换。

7. 电压不稳定，电流持续增大

原因：加料不均匀；物料含水量过多；机体内物料堵塞；风叶损伤或风道拥塞。解决措施：保证加料稳定，加稳压器；将物料先干燥使含水量低于 5%；清除机体内堵塞物料；检查风叶有无损坏以及及时排除出料部位的拥塞故障。

第二部分 生产操作

第 1 步 生产前检查

（1）操作人员按《人员进入 D 级洁净区标准操作规程》进入操作岗位。

（2）由岗位班长组织人员对该岗位进行全面检查，检查操作间门上或门旁是否挂有 QA 检查员下发的绿色“清场清洁合格，准予使用”状态标志。

（3）进入操作间，检查有无前批次生产“清场合格证”（副本），并在有效期内；设备是否有“已清洁”标志及“完好”标志；计量器具有无“计量合格证”，并在有效期内；检查完后，由岗位班长填写“生产前检查记录”，并在“检查人”项确认签字。

（4）进入操作间，如前批次生产“清场合格证”（副本）不在有效期内，则对操作间及其设备进行清洁消毒，并填写好记录，由 QA 检查员确认合格，在“复核人”项确认签字。

（5）检查粉碎机的清洁状态标识，机器是否运行正常。

（6）开始操作时将设备状态牌撤换。给设备换上“正在运行”标志，操作间换上“正在生产”标志。

第 2 步 粉碎前准备

（1）检查设备电、水路，防止接触短路，检查电线是否老化。

（2）检查设备部件、刀片、紧固螺丝是否紧固可靠，刀片间隙是否合理。

（3）打开粉碎机门盖，检查筛孔是否堵塞，如有堵塞现象，须用缝衣针或钢丝穿通，锈渍严重的须更换，检查设备的其他部件是否正常、可靠。

（4）认真检查工房及设备容器等的清洁状况，检查“清场合格证”，核对其有效期，取下标志牌，挂上生产标志牌于指定位置，按生产指令填写工作状态。

（5）根据生产指令，接收待加工物料，由本岗操作人员与管理员共同核对物料名称、批号、数量、规格、外包装的完整情况。

第3步　操作过程

（1）核对物料数量，将物料置于洁净的生产容器内，称皮重，计算净重，并予以登记，中药饮片在投料前应通知QA检查员，QA检查员对投料过程及数量复核并签字。

（2）根据生产指令用粉碎机对物料进行粉碎操作，操作前先用75%乙醇擦拭粉碎机内部消毒。

（3）在出料口处，把布袋扎牢固。

（4）按启动按钮，使粉碎机空机运转正常（约10 s）后再均匀进料，连续工作。

（5）出料前，让设备空运转2～3 min后，按停车按钮，使粉碎机完全停止运转后再出料，并扎紧袋口，盖好桶盖，称量并在桶上贴上标明品名、重量等的标签。

（6）操作时注意事项：

① 不同品种的粉碎不能在同一时间和同一区域内操作。

② 粉碎用的设备用具不得与药材发生化学反应，不得产生脱落物，不得吸附中药材。

③ 粉碎植物性中药材前必须充分干燥。

④ 在粉碎过程中，由于粉碎机转速快，能产生强烈的气流，故必须装有集尘排气装置，以收集粉末和保证安全。

⑤ 操作加料时要均匀，不得忽多忽少，防止设备超负荷运行，进出料必须均衡。

⑥ 粉碎前确保药材中无异物，以免卡塞而引起电动机发热或烧坏。

第4步　清场和清洁

（1）更换状态标志牌。

（2）清洗不锈钢桶等容器和工具。

（3）对容器、工具和设备表面用75%乙醇进行消毒。

（4）对天花板、墙面、地面清洁消毒。

（5）填写清场记录，请QA检查员检查，合格后发给“清场合格证”。

第5步　异常情况处理

生产过程中发生异常情况，影响正常生产应按《异常情况（偏差）报告处理标准管理程序》及时填写“异常情况（偏差）报告”，并及时通知车间负责人处理。

主要设备运行记录见表 1-16，原料（辅料）粉碎记录见表 1-17。

表 1-16 主要设备运行记录

日期：　　年　　月　　日

设备编号		设备名称	
型号规格		使用部门	
运行记录			
日期/班次	开/停机时间	运行（保养、事故）简况	操作者
设备实际开动台时：		设备故障停机台时：	

表 1-17 原料（辅料）粉碎记录

<table>
<tr><td colspan="2">品名</td><td colspan="3"></td><td colspan="2">检验单号</td><td colspan="2"></td><td>领用量</td><td colspan="2">kg</td></tr>
<tr><td rowspan="3">指令</td><td>1</td><td colspan="10">设备完好，清洁。使用______目______筛粉碎。</td></tr>
<tr><td>2</td><td colspan="10">按 SOP：　　　　操作。</td></tr>
<tr><td>3</td><td colspan="10">指令编号：______ 签发人______ 签发日期______年____月____日</td></tr>
<tr><td rowspan="7">记录</td><td colspan="3">设备完好与清洁状态</td><td colspan="4">完好　不完好　清洁　未清洗</td><td colspan="2">实际用筛网</td><td colspan="2"></td></tr>
<tr><td colspan="2" rowspan="4">粉碎后各桶物料重量</td><td>桶号</td><td></td><td></td><td></td><td></td><td></td><td></td><td></td><td></td></tr>
<tr><td>毛重/kg</td><td></td><td></td><td></td><td></td><td></td><td></td><td></td><td></td></tr>
<tr><td>皮重/kg</td><td></td><td></td><td></td><td></td><td></td><td></td><td></td><td></td></tr>
<tr><td>净重/kg</td><td></td><td></td><td></td><td></td><td></td><td></td><td></td><td></td></tr>
<tr><td colspan="2">总桶数</td><td>桶</td><td>总重量</td><td colspan="2">kg</td><td>余料重量</td><td>kg</td><td>损耗量</td><td colspan="2">kg</td></tr>
<tr><td colspan="3">生产操作人</td><td colspan="3"></td><td colspan="2">复核人</td><td colspan="3"></td></tr>
</table>

$$物料平衡=\frac{粉碎后物料总重量+余料重量+被污染可计量物料重量}{粉碎前物料重量}\times 100\%$$

物料平衡结果：

粉碎物质量情况	工艺执行情况	偏差情况/发放意见
签名：　　　　日期：	签名：　　　　日期：	签名：　　　　日期：

知识拓展八

30B 粉碎机标准操作规程

1. 开机前准备工作

（1）检查设备，内部应无异物。

（2）轴承加入适量润滑油脂。

（3）检查所有紧固螺钉有无松脱。

（4）检查皮带松紧是否适度，用手转动主轴时，转动应灵活、轻松。

（5）按要求安装好筛网。

（6）检查旋风分离器的部件、管道是否完整。

（7）安装好旋风分离器的衬塑料袋的收集桶及布袋。

2. 操作顺序

（1）接通电源，先开旋风分离器的片机，后开粉碎机，待转速正常后，方可加料粉碎。

（2）将物料加入料斗，调节料斗闸门开启至适度。

（3）工作结束后，关机，断开电源。

（4）按《30B 粉碎机清洁标准操作规程》对本机进行清洁。

（5）填写“主要设备运行记录”和“设备清洁记录”。

知识拓展九

30B 粉碎机清洁标准操作规程

（1）按《清洁剂配制标准操作规程》配制 1%洗衣粉液或 1%洗洁精液；按《消毒剂配制标准操作规程》配制 75%乙醇或 0.2%新洁尔灭液。

（2）准备好清洁用具：不锈钢铲刀、尼龙刷、海绵块、吸尘器、塑料桶。

（3）切断电源。

（4）用吸尘器吸除机器外表的粉尘。

（5）拆下加料漏斗、布袋、打开门盖；用吸尘器吸除机器内能用吸尘器吸尘嘴接触到的表面的粉尘。

（6）拆下筛网；再用吸尘器吸除筛网罩住部位的粉尘。

（7）加料漏斗、布袋、筛网以及其他拆下零件的清洁程序：

① 浸入水池中的饮用水；用尼龙刷刷洗去积尘；

② 用 1%洗衣粉液或 1%洗洁精液清洗，用尼龙毛刷刷去积垢；

③ 用饮用水冲净清洁液；

④ 将这些配件拿到另一洁净的水池内，加料漏斗、筛网用海绵块蘸取 75%乙醇

或 0.2%新洁尔灭液擦拭表面，布袋用上述消毒剂浸泡；

⑤ 十分钟后，用纯化水冲洗，除去消毒剂；

⑥ 晾干备用。

（8）主机内、外表面的清洁程序：

① 用饮用水淋洗机内表面的粉尘；下料管道、筛圈装置、旋转刀等难清洗部位，先用不锈钢铲刀铲去黏在其表面的硬块状物料，再用尼龙刷刷洗，直至机内无粉尘、无积垢。

② 主机外表面用海绵块蘸自来水擦洗，直至无粉尘、无积垢；

③ 用海绵块蘸取清洁剂擦拭主机内、外表面；

④ 机内表面先用饮用水淋洗，后用海绵块蘸取饮用水擦洗机内、外表面，洗去清洁剂；

⑤ 用海绵块蘸取消毒剂擦拭机内、外表面；

⑥ 十分钟后，用纯化水淋洗机内、外表面，用干净海绵块蘸取纯化水擦洗机内、外表面，清洗干净消毒剂；

⑦ 晾干主机内、外表面。

（9）将清洁工具清洁后，放回存放地点。

（10）在粉碎机上挂“已清洁”标志牌。

（11）清洁周期：同一批产品的原料粉碎后即进行清洁。若设备停用三天以上，再用时其接触药品的部位须消毒处理。

（12）做好清洁记录，填写“设备清洁记录”。

知识拓展十

TYM-100L 型（卧式）振动式细胞超微粉碎机操作规程

（1）起动前检查：电源电压（380 V）是否正常；冷却系统是否正常。

（2）操作步骤：

待粉碎物料装入料盒（每次为 30 L，特殊物料除外），将料盒置于磨机滑道小车上，并沿滑道推至磨筒料口正下方（磨筒料口向下），按下“顶升上”按钮，抬筒臂将料盒抬起至料盒与磨筒进料口对接，接合面接触良好，装上手柄旋转约 120°，使料盒与进料筒缩紧牢固，取下手柄，按下“顶升下”按钮，抬筒臂落下至合适位置，按下“上翻料”按钮，料盒翻转至磨筒上方，按下“磨机启动”按钮，便可进行粉碎工作。到设定时间停机，将料盒向下翻转至磨筒下方，再次开动磨机，使研磨好的成品全部进入料盒，按下“磨机停止”按钮，磨机停止。按“顶升上”按钮，抬筒臂抬起，装上手柄，旋转至料盒与进料筒分开，按下“顶升下”按钮，将料盒落下移出，即完成一个粉碎周期。

（3）使用注意事项：

① 为保证粉碎质量，应严格控制每次装料量不大于 30 L（特殊物料除外）。

② 运转中如发生异常声响，应立即停机检查。

③ 磨机开动时一定要接通冷却水系统。

④ 所有电机的旋转方向已经调整好，不得随意改变，否则将会产生故障甚至损坏元件。在正常使用状态中，应始终将电机的手动释放机构置于制动位置，不得随意调节。

⑤ 滑动小车在接送料盒时，请注意在磨筒翻转到位后推入，以防事故的发生。

⑥ 启动主机后不得进入隔声罩内，在确认隔声罩门关闭的情况下，周围 1 m 范围内不得长时间停留。

⑦ 操作者不得擅离岗位，随时监视各工作部位处于正常状态，发现异常现象必须立即关闭电源，再做应急处理。

（4）清洗：更换物料或长时间停止使用时，应对磨筒进行清洗。清洗前可先用淀粉清洗 3 min，加入量约占磨筒体积的 2/3，重复 2～3 次。将淀粉排净后，拆开筛板将介质取出，用水或其他溶剂清洗磨筒内壁及介质，用干布擦干后（或在条件允许的情况下烘干或用热风吹干，确保介质、磨筒干燥），将介质放入磨筒，重新按顺序定位安装设备，备用（如物料中混入少许淀粉无妨碍，则设备可用淀粉多次清洗，无须拆卸）。介质在设备内要排列整齐，擦洗的过程中介质不得磕碰，介质放入后，即可按原样安装，安装时应确认所有紧固件完全牢固。

（5）冷却：磨筒的外表面有夹层水套，可根据加工物料的性质选择循环水冷却或冷冻机冷却，并通过磨筒表面管接口与之连接。

（6）维修与保养：

① 因为该机的工作特征，机器开动后处于振动状态，所以在使用过程中应经常定期检查各部螺栓是否松动，弹簧是否完好，以免造成不必要的后果或机器损坏。

② 电机轴承的维护保养以常规方式为准。

③ 减速机用 40～50 号机油或减速机专用润滑脂，牌号为 0 号或 00 号。减速机出厂前已装足润滑脂，在一般情况下，可使用一年。润滑脂中混入杂质或因进水而乳化时，应该更换新的润滑脂。由于橡胶老化而密封作用降低以致轻微渗漏时，要及时补充润滑脂并更换新的油封。

任务四 分 筛

第一部分 理论知识

一、筛分概念及目的

筛分是将粒子群按粒子的大小、密度、带电性以及磁性等粉体学性质进行分离的方法。筛分法是借助筛网孔径大小将物料进行分离的方法，操作简单、经济，而且分级精度较高，是制药工业中应用最为广泛的粒子分级操作方法。筛分的目的是获得均匀、分等和混合均一的粒子群。

二、中药物料粉碎后进行筛分的目的

中药物料经粉碎后得到的粉末有粗有细，粒度相差悬殊。一般情况下，粉末的粒度分布是中等粗细的粉粒最多，粗粉和细粉量最少，以粒度与粉末重量百分比作图，可得正态分布。但物料经过粉碎以后，大多数粉末不是正态分布，分布图出现偏斜与不对称。为了得到粒度比较均匀的粉末，保证药物成分的均一性及后续制剂工艺的顺利操作，就必须通过一种网孔性工具，使粗粉与细粉分离。这种网孔性的工具称为筛网。筛分就是利用筛网将不同粒度混合的粉料按粒径大小进行分离的方法。

中药材粉碎后粉末粗细不匀的状况尤为突出，因为中药材各部分组织的硬度不一，复方药材混合粉碎后得到的粉末粗细更难控制。所以通过筛分，不仅能将粉碎好的颗粒或粉末按粒度大小分等，而且也能起混合作用，以保证组成的均一性；同时还能及时将合格药粉筛出以减少能量的消耗。但在过筛时较细的粉末易通过筛孔，因此过筛后的粉末仍应适当地加以搅拌混合，才能保证有较高的均一性。过筛后不合要求的粉末需再进行粉碎。

此外，筛分是药剂制备的一个重要单元操作。物料通过筛分将改善粒子的吸湿性、流动性、充填性及胶囊剂或片剂的重量差异等，有利于制剂质量的提高。

三、药筛的种类与规格

筛分用的药筛按其制作方法分两种：一种为冲眼筛（模压筛），系在金属板上冲出圆形的筛孔而成。其筛孔坚固不易变形，一般用于高速旋转粉碎机的筛板及药丸的筛选；另一种为编织筛，是用一定机械强度的金属丝（如不锈钢、铜丝、铁丝等），或其他非金属丝（如丝、尼龙丝、绢丝等）编织而成。编织筛单位面积上筛孔多，筛分效率高，但筛线易位移致筛孔变形，从而使分离效率下降。

我国工业用标准筛常用“目”数表示筛号，即以每英寸（in，1 in=25.4 mm）长度上的筛孔数目，即筛目表示。《中国药典》（2015 年版）规定了 9 种筛号，筛目与筛号的关系见表 1-18。

表 1-18　《中国药典》筛号、工业筛目、筛孔内径对照表

筛号	筛目/（孔/in）	筛孔内径/μm	筛号	筛目/（孔/in）	筛孔内径/μm
一号筛	10	2 000±70	六号筛	100	150±6.6
二号筛	24	850±29	七号筛	120	125±5.8
三号筛	50	355±13	八号筛	150	90±4.6
四号筛	65	250±9.9	九号筛	200	75±4.1
五号筛	80	180±7.6			

四、粉末分等

为了控制粉末的均匀度，《中国药典》（2015 年版）规定了 6 种粉末规格，见表 1-19。

表 1-19　粉末的分等标准

等级	分等标准
最粗粉	能全部通过一号筛，但混有能通过三号筛不超过 20%的粉末
粗粉	能全部通过二号筛，但混有能通过四号筛不超过 40%的粉末
中粉	能全部通过四号筛，但混有能通过五号筛不超过 60%的粉末
细粉	能全部通过五号筛，并含有能通过六号筛不少于 95%的粉末
最细粉	能全部通过六号筛，并含有能通过七号筛不少于 95%的粉末
极细粉	能全部通过八号筛，并含有能通过九号筛不少于 95%的粉末

五、常用筛分设备类型

筛分机械种类较多，可根据对产品粉末粗细的粒度要求、粉末的性质和产品数量来适当选用。在药厂成批生产中，以用粉碎、筛分、空气离析、集尘的联动装置为多，可提高粉碎与过筛效率，保证产品质量。小批量实验研究生产中，常用手摇筛、振动筛、旋动筛以及电磁颠动筛粉机等进行筛分单元操作。

1. 手摇筛

手摇筛是各号按规定标准（不同筛孔内径或目数）的筛网，固定在圆形或长方形的竹圈或金属圈上制成。按照筛号大小依次叠成套（亦称套筛）。应用时取所需要号数的药筛套在接收器上，上面加盖，手工摇动过筛。多用于小量生产，也适用于过筛具毒性、刺激性或质轻的药粉。套筛用马达带动，摇动或振荡，可对物料分级，用于粒度的测定。

2. 振动筛

振动筛系利用机械或电磁方法使筛或筛网产生振动，有机械振动筛及电磁振动筛。振动筛分离效率高，单位筛面处理能力大，特别是对细粉的处理能力比其他形式的筛高，具有维修费用低、占地小、重量轻等优点。为防止细粉堵网问题，最近开发的超声波振动筛的筛网的振频率可达数百次/分，可处理 40 fun 的细粉。机械振动筛一般利用在旋转轴下配置不平衡重锤或置具有棱角的凸轮使筛产生振动。

一种圆形振动筛，电机的上轴及下轴各装有不平衡重锤，上轴穿过筛网并与其相连，筛框以弹簧支承于底座上，上部重锤使筛网产生水平圆周运动，下部重锤使筛网发生垂直方向运动，故筛网的振动方向具有三维性质。物料加在筛网中心部位，筛网上的粗粉由上部排出口排出，筛分出的药料由下部出口排出。筛网直径一般为 0.4 ~ 0.5 mm，每台可由 1 ~ 3 层筛网组成。

3. 旋动筛

旋动筛一般为长方形或方形筛框，由偏心轴带动在水平面内绕轴心沿圆形轨迹旋动，回转速为 150 ~ 260 r/min，回转半径为 32 ~ 60 mm。其筛网具有一定的倾斜度，故当筛旋动时，筛网本身同时可产生离频振动。为防止堵网，在筛网底部网格内置有若干小球，利用小球撞击筛网底部亦可引起筛网的振动。旋动筛可连续操作，粗、细粉可分别自排出口排出。

4. 摇动筛

摇动筛多为一水平或稍有倾斜放置的长方形筛。操作时，利用偏心轮及连杆使其发生往复运动。筛框支承消于摇杆或以绳索悬吊于框架上。物料加于筛网较高的一端，借筛的往复运动向较低的一端运动，细料通过筛网落于网下，粗料则在网的另一端排出。摇动筛的摇动幅度为 5 ~ 225 mm，频率为 50 ~ 400 次/分。摇动筛所需功率较小，但维修工作量较大，生产能力较低。

六、筛分效率低的问题解决措施

在筛分过程中，由于受到摩擦和表面能等多种因素的影响，并非所有小于筛孔的粉末都能通过筛孔。实际上，有部分小于筛孔的可筛过粉末留在筛上，而筛下却会夹有一些不可筛过的大粒粉末，这就产生了分级效果问题。过筛粉末中可筛过粉末的数量与应可筛过粉末的量越接近，则筛粉过程越完善，两者数量之比（以百分率表示）可表示过筛（筛分）效率。影响过筛效率的主要因素如下：

1. 药料的性质

包括被过筛药料粒子的形状、表面状态及带电性等。因粉末间摩擦力的大小取决于粉粒的表面结构，粒子形状越不规则、表面越粗糙，相互间摩擦越大，对过筛的影响也越大。就粉粒的形状而言，一般晶体物易碎裂为细小的颗粒，而中药的粉粒常是长形的条状，故晶体药物较中药的粉末更易通过筛孔。富含纤维或多毛的中药，因粉粒多呈长形，而易于彼此绞合成团，如与较硬的药物共同粉碎能在一定程度上加以克服。去毛后的中药的粉碎如不影响药效也可以采用此法。此外，某些药物可因摩擦而产生电荷，从而使药物粉末吸附在金属筛网上堵塞筛孔，可装接地导线加以克服。

2. 药料的含湿量

过筛药料粒子表面的水分或油脂含量较高，筛孔尺寸较小时，对过筛效率影响较大，因为含水与含油细粒子易相互黏附成团而堵塞筛孔，使过筛难以进行，药材应适当干燥后再过筛。如油脂无生理活性时，可先进行脱脂处理，再行粉碎过筛。若为了减轻药粉结团阻碍过筛，可在筛网面上装上可转动的毛刷，随时分散粉团，以促进过筛。但应注意毛刷不宜与筛网紧密接触以免将粗粉挤压通过筛网，或造成筛线移位，改变孔径，影响粉末规格。

3. 筛分装置及粉末的运动方式

（1）筛面的倾角。筛面的倾角加大时，物料在筛面上运动速度加快，可提高药筛的处理量，但倾角过大时，筛孔的有效尺寸减小，颗粒通过筛孔困难，过筛效率降低。

（2）筛的振动情况。筛的振动及振幅对颗粒在筛面上的运动影响很大，在振动情况下，药粉在筛面上不断跳动和滑动，可有效地增加粉末间距，使筛孔得到充分暴露而有利于筛分的进行。但粉末在筛网上的运动速度不宜过快，以便供更多的粉末有落筛孔的机会；但运动速度也不宜太慢，否则也会减低过筛的效率。为了充分暴露出筛孔以提高过筛的效率，在筛分的同时常利用往复或旋转运动和打击筛壁的振动，不时使粉末在筛上往复滑动和跳动，从而达到顺利过筛的目的。

（3）粉层厚度。药筛内的药粉不宜太多，必须让粉末能在较大范围内有足够的余地移动而便于过筛。同样药粉层也不宜太薄，否则会影响过筛效率。

第二部分　生产操作

第1步　生产前准备与检查

同称量“生产前准备与检查”。

第2步　操作过程

（1）操作人员到洁具存放间领取收集布袋、工具以及无毒塑料袋。

（2）操作人员戴好口罩和洁净手套，检查收集布袋是否清洁，有无漏洞，然后将收集布袋上端套在出料口用绳扎紧，下端挽结放于内衬两层无毒塑料袋的不锈钢桶内，将物料倒入振荡筛料斗内。

（3）按工艺规定选用筛网，用75%的乙醇将筛网擦拭一遍，安装好筛网。

（4）打开开关，进行生产操作。

（5）当细粉收集袋装满时，操作人员解开收集布袋袋口，将细粉放出于周转袋中，再挽上细粉收集袋袋口，将已装满细粉的周转袋封口，从不锈钢桶内取出，放在运输车上，重复上述操作直至结束。

（6）操作人员用电子秤对细粉进行称量，工序班长复核；填写称量记录，拴挂标签，各项内容应填写完整。

（7）由 QA 检查员检查合格后，操作人员用运输车将装有细粉的周转袋推到中间站，放到指定位置。

（8）填写分筛生产记录（表1-20）。

表1-20　分筛生产记录

<table>
<tr><td colspan="2">产品名称</td><td colspan="2"></td><td colspan="2">规格</td><td colspan="2"></td><td>批号</td><td></td></tr>
<tr><td colspan="2">工序名称</td><td colspan="2"></td><td colspan="2">生产日期</td><td colspan="2"></td><td>批量</td><td></td></tr>
<tr><td colspan="2">生产场所</td><td colspan="2"></td><td colspan="2">主要设备</td><td colspan="4"></td></tr>
<tr><td rowspan="2">工序</td><td rowspan="2">物料名称</td><td rowspan="2">目数</td><td colspan="3">处理前</td><td colspan="3">处理后</td><td rowspan="2">物料平衡</td></tr>
<tr><td>毛重/kg</td><td>皮重/kg</td><td>净重/kg</td><td>毛重/kg</td><td>皮重/kg</td><td>净重/kg</td></tr>
<tr><td rowspan="2">分筛</td><td></td><td></td><td></td><td></td><td></td><td></td><td></td><td></td><td rowspan="3"></td></tr>
<tr><td></td><td></td><td></td><td></td><td></td><td></td><td></td><td></td></tr>
<tr><td colspan="2">处理前物料
总净重/kg</td><td colspan="2"></td><td colspan="2">处理后物料
总净重/kg</td><td colspan="3"></td></tr>
<tr><td colspan="2">备注</td><td colspan="8"></td></tr>
<tr><td colspan="2">操作人</td><td colspan="2"></td><td colspan="2">复核人</td><td colspan="2"></td><td>QA检查员</td><td></td></tr>
</table>

第3步 清场和清洁

（1）生产结束后，操作人员将使用后的运输车、工具、容器具运至容器具清洗间，按清洁规程进行清洁。

（2）由工序班长取下生产状态标志及设备运行状态标志，纳入批生产记录，换上操作间“待清场”标志、设备“待清洁”标志，严格按照清洁规程进行清洁。

（3）工序班长检查合格后，取下“待清洁”标志，挂上“已清洁”标志，并注明有效期，由操作人员填写设备清洁记录。

（4）除尘袋内残留的药粉按《废弃物管理规程》进行处理。

（5）清洁合格的容器具、运输车在洁具存放间定置存放。

（6）工序班长检查合格后，取下“待清场”标志，挂上“已清场”标志，并注明有效期，由操作人员填写清场记录。

（7）由 QA 检查员检查清场情况，确认合格后签发“清场合格证”正副本，操作人员填写清场记录，由 QA 检查员签字，并将清场记录及清场合格证（正本）纳入本次批生产记录。

第4步 异常情况处理

生产过程中发生异常情况，影响正常生产应按《异常情况（偏差）报告处理标准管理程序》及时填写“异常情况（偏差）报告”并及时通知车间负责人处理。

知识拓展十一

ZS-515 旋涡振荡筛标准操作规程

1. 开机前的准备

（1）检查开机空载运转是否正常，应无异常噪音。

（2）按生产工艺要求安装好筛网，根据物料的物性及生产要求，反复调节重锤的角度，设置最佳生产效率的理想振幅及频率（附调节方法：打开机座门拨动底部重锤上指针即可调节），角度和振幅对照如下：0°—6 mm；45°—4 mm；60°—3 mm；70°—2 mm；80°—1.5 mm；90°—1 mm。

2. 操作步骤

（1）将洁净的盛料袋捆接于出料口。

（2）加物料于筛盘中，打开电源，开机生产。

（3）工作完毕，关闭电源，松开锁紧装置，将料斗、筛网及封圈等卸下，按《旋涡振荡筛清洁标准操作规程》进行清洁。清洁完毕后，挂上“已清洁”标志牌。

（4）填写“主要设备运行记录”和“设备清洁记录”。

知识拓展十二

ZS-515型旋锅振荡筛清洁标准操作规程

（1）清洁剂和消毒剂的配制：

① 按《清洁剂配制标准操作规程》配制好1%洗衣粉液或1%洗洁精液。

② 按《消毒剂配制标准操作规程》配制好75%乙醇或0.2%新洁尔灭。

（2）准备好清洁用具：尼龙刷、不锈钢铲刀和海绵块。

（3）每个品种或每班完成生产后，关闭电源，拆下筛盘和筛网。

（4）筛盘和筛网的清洁程序：

① 用尼龙刷扫去筛盘和筛网上大部分粉尘，回收作为粉头交中间仓，黏附的结块状物用不锈钢铲刀铲除。筛盘和筛网放入洗涤间水池，浸入饮用水中，用尼龙刷洗去积尘。

② 用配好的1%洗衣粉液或1%洗洁精液清洗，用尼龙刷刷去积垢。

③ 用饮用水冲净清洁剂。

④ 将筛盘和筛网放入洁净的水池内，用海绵块蘸取75%乙醇或0.2%新洁尔灭液擦拭表面。

⑤ 10 min后，用纯化水冲洗，除去消毒剂，晾干备用（如用75%乙醇消毒，则不需纯化水冲洗）。

（5）主机内、外表面的清洁程序：

① 打开机盖，用尼龙毛刷扫去设备的内壁以及进料斗、出料口的粉尘，黏附的结块状物则用不锈钢铲刀铲除。

② 用海绵块蘸取饮用水擦洗上述部位直至无粉尘、无积垢，按由内到外、由上到下的顺序清洗。

③ 由内到外，用海绵块蘸取清洁剂（1%洗衣粉液或1%洗洁精液）擦拭主机内、外表面。

④ 用干海绵块擦去清洁剂。

⑤ 用海绵块蘸取饮用水擦洗主机内外、表面。

⑥ 用海绵块蘸取消毒剂（75%乙醇或0.2%新洁尔灭液）擦拭主机内、外表面。

⑦ 10 min后，用干净海绵块蘸取纯化水擦洗主机内、外表面，除去消毒剂（如用75%乙醇消毒，则不需用纯化水除去消毒剂）。

（6）消毒剂75%乙醇与0.2%新洁尔灭液每月应更换使用。

（7）在机上挂上“已清洁”标志牌。

（8）填写“设备清洁记录”。

任务五 混 合

第一部分 理论知识

混合是制备制剂的重要操作，混合的均匀程度直接影响制剂的准确剂量、疗效和外观。混合均匀对含毒剧药物的散剂尤为重要。常用的混合有研磨混合、搅拌混合和过筛混合等。以下介绍的是几种特殊类型散剂的混合操作。

1. 含毒剧药物、细料药、贵重药或药物比例相差悬殊的散剂的混合

处方中有毒剧药、细料药、贵重药物或药物比例相差悬殊时，为保证混合均匀，需采用“等量递增法”混合。含少量毒剧药的散剂，常添加一定量的稀释剂制成倍散。常用的稀释剂有乳糖、淀粉、蔗糖、葡萄糖、白陶土、碳酸镁和精制碳酸钙等。

等量递增法：取量小的组分及等量的量大组分，同时置于混合器中混合均匀，再加入与混合物等量的量大组分稀释均匀，如此倍量增加，直至加完全部量大的组分为止，混匀、过筛，即得。此法工时少，效果好。

2. 药物色泽差异悬殊散剂的混合

药物色泽差异悬殊时，多采用“打底套色法”进行混合。

打底套色法：将量少的、色深的药粉先放入研钵中（在混合之前应先用其他量多的药粉饱和研钵）作为基础，即是“打底”；然后将量多的、色浅的药粉逐渐分次加入研钵中，轻研使之混匀，即是“套色”。此法缺点是侧重色泽，而忽略了粉体粒子等比容易混合均匀的机理。

3. 处方中有浸膏存在的散剂的混合

处方中有浸膏存在时，要视浸膏的状态来确定混合的方法。如果物料为干浸膏，可直接将之粉碎成粉，按固体药物混合，如安宫牛黄散。若为稠浸膏，需用少量乙醇研磨稀释后，再用固体药粉吸收混匀，干燥后即可，如紫雪散。

4. 含液体组分的散剂的混合

在复方散剂中如含少量液体组分，如挥发油、新鲜药汁、酊剂、流浸膏等，一般可用处方中其他组分吸收，必要时可另加适当的赋形剂，如淀粉、蔗糖等。若吸收后湿度过大，可低温干燥以除去水分。若含黏稠浸膏或挥发油，可用少量乙醇溶解或稀释后与药粉混匀。

5. 含低共熔组分的散剂的混合

两种或两种以上的药物混合粉碎或混合后出现湿润或液化，这种现象称为低共熔。例如樟脑熔点为 179 °C，水杨酸苯酯熔点为 42 °C，将 4% ~ 5%的樟脑与 55%的水杨酸苯酯混合时，则熔点降低为 6 °C，故在常温下即液化。易产生低共熔的多为酚类、醛类、酮类药物，如薄荷脑、樟脑等。通常研磨时液化现象出现较快，其他情况下须经过一段时间才出现液化现象，含低共熔组分的散剂是否采用低共熔法制备，应根据共熔对药理作用的影响及处方中所含其他固体组分量的多少而定，一般有以下三种情况。

（1）如药物低共熔后，其药理作用比单独混合强，则宜采用低熔法。

（2）某些药物低共熔后药理作用几无变化，若处方中固体组分较多时，可将低共熔组分先低共熔，再以其他组分吸收混合，使之分散均匀。

（3）在处方中如有挥发油或其他足以溶解低共熔成分的液体时，可先将其溶解低共熔成分，再用喷雾法喷入其他固体组分中，混匀。

6. 粉体粒子的性质

1）粒子径

粒子径即粒子的大小，是决定粉体的其他性质的最基本的性质。球形颗粒的直径、立方形颗粒的边长等规则粒子的特征长度可直接表示粒子的大小，但通常处理的粉体中，多数情况下，粒子的形态并不规则。粒子径的表示方法有：

（1）几何学粒子径，即由几何学尺寸定义；

（2）筛分径，即细孔通过的相当径；

（3）有效径，即相当于液相中具有相同沉降速度的球体的直径；

（4）比表面积等价径，即和欲测粒子具有等比表面积的球的直径。

2）粒度分布

粒度分布表示不同粒径的粒子群在粉体中所分布的情况，反映粒子大小的均匀程度。

3）粉体的密度

粉体的密度是指单位体积内粉体的质量。粉体的密度根据所指体积的不同而分为真密度、粒密度和松密度三种。

（1）真密度：粉体质量（W）除以不包括颗粒内外空隙的体积（真体积 V_t）而得到的密度；

（2）粒密度：粉体质量（W）除以包括开口细孔与封闭细孔在内的颗粒体积（V_g）而得到的密度；

（3）松密度：粉体质量（W）除以该粉体所占容器的体积（V）而得到的密度，也称堆密度；

（4）空隙率：粉体中空隙所占有的比率，分为颗粒内空隙率、颗粒间空隙率和总空隙率等。

7. 粉体的特性

1）粉体的流动性

粉体的流动性与粒子的形状、大小、表面状态、密度、空隙率等有关；与颗粒之间的内摩擦力和黏附力有关。粉体的流动性与制剂的生产和产品质量有很大的关系，特别是对颗粒剂、胶囊剂、片剂等制剂的重量差异以及正常的生产操作影响较大。粉体的流动性可以采用重力流动、振动流动、压缩流动、流态化流动的方法进行评价。粒子在粉体堆积层的自由斜面上滑动时受到重力和粒子间摩擦力的作用，当这些力达到平衡时即处于静止状态。

粉体流动性的评价与测定通常采用休止角、流出速度和压缩度等方法。

休止角 θ 是粉体堆积层的自由斜面与水平面所形成的最大角。休止角越小，说明摩擦力越小，粉体的流动性越好。休止角 $\theta \leqslant 30^\circ$ 时，粉体的流动性好，休止角 $\theta \leqslant 40^\circ$时，可以满足生产需求，当 $\theta \geqslant 40^\circ$时，粉体的流动性差，需加适当的辅料改善其流动性。

粉体的流动性也可以用流出速度表示，将物料加入漏斗中，记录全部物料流出所需的时间，可计算粉体的流出速度。

将一定量的粉体轻轻装入量筒后测量最初松体积，采用轻敲法使粉体处于最紧状态，测量最终的体积，通过计算最松密度与最紧密度，可以计算压缩度。

由于粒子间的黏着力、摩擦力、范德华力、静电力等作用阻碍粒子的自由流动，影响粉体的流动性，为了减少这些力的作用常采用以下措施：① 适当增加粒子大小；② 改变粒子形态及表面粗糙度；③ 控制粉粒湿度，适当减少粒子含水量；④ 加入助流剂等。

2）粉体的吸湿性和润湿性

吸湿性是指固体表面吸附水分的现象。润湿性是固体界面由固-气界面变为固-液界面的现象。粉体的润湿性质可用接触角表示，当液滴滴到固体表面时，由于润湿性不同可出现不同形状，液滴在固液接触边缘的切线与固体平面间的夹角称接触角。接触角越大，润湿性越差。

3）粉体的黏附性和凝聚性

在粉体的处理过程中经常发生粉体黏附器壁或形成凝聚的现象，黏附性指不同分子间产生的引力，如粉体的粒子与器壁间的黏附；凝聚性是同分子间产生的引力，如粒子与粒子间发生的黏附而形成聚集体。

4）粉体的压缩成型性

粉体的压缩性表示粉体在压力下体积减小的能力。粉体的成型性表示物料紧密结合成一定形状的能力。压缩性和成型性联系紧密，可以统称为粉体的压缩成型性。

第二部分 生产操作

第1步 生产前准备与检查

（1）操作人员按《人员进入D级洁净区标准操作规程》进入操作岗位。

（2）整个操作过程依据批生产指令、产品工艺规程、设备标准操作程序进行。

（3）检查是否有 QA 检查员下发的绿色“清场清洁合格，准予使用”状态标志，检查各种状态标志，检查操作室、设备、容器具是否完好、清洁可用，然后在指定位置挂上白色的“使用中”状态标志。

（4）将 QA 检查员签发的前次“清场合格证”（副本）附入批生产记录。

（5）配料操作人员详细阅读批生产指令的有关内容。

（6）检查计量器具（电子秤、磅秤、天平），是否在校验有效期内，并按需称量的最大物料量选择适当称量范围的计量器具，校正。

（7）将检查情况及时记录在批生产记录上。

第2步 称量配料

（1）配料操作人员依据批生产指令逐一进行品种、规格、批号、数量、外观质量的核对，确定无误后方可进行生产。

（2）将电子秤清零，把洁净的容器放在计量器具上，先称皮重，记录下数据，将物料倒入容器内称重，并记下数据，称量要复核，操作人、复核人均应在记录上签名。

（3）从计量器具上取下称量好的物料，在容器外附上状态标志，标明品名、批号、规格、皮重以及净重；依以上操作，分别对各物料进行称量，直至全部物料称量完毕。

（4）配料时每一种物料都必须有人复核。

（5）将每一种物料单独存放于洁净容器内密封，并在容器外附状态标志，注明品名、规格、数量、批号、日期、称量人和复核人签名。并做好记录，放置在指定区域。

（6）不同品种的配料操作不得同室同时进行。

（7）配料结束后，经 QA 检查员依批生产指令复核，各物料称量无误，在批生产记录上签字后，方可转入下道工序。

（8）配料操作中，及时填写批生产记录。

第3步 混合和总混

（1）依批生产指令检查、核对，确认混合物料的名称、批号和数量无误。

（2）将料物按规定的顺序投放于槽型混合机中，按《槽型混合机标准操作程序》进行混合操作。

（3）当多次混合时，要对各次混合进行最后的总混。调整混合机使其混合器上盖板置于向上位置。打开运动混合机加料口，按批处方工艺要求加入规定量的经整粒后的干颗粒。

（4）加料完毕后，封好运动混合机加料口，紧固好螺栓。

（5）试运转检查混合机运行情况以及是否有漏药现象。

（6）一切正常后，打开机器自动运行开关，严格按总混工艺要求时间进行混合。

（7）总混完毕后，调整运动混合机，使其蝶阀处于向下位置，准备出料。

（8）将洁净空容器置于出料口处，倒出混合颗粒，密封、称重、记录并在容器外贴好容器内容物状态卡。

（9）将总混后物料移交至中间站，称重复核并做好记录。

（10）生产操作中及时填写生产记录（表 1-21），计算物料平衡数据并应在允许误差范围内。

表 1-21 混合生产记录

产品名称		规格		批号	
工序名称		生产日期		批量	
生产场所		主要设备			
生产前检查	1、检查清场合格证（副本）是否符合要求			是（ ）	否（ ）
	2、记录压差数值：			是（ ）	否（ ）
	3、记录温度数值：			是（ ）	否（ ）
	4、记录湿度数值：			是（ ）	否（ ）
	5、检查设备、计量器具是否完好并已清洁			是（ ）	否（ ）

续表

生产前检查	6、检查容器、用具是否已清洁			是（ ）	否（ ）
	7、检查生产现场是否有上批遗留物			是（ ）	否（ ）
	8、核对品名、批号、数量			是（ ）	否（ ）
	检查人：				
混合时间					
转速					
混合前物料净重/kg		混合后物料净重/kg		物料平衡	
操作人		复核人		QA 检查员	

第4步 清场和清洁

（1）生产结束后，关闭混合机电源，按《清场标准操作程序》进行清场清洁。

（2）填写清场清洁记录，经 QA 检查员检查合格后在清场记录上签字，挂上“清场合格”标志，并签发“清场合格证”，将本次“清场合格证”（正本）附入本批生产记录。

第5步 异常情况处理

生产过程中发生异常情况，影响正常生产时，应按《异常情况（偏差）报告处理标准管理程序》及时填写“异常情况（偏差）报告”并及时通知车间负责人处理。

知识拓展十三

SYH-600 型三维混合机标准操作规程

1. 操作前准备工作

（1）检查设备是否洁净，混合机内有无异物。

（2）检查减速机油面是否正常。

2. 生产操作

（1）合上电源开关，操作设备，使加料口处于合适的加料位置后，关闭电源。

（2）打开加料口盖，将物料颗粒倾入混合桶内，合上桶盖。

（3）按要求设定混合时间，合上电源开关，启动运转开关。

（4）混合时间达到后，关闭运转开关，准备出料，如果料口位置不理想，可再次按操作程序开机，使其出料口调整到最佳位置。

（5）关上电源开关，打开混合桶盖出料。

（6）生产完毕，按要求清洁设备，填写“主要设备运行记录”和“设备清洁记录”。

知识拓展十四

SYH-600三维运动混合机清洁标准操作规程

（1）按《清洁剂配制标准操作规程》配制好1%洗衣粉液或者1%洗洁精液；按《消毒剂配制标准操作规程》配制好0.2%新洁尔灭或75%乙醇。准备好清洁用具：尼龙刷和海绵块。

（2）每个品种或每班完成生产后，关闭电源，将设备调整至方便清洁的方位。

（3）主机内、外表面的清洁程序：

①用尼龙刷扫去机内外表面及机盖的粉尘。

②用海绵块蘸取饮用水擦洗上述部位至无粉尘、无积垢。

③由内到外，用海绵块蘸取清洁剂（1%洗衣粉液或1%洗洁精液）擦拭机内外表面。

④用干海绵块擦去清洁剂。

⑤用海绵块蘸取饮用水擦洗机内外表面。

⑥用海绵块蘸取消毒剂（75%乙醇或0.2%新洁尔灭液）擦拭机内外表面。

⑦10 min后，用干净海绵块蘸取纯化水擦洗机内外表面，以除去消毒剂（如用75%乙醇消毒，则不需用纯化水擦洗处理）。

（4）消毒剂75%乙醇与0.2%新洁尔灭液每月应更换使用。

（5）在机上挂上“已清洁”标志牌。

（6）晾干主机内外表面，备用。

（7）做好“设备清洁记录”。

巩固练习

一、选择题

1. 【A型题】（单项选择题）

（1）以含量均匀一致为目的单元操作称为（　　）。

A. 粉碎　B. 过筛　C. 混合　D. 制粒　E. 干燥

（2）下列关于药材粉碎原则的叙述，错误的是（　　）

A. 不同质地药材选用不同粉碎方法，即施予不同机械力

B. 粉碎过程若有不易粉碎部位且不含有效部位的可以弃去

C. 只需粉碎到需要的粉碎度

D. 适宜粉碎，不时筛分，提高粉碎效率

E. 粉碎毒物或刺激性较强的药物时，应严格注意劳动保护和安全技术

（3）药材粉碎前应充分干燥，一般要求药材水分含量（　　）。

A. ＜5%　　B. ＜7%　　C. ＜8%　　D. ＜10%　　E. ＜15%

（4）球磨机粉碎的理想转速为（　　）

A. 最低转速的 32 倍　　B. 临界转速　　C. 临界转速的 75%

D. 临界转速的 90%　　E. 最高转速的 75%

（5）乳香、没药宜采用的粉碎方法为（　　）。

A. 串料法　　B. 串油法　　C. 低温粉碎法

D. 蒸罐法　　E. 串研法

（6）下列关于粉碎目的的叙述哪一个不正确？（　　）

A. 增加难溶性药物的溶出　　B. 有利于炮制　　C. 有利于发挥药效

D. 制剂的需要　　E. 利于浸出有效成分

（7）流能磨的粉碎原理是（　　）。

A. 不锈钢齿的撞击与研磨作用　　B. 旋锤高速转动的撞击作用

C. 机械面的相互挤压作用　　D. 圆球的撞击与研磨作用

E. 高速弹性流体使药物颗粒之间或颗粒与室壁之间的碰撞作用

（8）有关粉碎机械的使用叙述错误的是（　　）。

A. 应先加入物料再开机　　B. 首先应根据物料选择适宜的机械

C. 应注意剔除物料中的铁渣石块　　D. 粉碎后要彻底清洗机械

E. 电机应加防护罩

（9）不同中药材有不同的硬度的原因是（　　）。

A. 内聚力不同　　B. 用药部位不同　　C. 密度不同

D. 黏性不同　　E. 弹性不同

（10）下列宜串料粉碎的药物是（　　）。

A. 鹿茸　　B. 白芷　　C. 山药

D. 熟地　　E. 防己

（11）非脆性晶形药材（如冰片）受力变形不易碎裂，粉碎时处理方法为（　　）。

A. 降低温度　　B. 加入粉性药材　　C. 加入少量液体

D. 干燥　　E. 加入脆性药材

（12）树脂类非晶形药材（如乳香）受力可引起弹性变形，粉碎时处理方法为（　　）。

A. 干燥　　B. 加入少量液体　　C. 加入脆性药材

D. 低温粉碎　　E. 加入粉性药材

（13）下列药物中，不宜采用加液研磨湿法粉碎的是（　　）。

A. 冰片　　B. 牛黄　　C. 麝香

D. 樟脑　　E. 薄荷脑

（14）下列宜串油粉碎的药物是（　　）。

A. 朱砂　　B. 冰片　　C. 白术

D. 大枣　　E. 苏子

（15）以下除哪一项外，均为粉碎操作时应注意的问题？（　　）

A. 粉碎过程中及时过筛　　B. 粉碎毒剧药时应避免中毒

C. 药材入药部位必须全部粉碎　　D. 药物不宜过度粉碎

E. 药料必须全部混匀后粉碎

（16）不宜采用球磨机粉碎的药物是（　　）。

A. 沉香　B. 硫酸铜　C. 松香

D. 蟾酥　E. 五倍子

（17）在无菌条件下可进行无菌粉碎的是（　　）。

A. 锤式粉碎机　B. 球磨机　C. 石磨

D. 柴田式粉碎机　E. 羚羊角粉碎机

（18）利用高速流体粉碎的是（　　）。

A. 柴田式粉碎机　B. 锤击式粉碎机　C. 流能磨

D. 球磨机　E. 万能粉碎机

（19）150 目筛相当于《中国药典》几号标准药筛？（　　）

A. 五号筛　B. 七号筛　C. 八号筛

D. 三号筛　E. 四号筛

（20）《中国药典》7 号标准药筛相当于工业用筛目数是（　　）。

A. 100 目　B. 120 目　C. 140 目

D. 20 目　E. 以上都不对

（21）极细粉是指（　　）。

A. 全部通过 8 号筛，并含能通过 9 号筛不少于 60%的粉末

B. 全部通过 5 号筛，并含能通过 6 号筛不少于 95%的粉末

C. 全部通过 8 号筛，并含能通过 9 号筛不少于 95%的粉末

D. 全部通过 7 号筛，并含能通过 8 号筛不少于 95%的粉末

E. 全部通过 6 号筛，并含能通过 7 号筛不少于 95%的粉末

（22）能全部通过 2 号筛，但混有能通过 4 号筛不超过 40%的粉末称为（　　）。

A. 细粉　B. 粗粉　C. 中粉

D. 极细粉　E. 最细粉

（23）含油脂的黏性较强的药粉，宜选用哪种过筛机？（　　）

A. 电磁式簸动筛粉机　B. 手摇筛　C. 旋风分离器

D. 振动筛粉机　E. 悬挂式偏重筛粉机

（24）《中国药典》8 号标准药筛孔内径为（　　）。

A. 150 μm±6.6 μm　B. 90 μm±4.6 μm　C. 250 μm±9.9 μm

D. 355 μm±13 μm　E. 以上都不是

（25）下列有关微粉特性的叙述不正确的是（　　）。

A. 微粉的轻质、重质之分只与真密度有关

B. 堆密度是指单位容积微粉的质量

C. 微粉是指固体细微粒子的集合体

D. 比表面积为单位重量微粉具有的表面积

E. 真密度为微粉的真实密度，一般由气体置换法求得表面积

（26）微粉流速反映的是（　　）。

A. 微粉的润湿性　B. 微粉的粒密度　C. 微粉的空隙度

D. 微粉的流动性　　E. 微粉的比表面

（27）休止角表示微粉的（　　）。

A. 粒子形态　　B. 流动性　　C. 疏松性

D. 摩擦性　　E. 流速

（28）以下关于粉碎目的叙述哪一个不正确？（　　）。

A. 便于制备制剂　　B. 利于浸出有效成分　　C. 有利于发挥药效

D. 有利于环境保护　　E. 有利于药物溶解

（29）用沉降法测定的微粉粒子直径又称（　　）。

A. 外接圆径　　B. 长径　　C. 比表面积粒径

D. 定方向径　　E. 有效粒径

（30）下面给出的粉末的临界相对湿度（CRH），哪一种粉末最易吸湿？（　　）。

A. 45%　　B. 48%　　C. 53%　　D. 0%　　E. 56%

2.【B 型题】（匹配题）

[（1）～（4）]

A. 湿法粉碎　　B. 低温粉碎　　C. 蒸罐处理　　D. 混合粉碎　　E. 超微粉碎

（1）处方中性质、硬度相似的药材的粉碎宜采用（　　）。

（2）将药材粉碎至粒径 5 μm 左右宜采用（　　）。

（3）树脂类药材、胶质较多药材的粉碎宜采用（　　）。

（4）在药料中加入适量水或其他液体进行研磨粉碎的方法为（　　）。

[（5）～（8）]

A. 单独粉碎　　B. 水飞　　C. 串料　　D. 加液研磨　　E. 串油

（5）将水不溶性矿物药、贝壳类药物粉碎成极细粉，应采用的方法为（　　）。

（6）含大量黏性成分药料的粉碎应采用的方法为（　　）。

（7）贵重药、毒性药物的粉碎应采用的方法为（　　）。

（8）含大量油脂性成分药物的粉碎应采用的方法为（　　）。

[（9）～（12）]

A. 微粒物质的真实密度　　B. 微粒的流动性

C. 单位容积微粉的质量　　D. 单位重量微粉具有的表面积

E. 微粒粒子本身的密度

（9）堆密度表示（　　）。

（10）比表面积表示（　　）。

（11）休止角表示（　　）。

（12）粒密度表示（　　）。

[（13）～（16）]

A. 增加药物表面积，极细粉末与液体分离　　B. 粗细粉末分离、混合

C. 粉碎与混合同时进行，效率高　　D. 粗细粉末分离，粉末与空气分离

E. 减小物料内聚力而易于碎裂

（13）过筛的特点是（　　）。

（14）混合粉碎的特点是（　　）。

（15）水飞的特点是（　　）。
（16）加液研磨的特点是（　　）。
[（17）~（20）]
A. 朱砂　　B. 杏仁　　C. 马钱子　　D. 冰片　　E. 玉竹
（17）宜用串料法粉碎的是（　　）。
（18）宜用加液研磨法粉碎的是（　　）。
（19）宜有毒需单独粉碎的是（　　）。
（20）宜用串油法粉碎的是（　　）。
[（21）~（24）]
A. 8号筛　　B. 7号筛　　C. 6号筛　　D. 5号筛　　E. 4号筛
（21）120目筛是（　　）。
（22）细粉可全部通过的是（　　）。
（23）极细粉可全部通过的是（　　）。
（24）最细粉可全部通过的是（　　）。
[（25）~（28）]
A. 外接圆径　　B. 短径　　C. 有效粒径　　D. 比表面积粒径　　E. 定方向径
（25）沉降粒径指（　　）。
（26）全部粉粒均按同一方向测量的值为（　　）。
（27）以吸附法或透过法求得的粒径（　　）。
（28）以粉粒外接圆的直径代表的粒径（　　）。
3.【X型题】（多项选择题）
（1）下列关于粉碎的叙述，正确的是（　　）。
A. 非极性晶形药物如樟脑、冰片等不易粉碎
B. 极性晶形药物如生石膏、硼砂等易粉碎
C. 含油性黏性成分多的药材宜单独粉碎
D. 非晶形药物如树脂、树胶等应低温粉碎
E. 药材粉碎后易溶解与吸收，稳定性增强
（2）球磨机粉碎效果与下列哪些因素有关？（　　）
A. 装药量　　B. 转速　　C. 球磨机直径
D. 球的大小　　E. 药物性质
（3）粉碎的目的是（　　）。
A. 便于制备各种药物制剂　　B. 利于药材中有效成分的浸出
C. 利于调配、服用和发挥药效　　D. 增加药物的表面积，促进药物溶散
E. 有利于环境保护
（4）粉碎机械的粉碎作用方式有哪些？（　　）
A. 截切　　B. 劈裂　　C. 研磨
D. 撞击　　E. 挤压
（5）粉碎药物时应注意（　　）。
A. 中药材的药用部分必须全部粉碎，叶脉纤维等可挑去不粉碎

B. 工作中要注意劳动保护

C. 粉碎过程应及时筛去细粉

D. 药物要粉碎适度

E. 粉碎易燃、易爆药物要注意防火

（6）如何让药材易于粉碎？（　　）

A. 减小脆性　B. 增加韧性　C. 减小韧性

D. 降低黏性　E. 增加脆性

（7）处方中含量大，需串料粉碎的有（　　）。

A. 山药　B. 苏子　C. 枸杞　D. 天冬　E. 熟地

（8）哪些方法制得的颗粒流动性好？（　　）。

A. 高速搅拌制粒　B. 滚转法制粒　C. 挤出制粒

D. 喷雾干燥制粒　E. 流化喷雾制粒

（9）人参常用的粉碎方法是（　　）。

A. 串料粉碎　B. 低温粉碎　C. 湿法粉碎

D. 混合粉碎　E. 单独粉碎

（10）微粉的特性对制剂有哪些影响？（　　）

A. 对制剂有效性有影响　B. 对片剂崩解有影响

C. 对分剂量、充填的准确性有影响　D. 对可压性有影响

E. 影响混合的均一性

（11）下列关于过筛原则叙述正确的有（　　）。

A. 选用适宜筛目

B. 药筛中药粉的量越多，过筛效率越高

C. 加强振动，并且振动速度越快，过筛效率越高

D. 药筛中药粉的量适中

E. 粉末应干燥

（12）《中国药典》中粉末分等，包括下列哪些？（　　）

A. 粗粉　B. 最粗粉　C. 微粉　D. 细粉　E. 极细粉

（13）常用于表示微粉流动性的术语有（　　）。

A. 堆密度　B. 休止角　C. 流速　D. 孔隙率　E. 比表面积

（14）需经特殊处理后再粉碎的药物有（　　）。

A. 含有动物的皮、肉、筋骨的药料　B. 含有大量贵重、细料药料

C. 含有大量油脂性成分的药料　D. 含有大量粉性成分的药料

E. 含有大量黏性成分的药料

（15）需单独粉碎的药料有（　　）。

A. 麝香　B. 桂圆肉　C. 胡桃仁　D. 珍珠　E. 冰片

（16）需采用水飞法进行粉碎的药物有（　　）。

A. 滑石　B. 硼砂　C. 芒硝　D. 炉甘石　E. 朱砂

（17）影响粉体流动性的因素有（　　）。

A. 粉体粒子的表面状态　B. 粉体物质的化学结构

C. 粉体的溶解性能　　D. 粉体粒子的形状

E. 粉体的粒径

（18）下列哪种方法可以节约机械能？（　　）

A. 自由粉碎　　B. 低温粉碎　　C. 水飞法

D. 混合粉碎　　E. 加液研磨法

（19）蟾酥常用的粉碎方法是（　　）。

A. 球磨机粉碎　　B. 流能磨　　C. 低温粉碎

D. 单独粉碎　　E. 水飞法

（20）下列关于粉体物性的正确叙述有（　　）。

A. 休止角大的粉体流动性好

B. 粉体的粒度越小其流动性越好

C. 粉体的全孔隙率=（V_1+V_2）/V

D. 若两种粉体的密度差异大，则不利于混合操作

E. 调整粉体的孔隙率可增强片剂的崩解性能

（21）下列关于粉碎原理的叙述，正确的是（　　）。

A. 粉碎是利用机械力破坏物质分子间的内聚力

B. 内聚力是指物质的同种分子间的吸引力

C. 内聚力不同，硬度不同

D. 粉碎过程是将机械能转变成表面能的过程

E. 使药物的块粒减小，表面积增大

（22）下列应该采用加液研磨法粉碎的药料是（　　）。

A. 樟脑　　B. 石膏　　C. 冰片　　D. 薄荷脑　　E. 麝香

二、名词解释

1. 粉碎

2. 休止角

3. 水飞法

4. 开路粉碎

5. 打潮

三、填空题

（1）粉碎、离析同步完成的方法是________。

（2）研磨混合不宜用于具吸湿性和________成分的混合。

（3）实验室常用的混合方法有________、________、________。

（4）对含有剧毒药品、贵重药品或各组分混合比例相差悬殊时宜采用________的原则进行混合。

（5）固体药物被机械粉碎的过程，就是借助机械力来部分破坏物质分子间的________，即机械能转变成________的过程。

四、简答题

（1）何谓“自由粉碎”？意义何在？

（2）湿法粉碎的原理及应用特点是什么？液体的选择原则是什么？

五、论述题

（1）试述球磨机的粉碎原理、适用范围及影响其粉碎效果的因素。

（2）试述“等量递增”混合的含义、操作步骤及注意事项。

项目一　任务一至任务五巩固练习答案

任务六　中药的提取纯化

第一部分　理论知识

一、中药浸提过程

中药浸提过程包括浸润与渗透阶段、解吸与溶解阶段以及扩散阶段三个阶段。

1. 浸润与渗透阶段

溶剂能否使药材表面润湿，与溶剂性质和药材性质有关，取决于附着层（液体与固体接触的那一层）的特性。如果药材与溶剂之间的附着力大于溶剂分子间的内聚力，则药材易被润湿，反之，如果溶剂的内聚力大于药材与溶剂之间的附着力，则药材不易被润湿。在大多数情况下，药材能被溶剂润湿。因为药材中含有带极性基团物质，如蛋白质、果胶、糖类、纤维素等，所以能被水和醇等极性较强的溶剂润湿。

润湿后的药材，由于液体静压力和毛细管的作用，溶剂进入药材空隙和裂缝中，渗透进细胞组织内，使干皱细胞膨胀，恢复通透性，溶剂更进一步渗透入细胞内部。但是，如果溶剂选择不当，或药材中含特殊有碍浸出的成分，则润湿会遇到困难，溶剂就很难向细胞内渗透。例如，要从含脂肪油较多的中药材中浸出水溶性成分，应先进行脱脂处理；用乙醚、氯仿等非极性溶剂浸提脂溶性成分时，药材须先进行干燥。为了帮助溶剂润湿药材，有时可于溶剂中加入适量表面活性剂。溶剂能否顺利地透入细胞内，还与毛细管中有无气体栓塞有关。所以，在加入溶剂后用挤压法，或于密闭容器内减压，以排出毛细管内空气，有利于溶剂向细胞组织内渗透。

2. 解吸与溶解阶段

溶剂进入细胞后，可溶性成分逐渐溶解，胶性物质由于胶溶作用，转入溶液中或膨胀形成凝胶。随着成分的溶解和胶溶，浸出液的浓度逐渐增大，渗透压提高，溶剂继续向细胞内透入，部分细胞壁膨胀破裂，为已溶解的成分向外扩散创造了有利条件。

由于药材中有些成分对其他成分有较强的吸附作用（亲和力），使这些成分不能直接溶解在溶剂中，需要解除这种吸附作用，才能使其溶解，所以，药材浸提时需选用具解吸作用的溶剂，如水、乙醇等。必要时可于溶剂中加入适量的酸、碱、甘油、表面活性剂以助解吸，增加有效成分的溶解作用。

浸提溶剂通过毛细管和细胞间隙进入细胞组织后，已经解吸的各种成分就转入溶剂中，这就是溶解阶段。成分能否被溶解，取决于成分结构和溶剂的性质，遵循“相似者相溶”规律。水能溶解晶形物和胶质，故其浸出液中多含胶体物质；乙醇浸出液中含胶质较少；非极性溶剂的浸出液中基本不含胶质。

3. 成分扩散阶段

当浸出溶剂溶解大量药物成分后，细胞内液体浓度显著增高，使细胞内外出现浓度差和渗透压差。所以，细胞外侧纯溶剂或稀溶液向细胞内渗透，细胞内高浓度的液体不断地向周围低浓度方向扩散，至内外浓度相等，渗透压平衡时，扩散终止。因此，浓度差是渗透或扩散的推动力。

二、影响浸提效果的因素

1. 药材粒度

一般来说，药材粉碎得愈细，浸出效果愈好。但是如果药材粒度太小，也不利于浸出。其原因：① 过细的粉末对药液和成分的吸附量增加，造成有效成分的损失。② 药材粉碎过细，破裂的组织细胞多，浸出的杂质多。③ 药材粉碎过细给浸提操作带来困难，例如滤过困难，渗漉时易堵塞等。因此，浸提时通常采用薄片或粗粉（通过一号筛或二号筛）。

2. 药材成分

由扩散系数 D 得知，分子小的成分先溶解扩散。有效成分多属于小分子物质，主要含于最初部分的浸出液中。但应指出，有效成分扩散的先决条件还在于其溶解度的大小。易溶性物质的分子即使大，也能先浸出来，这一影响因素在扩散公式中未能概括在内。

3. 药材的干燥程度

原料干燥程度直接影响细胞的吸水率，原料越干燥则细胞的吸水力越大，对溶剂的吸收越快，提取速率越快。

4. 浸提温度

一般来说，浸提温度高，有利于可溶性成分的溶解和扩散，促进有效成分的浸出。但浸提温度也不宜太高，其原因：① 使某些有效成分被破坏，挥发性成分损失。② 无效成分浸出增加，杂质增多。因此，浸提时应控制适宜的温度。

5. 浸提时间

通常浸提时间越长，浸提越完全。但当扩散达到平衡后，延长浸提时间并不能提高浸提效果。此外，长时间的浸提会使杂质增加。

6. 浓度梯度

增大浓度梯度能够提高浸出效率。常用的增大浓度梯度的方法：① 不断搅拌；② 更换新鲜溶剂；③ 强制浸出液循环流动；④ 用流动溶剂渗漉法。

7. 浸提压力

提高浸提压力有利于加速润湿渗透过程，缩短浸提时间。同时在加压下的渗透，可使部分细胞壁破裂，亦有利于浸出成分的扩散。但对组织松软的药材，容易润湿的药材，加压对浸出影响不显著。

8. 新技术应用

如用超声波提取、流化浸提、电磁场下浸提、电磁振动下浸提、脉冲浸提、超临界二氧化碳萃取等强化浸提方法。

9. 溶　剂

（1）理想的提取溶剂应符合 5 个基本条件：① 能最大量地提取中药材的有效成分，而不提取或极少量提取杂质。② 性质稳定，不与有效成分发生化学反应。③ 对人体安全无毒，无显著生理作用。凡使用有毒或有显著生理作用的溶剂作浸出溶剂时，应从最终产品完全除去，以保证药剂的使用安全。④ 价廉易得，或可以回收。⑤ 使用方便，操作安全。

（2）浸出溶剂的选择：根据药材的特性和所治病证要求，利用浸出溶剂的共性与个性以浸取需要的成分，是制备浸出药剂时的原则。

（3）常用浸出溶剂：

① 水。

优点：价廉易得；极性大、浸出范围广。

缺点：选择性差；难过滤；易霉变、水解、不宜久贮；色泽差。

② 乙醇。

乙醇为半极性溶剂，不同浓度的乙醇可选择性浸提不同成分。

20%的乙醇具有防腐作用。40%的乙醇能延缓酯类、苷类水解，可沉淀部分大分子水溶性杂质，增强稳定性。50% ~ 70%的乙醇可用于提取生物碱、蒽醌苷类、黄酮苷类，沉淀更多水溶性杂质，增强稳定性。75%的乙醇可用于杀菌、精制浸提物。90%以上的乙醇可用于提取挥发油等以及除去树胶、树脂等杂质。

乙醇具有挥发性、易燃性，生产中应注意安全保护。

③ 乙醚、氯仿、石油醚、丙酮、脂肪油、甘油与丙二醇。

④ 浸出辅助剂。如酸、碱、甘油、表面活性剂等。

三、煎煮法的操作技术要点

1. 浸　泡

用提取溶剂将中药饮片湿润变软，使药材细胞膨胀，使有效部位成分渗透扩散到细胞组织外部的溶剂中，有利于有效部位成分的溶出。

2. 溶剂用量

溶剂用量通常为药材的 6 ~ 10 倍。

3. 煎煮次数

煎煮次数一般为 2 ~ 3 次。

4. 煎煮时间

煎煮时间一般为每次 0.5 ~ 1.5 小时。

5. 提取温度

提取温度通常根据有效成分提取试验而定。

6. 搅拌或强制循环

搅拌或强制循环能提高扩散速率，有利于浸出。

7. 蒸汽压力

开始煎煮时，加大蒸汽压力，使药材内某些细胞壁更易破坏从而易于溶剂渗透。当药材组织内充满溶剂时，加大压力对扩散速率影响不大。

四、煎煮时悬浮物的处理方法

煎煮中药一般都会产生悬浮物，产生的悬浮物主要是胶体物质、蛋白质、树脂以及皂苷等产生的泡沫，煎煮液面浓缩产生的液膜以及相对密度较小的植物绒毛、叶子等。根据产生的悬浮物的性质不同，可选用以下方法除去悬浮物。

1. 产生的泡沫

降低温度，使煎煮时保持微沸状态，另外减少搅拌次数或不搅拌。

2. 液面产生液膜

煎煮时不断搅拌以破坏液膜的形成。

3. 植物绒毛、叶子

煎煮前，把含有大量绒毛、叶子的中药材装在布袋中，再放入提取罐，不使其悬浮。

五、常用中药浸提方法及注意事项

中药浸提，应根据欲提取中药成分和所用溶剂的性质，制剂的剂型要求及工业化生产规模来选择适宜的浸提方法与技术。中药生产过程中常用的中药浸提方法有煎煮法、浸渍法、渗漉法、回流法、水蒸气蒸馏法等。随着科学技术的进步，新浸提技术也不断出现且得到日益广泛的应用。如半仿生提取法、旋流提取法、加压逆流提取法、酶提取法及超临界流体萃取技术、超声提取技术、微波萃取技术及高速逆流色谱提取技术等。本书简单介绍渗漉法及煎煮法的常见问题及解决方法。

1. 渗漉法常见问题及解决方法

1）装料不匀

造成装料不匀的原因主要有以下几点：

（1）渗漉所用药粉由两种或两种以上质地差异较大的药材组成，在制粉时未能混合均匀，造成药粉本身疏密不一，则装料时由于膨松部分不易压紧，容易出现装料不匀现象；

（2）粉碎方法、设备选择不当，造成药粉粗细不匀现象严重，装料时含粗粉（颗粒）较多的部分不易压紧，出现装料不匀现象；

（3）药粉未能均匀润湿，致使在渗漉过程中润湿不足的部分过分膨胀，造成装料不匀；

（4）药粉符合渗漉要求，但装料时操作不当，未能将药粉均匀压紧，造成装料不匀。

针对以上原因，可采取以下措施来避免装料不匀现象的产生：

（1）制备渗漉用药粉时，选择适宜的粉碎方法和设备，使制得的药粉尽量粗细均匀，疏密一致。

（2）渗漉前用渗漉溶剂将药粉均匀、充分润湿，并放置足够时间使其充分膨胀。

（3）装料时严格按照“铺一层药粉压紧一次”的方法操作，每次所铺药粉层不能过厚，尽量使每一层药粉铺均匀。

2）渗漉困难

渗漉困难主要是指渗漉液放出不畅，甚至不能放出的现象。造成渗漉困难的原因主要有以下几点：

（1）药粉过细，堵塞了粉间空隙，致使溶剂不易甚至不能通过粉柱；

（2）装料前药粉润湿和膨胀不充分，致使在渗漉过程中发生膨胀而造成堵塞；

（3）装料过紧，致使药粉间空隙过小，溶剂难以通过；

（4）药粉装填完毕，加入溶剂时未能很好排气，致使药粉中留有大量空气，在渗漉过程中形成空气夹层而影响溶剂通过；

（5）渗漉容器选用不当。例如渗漉膨胀性较大的药材时选用了圆柱形或水缸形的渗漉筒，则药材在渗漉过程中膨胀挤紧，导致溶剂难以通过；或由于药粉量多而选用了过大的渗漉筒，装料后粉柱长度过长，致使溶剂通过的阻力增加，甚至由于粉柱本身的重力作用将底部药粉压紧而使溶剂不能通过。

要避免渗漉困难需注意以下几点：

（1）渗漉用药粉粒度应适宜，一般以中等粉或粗粉规格为宜。

（2）要规范操作过程。药粉装筒前应先用渗漉溶剂拌匀，放置一定时间，使之充分润湿膨胀；装筒时要装得松紧适中；在加入溶剂时要尽量将药粉间隙中的空气排出。

（3）要根据具体情况选用渗漉设备。一般来说，圆锥形渗漉筒适用于以水为溶剂及膨胀性大的药材；圆柱形及水缸形渗漉筒适用于膨胀性不大的药材。如果药粉量较多，或为提高溶剂利用率而选用了较大的渗漉筒时，可在渗漉筒中设若干假底，将药粉分为若干层以防止底部药粉被压紧。也可选用加压渗漉装置，通过增加溶剂压力的办法来加快溶剂通过粉层的流速。

2. 煎煮法常见问题及解决方法

1）溶剂传热、传质效果不佳

造成溶剂传热、传质效果不佳的原因通常是药材中形成空洞、沟流。

解决措施：

（1）罐内安装搅拌桨，药材和提取液充分混合，罐壁上药液不断更新，形成强制对流；

（2）利用排出泵作为循环泵，使药液在罐底与罐顶间强制循环；

（3）罐外加装缓冲容器，利用两个容器间的压力差，通过电磁阀自动控制，使药液循环于两个容器之间。

2）质地坚硬的饮片有效成分溶出率不高

造成这种情况的原因是饮片未充分润透。

解决措施：

（1）增加预浸时间；

（2）罐内增设压药装置。

3）罐底饮片糊化

造成罐底饮片糊化的原因通常为出渣门底网堵塞；底部温度过高。

解决措施：

（1）采用气体反吹；

（2）关闭底部加热；

（3）罐内安装搅拌桨。

4）放液不畅，出渣困难

在使用多功能提取罐进行煎煮时，出渣困难是较为常见的一种故障，放液不畅的现象在产生原因上与出渣困难是有联系的，但出现较少。造成出渣困难的原因有两个：

（1）多功能提取罐略呈“纺锤形”，下口较小，因此虽然有压缩空气协助排渣系统，在排渣时也很容易出现“架桥”现象，造成排渣困难。此时可以用木棍、铁锹等器具从多功能罐的出渣口向上疏通，人工协助排渣。

（2）煎煮时装料太多，在煎煮过程中由于药材发生膨胀、相互挤紧而导致煎煮完毕后出渣困难。当这种情况已经发生时，一般没有较好的解决办法，只能在打开放液阀门的同时从加料口插入其他管子，用“虹吸”法协助放液，提取液放出后，待罐体和药渣适当降温，再以人工方法协助排渣。所以，在进行煎煮提取时，必须注意不能装料太多。如系一般药材，装料完毕后药材和水的总体积应不大于多能罐容积的 2/3；如系膨胀性大的药材，则应为多能罐容积的一半左右。只有这样，才能防止放液不畅和出渣困难现象出现。

六、水提醇沉法（水醇法）

水提醇沉法是先以水为溶剂提取中药有效成分，再用不同浓度的乙醇沉淀去除提取液中杂质的方法。

1. 工艺设计依据

根据药材中各种成分在水和乙醇中的溶解性的不同，把水和不同浓度的乙醇交替使用。即在中药水提取浓缩液中加入乙醇使达不同的含醇量，某些杂质成分在醇中溶解度降低而析出沉淀，固液分离后使水提液得以精制。此法的优点：

（1）可保留生物碱盐类、苷类、氨基酸、有机酸等有效成分；

（2）可去除蛋白质、糊化淀粉、黏液质、树胶、部分糖类、油脂、脂溶性色素、树脂等杂质。通常认为，料液中含乙醇量达到 50%～60%时，可去除淀粉等杂质；当含醇量达 75%以上，可除蛋白质、多糖等。但鞣质、水溶性色素不能完全除去。

另外，根据工业生产的实际情况，如果中药体积大，若用乙醇以外的有机溶剂提取，则用量多，损耗大，成本高；且有些有机溶剂（如乙醚等）沸点低，不利于安全生产。

2. 操作要点及注意事项

1）操作要点

将中药饮片先用水提取（生产中常用煎煮罐加水煎煮 2～3 次，合并煎煮液，滤过），再将提取液浓缩至约 1 mL 相当于原中药 1 ~ 2 g，加入适量乙醇（调节含醇量），静置冷藏适当时间，分离去除沉淀，回收乙醇（即浓缩），最后制成澄清的液体。

2）操作中注意事项

（1）药液的浓缩：水提取液应经浓缩后再加乙醇处理，这样可减少乙醇的用量，使其沉淀完全。浓缩时最好采用减压低温法，不宜用直火加热浓缩。浓缩前后可视情况调节 pH 值，以保留更多的有效成分，尽可能除去无效物质。实际生产中，通过测量正在加热的清膏及成品膏是否达到规定的相对密度（比重）来判断浓缩程度，通常用波美计测量。

波美计测量可用如下方法：准确量取 15 ~ 30 °C 的水 400 mL，置 500 mL 量筒中，滴加正在浓缩的稠膏至 500 mL，搅匀后，用波美计测其波美度数值，按下式求得稠膏的相对密度 D：

$$D=(d-1)\times n+1$$

$$D=144.3/(144.3-b)$$

式中 n——稠膏稀释倍数；

d——稠膏稀释至 n 倍的相对密度；

b——稠膏稀释至 n 倍测得的波美度。

（2）加醇的方式：通常可分二种方式。一为分次醇沉，即每次回收乙醇后再加乙醇调至规定含醇量，使含醇量逐步提高，这样有利于除去杂质，减少杂质对有效成分的包裹，避免被一起沉出损失。二为梯度递增法醇沉，即逐步提高乙醇浓度，最后才回收乙醇，其操作方便，是实际生产中常用方法。不管用何种加醇方式，操作时皆应将乙醇慢慢地加入浓缩药液中，边加边搅拌（快搅），使含醇量逐步提高，杂质慢慢分级沉出。

（3）醇量的计算：调药液含醇量达某种浓度时，只能将计算量的乙醇加入药液中，而用乙醇计直接在含醇的药液中测量的方法是不正确的。分次醇沉时，每次需达到某种含醇量，其加醇量由下式求得：

$$X=C_2\cdot V/(C_1-C_2)$$

式中 X——需加入浓乙醇体积，mL；

V——浓缩药液的体积，mL；

C_1——浓乙醇的含醇量，%；

C_2——所需达到的含醇量，%。

对于梯度递增方式逐步提高乙醇浓度醇沉时加醇量计算，由下式求得：

$$X_n=(V+X_1+X_2+\cdots\cdots X_{n-1})\times(C_N-C_{N-1})/(C_n-C_N)$$

式中 X_1，X_2，……X_{n-1}，Xn——第 1，2，……n-1，n 次醇沉时加入浓乙醇的体积，mL；

V——浓缩药液的体积，mL；

C_N——第 n 次醇沉时所需的含醇量，%；

C_{N-1}——第 n-1 次醇沉时所需的含醇量，%；

C_n第 n 次醇沉时所用浓乙醇的含量，%。

乙醇计的标准温度为 20 °C，测量乙醇本身的浓度时，如果温度不是 20 °C，应作温度校正。根据实验证明，温度每相差 1 °C，所引起的百分浓度误差为 0.4。因此，这个校正值就是温度差与 0.4 的乘积。可用下式求得乙醇本身的浓度：

$$C_{实}=C_{测}+(20-t)\times 0.4$$

式中 $C_{实}$——乙醇的实际浓度，%；

$C_{测}$——乙醇计测得的浓度，%；

t——测定时乙醇本身的温度，°C。

实际生产中对浓缩药液浓乙醇体积，用量取法很不方便，均用称重法。若已计算出最佳醇沉体积分数为 C_v，可由下式估算出最佳醇沉质量分数 C_m。

$$C_m=0.7958\times C_v/[D+(0.7958-d)\times C_v]\times 100\%$$

（4）冷藏与处理：加乙醇时药液的温度不能太高，加至所需含醇量后，将容器口盖严，以防止乙醇挥发。该含醇药液慢慢降至室温后，再移置冷库中，于 5 ~ 10 °C 下静置 12 ~ 24 小时（使杂质充分凝聚），若含醇药液降温太快，微粒碰撞机会减少，沉淀颗粒较细，难于滤过。待充分静置冷藏后，先虹吸上清液，可顺利滤过，下层稠液再慢慢抽滤，并以同浓度乙醇适量洗涤沉淀，以减少药液成分的损失。

七、中药提取液的浓缩

浓缩分为自然蒸发与沸腾蒸发。自然蒸发是指溶液中的溶剂在低于其沸点下气化，溶剂的气化只能在溶液的表面进行。自然蒸发时溶剂的蒸汽压很低，蒸发速率很慢，在工业生产上较少采用；沸腾蒸发是指溶液中的溶剂在其沸点时气化，在气化过程中，溶液呈沸腾状态，气化不仅在溶液表面，而且在整个溶液各个部分同时发生。因此，沸腾蒸发的蒸发速率远远大于自然蒸发。在中药生产过程中大多采用沸腾蒸发。

1. 中药提取液常用浓缩方法

浓缩操作一般可在常压、加压及减压条件下进行。

加压条件下的蒸发，会使得溶液的沸点升高，改善传热的效果，以提高热能的利用。但在中药生产过程中加压蒸发操作很少被采用，通常采用常压操作。常压浓缩通常采用敞口浓缩锅、夹套通蒸汽加热进行浓缩，这是典型的常压蒸发过程；实际生产中更多采用的方法是减压浓缩，又称真空浓缩或真空蒸发，就是使蒸发器内形成一定的真空度，将溶液的沸点降低，进行沸腾蒸发操作。采用真空浓缩的主要优点有：

（1）减压下溶液的沸点降低，增大了加热蒸汽与物料之间的传热推动力，减少蒸发器所需要的蒸发面积。

（2）可以防止或减少热敏性物质的分解。如用水作为溶剂进行提取的提取液，在常压时，要在 100 °C 以上才能达到沸腾，但当减压到 53.3 ~ 93.3 kPa 时，在 40 ~ 60 °C 就可沸腾，这样可以大大减少提取液中热敏性有效成分的分解与破坏。

（3）由于减压后溶液的沸点降低，对加热热源的要求也可降低，有可能充分利用废蒸气或二次蒸汽作为热源，同时蒸发器热损失也较小。

但应该指出：真空浓缩需要增设抽真空的装置，随着压力的减小，溶液沸点降低，药液黏度相应增大，对传热过程不利。此外，必须采用密闭的设备。尽管如此，真空浓缩仍被广泛地应用于中药提取液的浓缩过程中。

2. 中药提取液适用的蒸发设备

1）自然循环蒸发设备

自然循环即指由于加热时设备内部各部分溶液的密度差所引起的溶液循环。常见的设备有：

（1）敞口夹套蒸发锅。主要用于流浸膏剂或膏剂料液的浓缩，常压间歇操作，如甘草浸膏、阿胶等产品的浓缩。该设备对料液的黏度范围适应很广，清洗简便，但传热面有限，敞口排气影响环境卫生。因此，现已应用不多。

（2）带搅拌夹套釜式蒸发器。在夹套釜式蒸发器中装有搅拌装置，它是密闭间歇式蒸发器，夹套内通蒸汽，釜内有搅拌浆翻动料液，促进蒸发。此设备可在常压或真空下操作，适用于浓物料和黏度大的料液浓缩。其缺点是传热面积有限，料液受热时间较长，不太适应热敏性物料的浓缩。

（3）夹套式真空浓缩釜。主要用于黏度较大，但不易起泡的料液的浓缩。夹套内通蒸汽真空操作。优点是设备简单，操作方便。缺点是处理量小、料液受热时间长。

（4）标准式蒸发器。这类蒸发器具有悠久的历史，也是最常用的蒸发器。标准式蒸发器的加热室由直立管束组成，在加热室的中央有一根很粗的管子，它的截面积大约等于加热管总面积的 40% ~ 100%，称为中央循环管。加热蒸汽在管隙进行加热，溶液在管内循环流动。在加热时，中央循环管和加热管内的溶液受热程度不同，管内自然循环，所以提高了蒸发器的传热系数及生产强度。

标准式蒸发器的优点是构造简单、制造方便、投资较少、操作可靠；缺点是检修麻烦、溶液的循环速度较低，一般为 0.4 ~ 0.5 m/s。标准式蒸发器传热系数较小，适用于处理黏度较大及易结垢溶液的蒸发。有时为了提高传热系数，也采用带搅拌的标准式蒸发器，加热管内溶液沸腾时，溶液密 度变小而上升，此时中央循环管内的溶液尚未沸腾，密度较大而下降，再由于加热管内蒸汽上升的抽吸作用，使中央循环管内的溶液下降，由此不断产生循环。

（5）自然循环式蒸发器。自然循环蒸发器是蒸发器的一个发展。过去所用的蒸发器，其加热室多为同轴内热式、外加热式或双程加热式等。内热式及双程加热式蒸发器对中药提取液的浓缩不太合适，主要是由于提取液易结垢、易起泡等物料特性所致，造成传热系数降低，自然循环效果不理想，且加热室置于蒸发室内，不易检修与清洗等。因此，外循环（外加热）式蒸发器的优点就充分得到显示。外循环式蒸发器将加热室置于蒸发室外面，不仅可以降低蒸发器的总高度，而且便于清洗和更换。外循环式蒸发器对于易起泡、易结垢物料的浓缩也较为适用，对于热敏性物料的浓缩，只要适当改变分离室的结构与操作方式也适用。

2）强制循环蒸发设备

强制循环蒸发器，根据加热器的形式可分为立式单程、立式双程和卧式双程。主要用于黏度大、易结垢及易结晶的料液浓缩。在这种蒸发器中，溶液的循环主要依靠外加的动力，用泵迫使料液沿一定的方向流动。以此产生循环，循环速度的大小可调节泵的流量来控制。一般应控制在 25 m/s 以上。强制循环蒸发器的传热系数大于自然循环蒸发器的传热系数，在真空条件下操作的适用性很强。缺点是能量消耗大，每 1 m^2 加热面积约需热能 0.4 ~ 0.8 kW。

3）膜式蒸发设备

（1）升膜式蒸发器。升膜式蒸发器是指料液经预热后，由蒸发器底部引入，进入加热管内受热沸腾后迅速气化，生成的蒸汽在加热管内高速上升。溶液则被上升的蒸汽带动，沿管壁呈膜状上升并继续蒸发。气液混合物在分离器内分离，浓溶液从分离器底部排出，二次蒸汽从分离器顶部导出。为了保证料液能在加热管内有效地成膜，上升的蒸汽应具有一定的速度，这也是蒸发操作成功与否的关键。

升膜式蒸发器不适用于浓溶液的蒸发，对黏度大、易结垢或易结晶的料液也不宜使用。

（2）降膜式蒸发器。降膜式蒸发器与升膜式蒸发器的区别在于料液从蒸发器顶部加入，在重力作用下沿管壁成膜状下降，并不断被蒸发而增浓，在其底部进入分离室。为保证液体进入加热管后能有效成膜，每根管的顶部必须设置液体分布器。

降膜式蒸发器可以浓缩浓度较高的溶液，对于黏度较大的物料也能适用，缺点是溶液在管内分布不均匀，传热系数较升膜式蒸发器要小。

（3）刮板式薄膜蒸发器。它是一种利用高速旋转的刮板转子，将料液分布成均匀的薄膜而进行蒸发的一种高效浓缩设备。其结构主要是在一个直立的夹套圆筒加热器内安装有快速（每分钟 300 转以上）旋转的叶片（刮板）。刮板有固定式及滑动式两种。固定式刮板系将刮板固定于旋转轴上，刮板外缘与筒体内壁的间隙一般为 0.8 ~ 2.5 mm；滑动式刮板靠轴旋转时产生的离心力使刮板与加热面内壁接触，液膜厚度与料液黏度及转速有关。

料液由蒸发器上部经进料管、分液盘流入器内，在离心力、重力及旋转刮板刮动下，料液在筒体内壁形成旋转下降的薄膜，在布膜过程中同时被蒸发浓缩。浓缩液由底部侧面出料口，借高速转动叶片的离心力甩出。二次蒸汽经上部分离器排出。

刮板式薄膜蒸发器在真空条件下操作（真空度约 9 kPa），且料液在加热区停留时间短，故适于高黏度的热敏性物料的蒸发浓缩。有的刮板式薄膜蒸发器采用了离心式滑动沟槽转子，除了可强化传热外，操作过程中不易起泡和结垢，故更适用于易起泡沫、易结垢料液的浓缩。将刮板式薄膜蒸发器串联在升膜式或降膜式蒸发器之后，可使较稀的中药提取液浓缩至 100 Pa · s 以上。其缺点是结构复杂，动力消耗较大，单位体积的传热面小。

（4）离心式薄膜蒸发器。它是一种综合了离心分离和薄膜蒸发两种原理的新型高效蒸发设备，将料液加到锥形盘的传热面中央，借高速旋转的离心力将其分散成厚度为 0.05 ~ 1 mm 的薄膜进行蒸发。其特点是液膜厚度薄，传热系数高，设备体积小，蒸发强度大，浓缩比高，物料受热时间短（约 1 秒），不易起泡和结垢，蒸发室便于拆洗等。其适用于高热敏性物料的蒸发浓缩，如中药提取液、维生素、抗生素、脏器生化制品及食品等。其缺点是结构复杂，价格较高。

第二部分　多功能提取罐的中药材提取生产操作

第 1 步　生产前准备与检查

同称量“生产前准备与检查”。

第2步　操作过程

（1）操作人员检查料渣门有无渗漏现象，若有则应及时更换密封垫。经检查一切正常后，方可投料生产。根据批生产指令核对每个多功能中药提取罐内需煎煮的净药材，并根据标签内容对实物进行核对无误后，按生产指令要求在每个提取罐内投入净药材。

（2）操作人员打开饮用水阀门，按生产工艺要求往多功能中药提取罐内注入饮用水，注水量达到规定量后，关闭饮用水阀门，旋紧罐盖，根据生产工艺开始浸泡。一般浸泡 60 min，并每隔 20 min 搅拌 1 次，以便使药材浸泡完全。

（3）浸泡时间到后，打开设备电源开关，开启直通蒸汽进汽阀，使蒸汽直接通入锅内加热，保持蒸汽压在 0.1 ~ 0.15 MPa。加热至沸腾后，关闭直通蒸汽阀门，打开夹层蒸汽阀门，将压力调至 0.03 ~ 0.05 MPa，使药液保持微沸状态，并开始计时至工艺要求的煎煮时间。

（4）煎煮到规定时间，关闭汽阀，约 10 min 后，开始过滤，将提取液泵到提取液储罐，并在提取液储罐上做好标签，标签内容包括品名、批号、批量、生产日期操作人，完成第一次煎煮。

（5）药液过滤完毕后，加入工艺要求的水量，进行第二次、第三次煎煮。同样加热至沸腾后将蒸汽压力仍调整为 0.01 ~ 0.05 MPa，保持微沸状态，煎煮至规定时间。

（6）按（4）操作，过滤第二煎、第三煎药液。需要注意的是当最后一次煎煮完毕后，药液需过滤两次，其间隔时间为 30 min，使药液尽量过滤完，以免浪费。

（7）药液过滤完毕后，将废渣车接于排渣门正下方，当确认料渣门垂直下方直径 3 m 以内无生产人员后，打开排渣门，使药渣直接落入废渣车中，然后经指定路线倾倒在指定废渣存放点。

（8）填写生产记录，操作人及复核人签名。

第3步　清场与清洁

（1）生产结束后，操作人员将使用后的运输车、工具、容器具按清洁规程进行清洁。

（2）由工序班长取下生产状态标志及设备运行状态标志，纳入批生产记录，换上操作间“待清场”标志、设备“待清洁”标志，严格按照清洁规程进行清洁。

（3）工序班长检查合格后，取下“待清洁”标志，挂上“已清洁”标志，并注明有效期，由操作人员填写设备清洁记录。

（4）由 QA 检查员检查清场情况，确认合格后签发“清场合格证”正副本，操作人员填写“清场记录”，由 QA 检查员签字，并将“清场记录及清场合格证”（正本）纳入本次批生产记录。

（5）“清场合格证”（副本）插入操作间“已清场”标志牌上，留在生产现场，作为下次生产前检查凭证，并纳入下次批生产记录。

第4步　异常情况处理

生产过程中发生异常情况，影响正常生产应按《异常情况（偏差）报告处理标准管理程序》及时填写“异常情况（偏差）报告”并及时通知车间负责人处理。

提取岗位生产记录见表1-22。

表1-22　提取岗位生产记录

年　　月　　日　　　　　　　　　　　　　　　　　　　　　　　　编号：

品名			批号	
操作人				
		项目	提取罐Ⅰ	提取罐Ⅱ
		投料时间		
		投料量/kg		
		投料人		
		复核人		
	第一次提取	加水量/L		
		蒸汽压力/MPa		
		温度/°C		
		沸腾时间		
		排提取液时间		
		药液量/L		
		调入贮罐编号		
	第二次提取	加水量/L		
		蒸汽压力/MPa		
		温度/°C		
		沸腾时间		
		排提取液时间		
		药液量/L		
		调入贮罐编号		
	第三次提取	加水量/L		
		蒸汽压力/MPa		
		温度/°C		
		沸腾时间		
		排提取液时间		
		药液量/L		
		调入贮罐编号		
	QA检验员			
交接班说明				
交班人			接班人	
交班时间			接班时间	

知识拓展十五

筒式提取罐操作规程

1. 操作步骤

（1）使用前检查排渣门的卡钩是否锁紧到位，排渣门是否关好。

（2）投料门的开、关：将投料门松锁阀手柄拉出，投料门锁进钩自动松开；将投料门开关阀手柄拉出，投料门自动打开；将投料门开关阀手柄推进，投料门自动关闭；再将投料门松手阀手柄推进，投料门锁钩自动锁紧。

（3）排渣门的开、关：将排渣门松锁阀手柄拉出，排渣门锁钩自动松开，排渣门打开；将排渣门开关阀手柄拉出，排渣门自动关闭到位后，再将排渣门松锁阀手柄推进，排渣门锁钩自动锁紧。

（4）投料，如采用水提取则打开喷淋管阀门，从进水口向罐内加水。

（5）投料及加提取溶剂结束后，向启闭缸进气，关闭投料门，向锁紧缸进气，使卡钩将投料门卡紧到位。

（6）按工艺要求设定设备参数，进行提取操作。

（7）提取完毕后，将药液抽提出，开启排渣门排出药渣。

2. 保　养

（1）经常检查设备的运动部件，使其保持清洁润滑。

（2）设备不使用时，投料门、排渣门须处于开启状态。

（3）经常检查投料门、排渣门等部位的密封性，及时更换密封圈。

（4）注意设备热能的损耗，条件许可的应进行保温处理。

知识拓展十六

三效节能浓缩器操作规程

1. 操作步骤

（1）确认设备及真空泵运行正常，无异常情况方能投入生产。

（2）接通水源、电源、汽源，开启冷却循环水进、出水阀门，将真空泵水池中加满水，再开启真空泵使一、二、三效蒸发器呈真空状态，从一、二、三效依次吸进药液至第一视镜，进料完毕即关闭进料阀。

（3）开启进蒸汽阀，打开旁通阀排净冷凝水，冷凝水排净后打开疏水阀，关闭旁通阀。升温加热，先开较小的蒸汽预热后，逐渐将蒸汽压力加至工艺要求的压力运行。

（4）开启冷凝器的冷却水，使三效蒸发器进入正常运行状态。设备在运行中要保持正常液面，维持一定的真空度，同时注意罐内温度和池水的水温。当药液体积不断变小时，打开进料阀，不断补加药液。浓缩时逐渐向一效进行转移，转移时应先破坏其真空，利用真空将其往上一效转移药液。

（5）药液蒸发到一定浓度时，用洁净橡胶块挡住出料口，打开进药液阀门，待进药液阀至出料口充满药液时关闭阀门。用特制的不锈钢量筒对住出料口，拿开橡胶块，用量筒盛装一定量的药液，再用比重计测量其比重，当达到成品要求的浓度时，即可准备出料。

（6）打开各效排空阀，关闭蒸汽阀，关闭真空泵，打开放料阀进行浓缩液排放，将浓缩液盛装在洁净的容器内。

（7）打开冷凝水贮罐阀门，排放冷凝水。

（8）注意事项：

① 严禁进汽压力超压，当冷却循环水不足或供水不足时，不得开机。

② 每次操作时，严禁单效浓缩，二、三效无药液时，需在二、三效加入饮用水，三效一起浓缩，以免水池里的水温升得太快。

③ 运行时经常检查水温、药温，观察是否有冲料等不正常情况，发现冲料时，应立即破坏真空，使药液液面下降。

2. 保　养

（1）运行前应检查各阀门有无泄漏，并根据工艺要求开启或关闭阀门，清除循环水池内漂浮杂物，并添加水至低于溢流口 100 mm 高度。

（2）启动多级泵后，立即观察出水管道压力表是否达到水泵额定压力，观察水力喷射器喷射水流是否正常，水泵运行声音与振动是否正常。

（3）启动多级泵后，观察真空表，判断、分析三效机组是否有漏气现象，必要时采取其他有效办法检查漏气点或者请专业人员处理。

（4）经常检查压力表、真空表是否灵敏准确可靠，检查冷凝器和循环供水管道是否畅通。

巩固练习

一、选择题

【A 型题】（单项选择题）

（1）浸提的基本原理是（　　）。

A. 溶剂的浸润，成分的解吸与溶解

B. 溶剂的浸润与渗透，成分的溶解浸出

C. 溶剂的浸润与渗透，成分的解吸与溶解，溶质的扩散与置换

D. 溶剂的浸润，浸出成分的扩散与置换

E. 溶剂的浸润，成分的溶解与滤过，浓缩液扩散

（2）药材浸提过程中推动渗透与扩散的动力是（　　）。

A. 温度　B. 浸提压力　C. 时间　D. 溶媒种类　E. 浓度差

（3）与溶剂润湿药材表面无关的因素是（　　）。

A. 浓度差　　B. 溶剂的性质　　C. 浸提压力

D. 药材性质　　E. 接触面的大小

（4）浸提时，一般温度应控制在（　　）。

A. 浸提溶剂的沸点或接近沸点　　B. 100 °C

C. 100 °C 以下　　D. 100 °C 以上　　E. 125 °C

（5）浸提过程中，溶剂通过下列哪一个途径进入细胞组织？（　　）

A. 毛细管　　B. 药材表皮　　C. 与极性物质结合

D. 与蛋白质结合　　E. 细胞壁破裂

（6）浸提药材时（　　）。

A. 时间越长越好　　B. 温度越高越好　　C. 粉碎度越大越好

D. 溶媒 pH 越高越好　　E. 浓度差越大越好

（7）下列哪一种方法不能增加浸提浓度梯度？（　　）

A. 连续逆流提取　　B. 更换新鲜溶剂　　C. 不断搅拌

D. 动态提取　　E. 高压提取

（8）在扩散公式中 dc/dx 代表（　　）。

A. 浓度差　　B. 扩散系数　　C. 扩散速率

D. 扩散半径　　E. 扩散浓度

（9）乙醇作为浸出溶媒不具备的特点是（　　）。

A. 极性可调　　B. 具有防腐作用　　C. 可以延缓酯类药物的水解

D. 溶解范围广　　E. 可用于药材脱脂

（10）浸提过程中加入酸、碱的作用是（　　）。

A. 增加有效成分的扩散作用　　B. 增加有效成分的溶解作用

C. 增大细胞间隙　　D. 增加浸润与渗透作用

E. 防腐

（11）下列关于单渗漉法的叙述，正确的是（　　）。

A. 药材先湿润后装筒　　B. 快漉流速为 5 ~ 8 mL/min

C. 慢漉流速为 1 ~ 5 mL/min　　D. 浸渍后应排气

E. 大量生产时，每小时流出液应相当于渗漉容器被利用容积的 1/24 ~ 1/12

（12）渗漉法提取时，影响渗漉效果的因素是（　　）。

A. 与渗漉柱高度成正比，与柱直径成反比

B. 与渗漉柱大小无关

C. 与渗漉柱高度成反比，与柱直径成反比

D. 与渗漉柱高度成正比，与柱直径成正比

E. 与渗漉柱高度成反比，与柱直径成正比

（13）回流浸提法适用于（　　）。

A. 挥发性药材　　B. 动物药　　C. 对热不敏感的药材

D. 全部药材　　E. 矿物药

（14）下列哪一种操作不属于水蒸气蒸馏浸提法？（　　）

A．水上蒸馏　　B．水中蒸馏　　C．挥发油提取
D．多效蒸发　　E．通水蒸气蒸馏

（15）煎煮法作为中药材最广泛应用的基本浸提方法，主要原因是（　　）。
A．浸出液易于滤过　　B．水溶解谱较广　　C．可杀死微生物
D．水经济易得　　E．符合中医传统用药习惯

（16）下列不适于用作浸渍法溶媒的是（　　）。
A．丙酮　B．白酒　C．乙醇　D．水　E．甲醇

（17）下列溶剂中既可以作为脱脂剂又可以作为脱水剂的是（　　）。
A．苯　B．丙酮　C．石油醚　D．氯仿　E．乙酸乙酯

（18）下列关于分离因数的叙述，哪一项是正确的？（　　）
A．分离因数越小，离心机分离能力越强
B．分离因数是物料所受离心力与重力的乘积
C．分离因数越大，离心机分离容量越大
D．分离因数是物料的重量与所受离心力之比值
E．分离因数越大，离心机分离能力越强

（19）下列哪一种分离方法属于沉降分离法？（　　）
A．膜分离法　　B．碟片式离心机离心分离　　C．水提醇沉法
D．树脂分离法　　E．板框压滤机过滤分离

（20）以下关于水提醇沉法操作的论述哪一个是正确的？（　　）
A．用酒精计测定药液中的含醇量　　B．水煎液浓缩后即可加入乙醇
C．药液浓缩至稠膏后再加醇　　D．慢加醇，快搅拌
E．回收上清液，弃去沉淀

（21）“架桥现象”容易在下列哪种方法中出现？（　　）
A．吸附澄清法　　B．醇水法　　C．大孔树脂精制法
D．水醇法　　E．滤过法

（22）以下关于滤过速度的论述，不正确的是（　　）。
A．滤渣层两侧的压力差越大，滤速越大　　B．滤速与滤器的面积成正比
C．滤速与料液黏度成反比　　D．滤速与毛细管长度成正比
E．滤速与滤材毛细管半径成正比

（23）下列关于滤过方法叙述错误的是（　　）。
A．常压滤过法适用于小量药液滤过
B．板框压滤机适用于醇沉液滤过
C．板框压滤机适用于黏度高的液体作密闭滤过
D．滤过方法的选择应综合考虑各影响因素
E．垂熔玻璃滤器适用于注射剂滴眼液的精滤

（24）以下有关微孔滤膜滤过的特点的叙述，不正确的是（　　）。
A．滤过时无介质脱落　　B．滤过阻力小
C．孔径均匀，孔隙率高、滤速高　　D．不易堵塞
E．可用于热敏性药物的除菌净化

（25）不能作为助滤剂的是（　　）。

A. 活性炭　　B. 硅藻土　　C. 滑石粉　　D. 药材粉末　　E. 陶瓷粉

（26）下列哪一种料液可用板框压滤机滤过（　　）。

A. 丹参浓缩液　　B. 枇杷止咳糖浆　　C. 桔梗流浸膏

D. 黄精水煎煮液　　E. 滴眼液

（27）不宜采用超滤膜滤过的药液是（　　）。

A. 酒剂　　B. 中药膏剂　　C. 口服液　　D. 酊剂　　E. 中药注射剂

（28）一般以分子量截留值为孔径规格指标的滤材是（　　）。

A. 滤纸　　B. 砂滤棒　　C. 微孔滤膜　　D. 超滤膜　　E. 垂熔玻璃滤器

（29）对离子交换树脂叙述错误的是（　　）。

A. 含有极性与非极性基团两部分

B. 可用于离子型活性成分的分离精制

C. 可以制备纯水

D. 只允许阴离子通过

E. 不溶于水，但能吸水膨胀

（30）有关大孔吸附树脂精制法的叙述不正确的是（　　）。

A. 大孔吸附树脂一般是先以乙醇洗脱杂质，再以不同浓度乙醇洗脱有效成分

B. 应结合成分性质选择大孔树脂的类型、型号、洗脱剂浓度

C. 不同规格的大孔树脂有不同的极性

D. 提取物上样前要滤过处理

E. 大孔吸附树脂具有大的比表面积及多孔性

【B型题】（匹配题）

[（31）~（35）]

A. 煎煮法　　B. 浸渍法　　C. 渗漉法　　D. 双提法　　E. 水蒸气蒸馏法

（31）有效成分尚未清楚的方剂粗提宜采取的提取方法为（　　）。

（32）挥发性成分含量较高的方剂宜采取的提取方法为（　　）。

（33）挥发性成分、水溶性成分为有效成分的方剂宜采取的提取方法为（　　）。

（34）无组织结构的药材、新鲜药材宜采取的提取方法为（　　）。

（35）有效成分受热易被破坏的贵重药材、毒性药材宜采取的提取方法为（　　）。

[（36）~（40）]

A. 沉降分离法　　B. 离心分离法　　C. 袋滤器分离法　　D. 超滤法

E. 旋风分离器分离法

（36）固体含量高的固体和液体混合物的分离宜选用（　　）。

（37）固体微粒粒径很小的固体和液体混合物的分离宜选用（　　）。

（38）固体和气体混合物的分离宜选用（　　）。

（39）粗细不同的固体粉末的分离可选用（　　）。

（40）分子量大小不同的蛋白质溶解物分离宜选用（　　）。

[（41）~（45）]

A. 平衡水　　B. 自由水　　C. 结合水　　D. 非结合水　　E. 自由水分和平衡水分之和

（41）存在于物料细小毛细管中及细胞中的水分为（　　）。
（42）存在于物料表面及粗大毛细管中的水分为（　　）。
（43）干燥过程中可以除去的水分为（　　）。
（44）干燥过程中不能除去的水分为（　　）。
（45）物料中所含有的水分为（　　）。

[（46）~（50）]

A. 烘干干燥　B. 减压干燥　C. 沸腾干燥　D. 喷雾干燥　E. 冷冻干燥

（46）一般药材的干燥多选用（　　）。
（47）稠浸膏的干燥宜选用（　　）。
（48）较为黏稠液态物料的干燥宜选用（　　）。
（49）颗粒状物料的干燥宜选用（　　）。
（50）高热敏性物料的干燥宜选用（　　）。

[（51）~（55）]

A. 苷元、香豆素类　B. 生物碱　C. 新鲜动物药材的脱脂
D. 黄酮类、苷类　E. 树脂类、芳烃类

（51）70%~90%的乙醇可用于提取（　　）。
（52）40%~70%的乙醇可用于提取（　　）。
（53）水中加入1%的醋酸可用于提取（　　）。
（54）90%的乙醇可用于提取（　　）。
（55）丙酮可用于（　　）。

【X型题】（多项选择题）

（56）影响浸提的因素有（　　）。
A. 药材的成分与粒度　B. 浸提的时间与温度
C. 溶剂的用量与pH值　D. 溶剂性质　E. 浸提的压力

（57）90%乙醇可浸出的成分有（　　）。
A. 油脂类　B. 黄酮、苷类　C. 叶绿素
D. 芳烃类　E. 萜类

（58）下列浸提取方法中，哪些方法适合以乙醇为溶剂进行提取？（　　）
A. 冷浸渍法　B. 热浸渍法　C. 煎煮法
D. 渗漉法　E. 回流法

（59）下列关于影响浸提因素的叙述，正确的有（　　）。
A. 药材粉碎得越细越好　B. 提取的次数越多越好
C. 药材先润湿有利于溶剂的浸提　D. 浸提温度越高越好
E. 浓度梯度越大越好

（60）渗漉法的优点有（　　）。
A. 为动态浸出　B. 药材充填操作简单　C. 提取液不必另行滤过
D. 节省溶剂　E. 适用于配制高浓度制剂

（61）下列有关渗漉法的叙述正确的是（　　）。
A. 药粉越细，浸出越完全

B. 装筒前药粉应用溶媒湿润

C. 装筒时药粉应较松，使溶剂容易扩散

D. 药粉装完后，添加溶媒，并排出空气

E. 控制适当的渗漉速度

（62）适用于渗漉法提取制备的有（　　）。

A. 含贵重药的制剂　B. 含毒性药的制剂　C. 含黏性药材的制剂

D. 高浓度制剂　E. 含新鲜及易膨胀药材的制剂

（63）超临界流体提取法的特点是（　　）。

A. 可以通过调节温度和压力来调节对成分的溶解度

B. CO_2是最常用的超临界流体

C. 条件适宜可达 100%提取

D. 适用于热敏性，易氧化的有效成分提取

E. 只能用于提取亲脂性、低分子量物质

（64）药物滤过分离速度与下列哪些因素有关？（　　）

A. 加于滤渣层两侧的压力差　B. 滤器面积　C. 料液的黏度

D. 滤渣层毛细管的半径　E. 滤渣层毛细管的长度

（65）常用的浸提方法有（　　）。

A. 煎煮法　B. 浸渍法　C. 渗漉法

D. 回流法　E. 水蒸气蒸馏法

（66）常用的分离方法有（　　）。

A. 沉降分离法　B. 离心分离法　C. 静置分离法

D. 滤过分离法　E. 冷冻分离法

（67）滤过方式为深层滤过的滤器有（　　）。

A. 布氏漏斗　B. 板框压滤机　C. 垂熔玻璃漏斗

D. 砂滤棒　E. 微孔滤膜滤器

（68）常用的精制方法（　　）。

A. 水提醇沉法　B. 膜分离法　C. 大孔树脂精制法

D. 絮凝沉降法　E. 自然沉降法

（69）下列措施中，哪些有助于提高浸提效果？（　　）

A. 将药材粉碎成极细粉　B. 强制浸出液循环流动

C. 用酸或碱调节浸提溶剂的 pH 值　D. 渗漉时让浸出液快速流出

E. 在浸提过程中不断搅拌

（70）乙醇作为浸出溶媒所具备的特点是（　　）。

A. 极性可调　B. 溶解范围广　C. 可以延缓酯类药物的水解

D. 具有防腐作用　E. 可用于药材脱脂

二、名词解释

1. 提取

2. 浸润

3. 解吸作用

4. 浸渍法

5. 渗漉法

6. 水提醇沉法

三、填空题

（1）药材成分可分为有效成分、_______、无效成分和组织成分。

（2）中药材的浸提过程，包括润湿与渗透、______及成分扩散等几个相互联系的阶段。

（3）可用作超临界流体的气体很多，但只有______最常用。

（4）透析法是利用______来使小分子物质与大分子物质分离的方法。

（5）于溶液中加入大量的无机盐使所含蛋白质等高分子物质沉淀析出而与其他成分分离的方法，称______。

（6）水蒸气蒸馏法可分为共水蒸馏法、通水蒸气蒸馏法及______。

（7）可用于分子分离的滤过方法是______。

（8）乙醇含量在 50%～70%时，适于浸提______。

（9）用碱作为浸提辅助剂时，应用最多的是______。

（10）在所有浸提方法中，______法在提取过程中可保持最大的浓度梯度。

（11）应用水提醇沉法精制中药提取液时，当药液中含醇量达到 50%～60%时，主要可除去______杂质。

（12）常用的助滤剂有______、______、______、______。

（13）在浸提过程中，溶剂通过______进入细胞组织。

（14）在浸提过程中常加入酸、碱的作用是为了增加有效成分的______。

（15）扩散公式中 *dc/dx* 代表______。

（16）丙酮既可作为______又可作为脱水剂。

（17）在单渗漉法的操作中，慢漉流速为______mL/min，快漉流速为______mL/min。

（18）渗漉法提取时，渗漉效果与渗漉柱高度成______，与柱直径成______。

（19）分离因数是指物料所受______与重力之比值。

（20）有效成分受热易被破坏的贵重药材、毒性药材宜采取的提取方法为______。

四、简答题

（1）影响浸提的因素主要包括哪些？

（2）多功能提取罐有哪些特点？

（3）单渗漉法的操作依次可分为哪 6 个步骤？

（4）什么是水提醇沉法？主要可除去哪些杂质？

（5）常用固体与液体分离的方法有哪些？

（6）水作为溶剂在冷浸法中的应用为什么受到局限？

五、论述题

（1）浸提时药材不宜粉碎过细，为什么？

（2）如何提高浸提效果？

（3）浸渍法与渗漉法在应用特点方面有哪些异同点？

（4）应用水提醇沉法精制中药提取液时，应注意哪些问题？

（5）水与乙醇作为浸提溶剂各有哪些优缺点？

项目一　任务六巩固练习答案

项目实施

熟地黄、酒萸肉、牡丹皮、山药、茯苓、泽泻的干燥、粉碎、分筛、混合前处理

劳动组织形式：

本项目实施中，对学生进行分组，每 8～10 名学生组成一个工作组。各小组制定出实施方案及工作计划，组长协助教师参与指导、组织本组学生学习，检查项目实施进程和质量，制定改进措施，共同完成项目任务。

项目评价：

按时间、质量、安全、文明和环保要求进行考核。学生按照下表（表 1-23）进行项目考核评分，先自评，在自评的基础上，由本组的同学互评，最后由教师进行总结评分。

表 1-23　项目考核评价表

姓名：　　　　　　　　　　　　　　　　　　　　　总分：

序号	考核项目	考核内容及要求	评分标准	配分	学生自评	学生互评	教师考评	得分
1	时间要求	6 h	不按时完成无分	5				
2	质量要求	干燥	1. 干燥温度 60～70 °C，不符合扣 8 分 2. 干燥时间约 150 min，不符合扣 4 分 3. 水分 5%，不符合扣 8 分	20				
		粉碎	1. 粉碎粒度 100 目，不符合扣 10 分 2. 物料收率 90%～95%，不符合扣 10 分	20				
		分筛	1. 分筛粒度 100 目，不符合扣 10 分 2. 收率 95%～100%，不符合扣 10 分	20				
		混合	1. 混合均匀性，不符合扣 10 分 2. 混合收率 95%～100%，不符合扣 10 分	20				
3	安全要求	遵守安全操作规程	一次不遵守，酌情扣 5 分	5				
4	文明要求	遵守文明生产规则	一次不遵守，酌情扣 5 分	5				
5	环保要求	遵守环保生产规则	一次不遵守，酌情扣 5 分	5				

注：如出现重大安全、文明、环保事故，本项目考核记为 0 分。

项目作业

处方：

川芎 1.2 kg　白芷 0.6 kg　羌活 0.6 kg　细辛 0.3 kg　防风 0.45 kg　荆芥 1.2 kg　薄荷 2.4 kg　甘草 0.6 kg

按该处方的量为一组学生试验量，进行制剂前处理，并结合实际情况，做好相关的生产记录。

项目拓展

处方：

全蝎 1.3 kg　炒僵蚕 2.24 kg　雄黄 0.4 kg　朱砂 0.6 kg　甘草 0.6 kg

制法：

以上五味，雄黄、朱砂分别水飞成极细粉，其余全蝎等三味粉碎成细粉，与上述粉末研配、过筛、混合，即得。

请结合制剂前处理的相关知识，按制药企业生产的相关要求生产“小儿惊风散”，并做好相应的生产记录。

项目二 固体制剂的制备

项目要求

- 时间要求：教学学时 72 课时；
- 质量要求：符合国家药品生产的相关标准要求；
- 安全要求：严格按照药品固体制剂操作规程进行项目作业；
- 文明要求：自觉按照文明生产规程进行项目作业；
- 环保要求：按照环境保护要求进行项目作业。

项目分析

常用的固体剂型有散剂、颗粒剂、片剂、胶囊剂等，一些新型给药系统，如缓释、控释给药系统也多是固体制剂，固体制剂在药物制剂中约占 70%。固体制剂与液体制剂相比，物理、化学稳定性好，生产制造成本较低，服用与携带方便；药物在体内首先溶解后才能透过生理膜、被吸收入血液循环系统中。固体制剂与液体制剂在制备过程的前处理经历相同的单元操作，均有粉碎、过筛、混合等相同的操作，以保证药物的均匀混合与剂量准确，而且剂型之间有着密切的联系。

由于各种口服固体制剂的处方和工艺各不相同，所以药物从固体制剂中溶出和机体吸收的速度各不相同，溶出的速率可以直接影响到药物在体内起效的快慢，特别是对一些难溶性药物来说，药物的溶出过程成为药物吸收的限速过程。若溶出速度小，吸收慢，则血药浓度难以达到治疗的有效浓度。口服固体制剂吸收的快慢顺序一般是：散剂>颗粒剂>胶囊剂>片剂>丸剂。

本项目通过对散剂、丸剂、胶囊剂、颗粒剂、片剂和栓剂的制备有关理论及生产（实验）操作的讲解，使学生进一步掌握这些常用固体制剂的制备方法及相关知识。

项目实施路径与步骤

【项目实施路径】

- 任务一　冰硼散的制备
- 任务二　六味地黄丸的制备
- 任务三　全天麻胶囊的制备
- 任务四　板蓝根颗粒的制备

- 任务五 维 C 银翘片的制备
- 任务六 连翘双解栓的制备

【项目实施步骤】

任务一 冰硼散的制备

冰硼散

【处方】冰片 50 g 朱砂 60 g 硼砂（煅）500 g 玄明粉 500 g

【制法】以上四味，朱砂水飞成极细粉，硼砂粉碎成细粉，将冰片研细，与上述粉末及玄明粉配研，过筛，混匀，即得。

第一部分 理论知识

散剂系指原料药物或与适宜的辅料经粉碎、均匀混合制成的干燥粉末状制剂。

一、散剂的特点

1. 散剂的主要优点

（1）制备工艺简单，剂量容易控制。

（2）比表面积大，容易分散，起效快，便于小儿服用。

（3）对外伤可起到保护、吸收分泌物、促进凝血和愈合的作用。

（4）液体制剂相比，储存、运输、携带方便。

2. 散剂的主要缺点

药物粉碎后表面积增大，臭味、刺激性、吸湿性等相应增大，挥发性成分容易散失，所以一些腐蚀性较强，遇光、湿、热容易变色的药物一般不宜制成散剂。此外，剂量较大时，不如片剂、胶囊剂、丸剂等易服用。

二、散剂的分类

1. 按组成分类

（1）单散剂：由一种药物组成的散剂称为单散剂，如三七粉、蔻仁散等。

（2）复方散剂：由两种或两种以上药物组成的散剂称为复方散剂，如失笑散、平胃散等。

2. 按用途分类

（1）服散剂：直接内服的散剂，如乌贝散、一捻散；也有以内服为主，兼作外用的散剂，如七厘散、云南白药等。

（2）煮散剂：属于内服散剂，但粉末较粗，不能直接吞服，须采用酒浸或煎汤的方式服用，如香苏散。

（3）外用散剂：专供外用的散剂，一般粉末较细。按其使用方法和药用部位不同又可分为撒布散（用于皮肤、黏膜及创伤部位）、牙用散、眼用散和吹入散（用于耳、鼻等部位）。

3. 按药物剂量分类

（1）剂量散剂：每包为一个剂量的散剂，如九分散。

（2）非剂量散剂：每包装有多次服用量的散剂，如六一散。

三、散剂的质量要求

散剂的质量检查是保证散剂质量的一个重要环节，按《中国药典》(2015 年版)，供制散剂的原料药物均应粉碎；除另有规定外，口服用散剂应为细粉，儿科用和局部用散剂应为最细粉；散剂应干燥、疏松、混合均匀、色泽一致；制备含有毒性药、贵重药或药物剂量小的散剂时，应采用配研法混匀并过筛；用于烧伤或严重损伤的外用散剂，应在要求洁净度环境下配制，并进行灭菌处理。一般散剂应密闭贮存，含挥发性药物或易吸潮药物的散剂应密封贮存。散剂主要的检查项目有均匀度、水分、装量差异及微生物限度等。

1. 外观均匀度的检查

取散剂适量，置光滑纸上，平铺约 5 cm^2，将其表面压平，在明亮处观察，应色泽均匀，无花纹与色斑。

2. 粒度检查

除另有规定外，化学药局部用散剂和用于烧伤或严重创伤的中药局部用散剂及儿科用散剂，照下述方法检查，应符合规定。

检查法：除另有规定外，取供试品 10 g，精密称定，照粒度和粒度分布测定法（通则 0982 单筛分法）测定。化学药散剂通过七号筛（中药通过六号筛）的粉末重量，不得少于 95%。

3. 水　分

中药散剂照水分测定法（通则 0832）测定，除另有规定外，不得过 9.0%。

4. 干燥失重

化学药和生物制品散剂，除另有规定外，取供试品，照干燥失重测定法（通则 0831）测定，在 105 °C 干燥至恒重，减失重量不得过 2.0%。

5. 装量差异

单剂量包装的散剂，照下述方法检查，应符合规定。

检查法：除另有规定外，取供试品 10 袋（瓶），分别精密称定每袋（瓶）内容物的重量，求出内容物的装量与平均装量。每袋（瓶）装量与平均装量相比较[凡有标示装量的散剂，每袋（瓶）装量应与标示装量相比较]，按表 2-1 的规定，超出装量差限度的散剂不得多于 2 袋（瓶），并不得有 1 袋（瓶）超出装量差异限度的 1 倍。

表 2-1　散剂装量差异限度

平均装量或标示装量	装量差异限度（中药、化学药）	装量差异限度（生物制品）
0.1 g 及 0.1 g 以下	±15%	±15%
0.1 g 以上至 0.5 g	±10%	±10%
0.5 g 以上至 1.5 g	±8%	±7.5%
1.5 g 以上至 6.0 g	±7%	±5%
6.0 g 以上	±5%	±3%

凡规定检查含量均匀度的化学药和生物制品散剂，一般不再进行装量差异的检查。

6. 装　量

除另有规定外，多剂量包装的散剂，照最低装量检查法（通则 0942）检查，应符合规定。

7. 无　菌

除另有规定外，用于烧伤[除程度较轻的烧伤（Ⅰ°或浅Ⅱ°外）]、严重创伤或临床必需无菌的局部用散剂，照无菌检查法（通则 1101）检查，应符合规定。

8. 微生物限度

除另有规定外，照非无菌产品微生物限度检查：微生物计数法（通则 1105）和控制菌检查法（通则 1106）及非无菌药品微生物限度标准（通则 1107）检查，应符合规定。凡规定进行杂菌检查的生物制品散剂，可不进行微生物限度检查。

知识拓展十七

粒度测定

以下两法用于测定原料药和药物制剂的粒子大小或限度。

第一法（显微镜法）

本法中的粒度，系以显微镜下观察到的长度表示。

目镜测微尺的标定：照显微鉴别法（通则 2001）标定目镜测微尺。

测定法：取供试品，用力摇匀，黏度较大者可按各品种项下的规定加适量甘油溶液（1→2）稀释，照该剂型或各品种项下的规定，量取供试品，置载玻片上，覆以盖玻片，轻压使颗粒分布均匀，注意防止气泡混入，半固体可直接涂在载玻片上，立即在 50～100 倍显微镜下检视盖玻片全部视野，应无凝聚现象，并不得检出该剂型或各品种项下规定的 50 μm 及以上的粒子。再在 200～500 倍的显微镜下检视该剂型或各品种项下规定的视野内的总粒数及规定大小的粒数，并计算其所占比例（%）。

第二法（筛分法）

筛分法一般分为手动筛分法、机械筛分法与空气喷射筛分法。手动筛分法和机械筛分法适用于测定大部分粒径大于 75 μm 的样品。对于粒径小于 75 μm 的样品，则应采用空气喷射筛分法或其他适宜的方法。

机械筛分法系采用机械方法或电磁方法，产生垂直振动、水平圆周运动、拍打、拍打与水平圆周运动相结合等振动方式。空气喷射筛分法则采用流动的空气流带动颗粒运动。

筛分试验时需注意环境湿度，防止样品吸水或失水。对易产生静电的样品，可加入0.5%胶质二氧化硅和（或）氧化铝等抗静电剂，以减小静电作用产生的影响。

1. 手动筛分法

（1）单筛分法：称取各品种项下规定的供试品，置规定号的药筛中（筛下配有密合的接收容器），筛上加盖。按水平方向旋转振摇至少 3 min，并不时在垂直方向轻叩筛。取筛下的颗粒及粉末，称定重量，计算其所占比例（%）。

（2）双筛分法：取单剂量包装的5袋（瓶）或多剂量包装的1袋（瓶），称定重量，置该剂型或品种项下规定的上层（孔径大的）药筛中（下层的筛下配有密合的接收容器），保持水平状态过筛，左右往返，边筛动边拍打3 min。取不能通过大孔径筛和能通过小孔径筛的颗粒及粉末，称定重量，计算其所占比例（%）。

2. 机械筛分法

除另有规定外，取直径为200 mm规定号的药筛和接收容器，称定重量，根据供试品的容积密度，称取供试品25～100 g，置最上层（孔径最大的）药筛中（最下层的筛下配有密合的接收容器），筛上加盖。设定振动方式和振动频率，振动5分钟。取各药筛与接收容器，称定重量，根据筛分前后的重量差异计算各药筛上和接收容器内颗粒及粉末所占比例（%）。重复上述操作直至连续两次筛分后，各药筛上遗留颗粒及粉末重量的差异不超过前次遗留颗粒及粉末重量的5%或两次重量的差值不大于0.1 g；若某一药筛上遗留颗粒及粉末的重量小于供试品取样量的5%，则该药筛连续两次的重量差异应不超过20%。

3. 空气喷射筛分法

每次筛分时仅使用一个药筛。如需测定颗粒大小分布，应从孔径最小的药筛开始顺序进行。除另有规定外，取直径为200 mm规定号的药筛，称定重量，根据供试品的容积密度，称取供试品25～100 g，置药筛中，筛上加盖。设定压力，喷射5分钟。取药筛，称定重量，根据筛分前后的重量差异计算药筛上颗粒及粉末所占比例（%）。重复上述操作直至连续两次筛分后，药筛上遗留颗粒及粉末重量的差异不超过前次遗留颗粒及粉末重量的5%或两次重量的差值不大于0.1 g；若药筛上遗留的颗粒及粉末重量小于供试品取样量的5%，则连续两次的重量差异应不超过20%。

知识拓展十八

水分测定法

第一法（费休氏法）

1. 容量滴定法

本法是根据碘和二氧化硫在吡啶和甲醇溶液中与水定量反应的原理来测定水

分。所用仪器应干燥，并能避免空气中水分的侵入；测定应在干燥处进行。

1）费休氏试液的制备与标定

（1）制备：称取碘（置硫酸干燥器内 48 h 以上）110 g，置干燥的具塞锥形瓶（或烧瓶）中，加无水吡啶 160 mL，注意冷却，振摇至碘全部溶解，加无水甲醇 300 mL，称定重量，将锥形瓶（或烧瓶）置冰浴中冷却，在避免空气中水分侵入的条件下，通入干燥的二氧化硫至重量增加 72 g，再加无水甲醇使成 1 000 mL，密塞，摇匀，在暗处放置 24 小时。

也可以使用稳定的市售费休氏试液。市售的费休氏试液可以是不含吡啶的其他碱化试剂，或不含甲醇的其他伯醇类等制成；也可以是单一的溶液或由两种溶液临用前混合而成。

本试液应遮光，密封，阴凉干燥处保存。临用前应标定滴定度。

（2）标定：精密称取纯化水 10～30 mg，用水分测定仪直接标定；或精密称取纯化水 10～30 mg，置干燥的具塞锥形瓶中，除另有规定外，加无水甲醇适量，在避免空气中水分侵入的条件下，用费休氏试液滴定至溶液由浅黄色变为红棕色，或用电化学方法[如永停滴定法（通则 0701）等]指示终点；另做空白试验，按下式计算：

$$F=\frac{W}{A-B}$$

式中 F——每 1 mL 费休氏试液相当于水的重量，mg；

W——称取纯化水的重量，mg；

A——滴定所消耗费休氏试液的容积，mL；

B——空白所消耗费休氏试液的容积，mL。

2）测定法

精密称取供试品适量（约消耗费休氏试液 1～5 mL），除另有规定外，溶剂为无水甲醇，用水分测定仪直接测定。或精密称取供试品适量，置干燥的具塞锥形瓶中，加溶剂适量，在不断振摇（或搅拌）下用费休氏试液滴定至溶液由浅黄色变为红棕色，或用永停滴定法（通则 0701）指示终点；另做空白试验，按下式计算：

$$供试品中水分含量（\%）=\frac{(A-B)F}{W}\times 100\%$$

式中 A——供试品所消耗费休氏试液的体积，mL；

B——空白所消耗费休氏试液的体积，mL；

F——每 1 mL 费休氏试液相当于水的重量，mg；

W——供试品的重量，mg。

如供试品吸湿性较强，可称取供试品适量置干燥的容器中，密封（可在干燥的隔离箱中操作），精密称定，用干燥的注射器注入适量无水甲醇或其他适宜溶剂，精密称定总重量，振摇使供试品溶解，测定该溶液水分。洗净并烘干容器，精密称定其重量。同时测定溶剂的水分。按下式计算：

$$供试品中水分含量（\%）=\frac{(W_1-W_3)C_1-(W_1-W_2)C_2}{W_2-W_3}\times 100\%$$

式中 W_1——供试品、溶剂和容器的重量，g；

W_2——供试品、容器的重量，g；

W_3——容器的重量，g；

C_1——供试品溶液的水分含量，g/g；

C_2——溶剂的水分含量，g/g。

对热稳定的供试品，亦可将水分测定仪和市售卡氏干燥炉联用测定水分。即将一定量的供试品在干燥炉或样品瓶中加热，并用干燥气体将蒸发出的水分导入水分测定仪中测定。

2. 库仑滴定法

本法仍以卡尔-费休氏（Karl-Fischer）反应为基础，应用永停滴定法（通则 0701）测定水分。与容量滴定法相比，库仑滴定法中滴定剂碘不是从滴定管加入，而是由含有碘离子的阳极电解液电解产生。一旦所有的水被滴定完全，阳极电解液中就会出现少量过量的碘，使铂电极极化而停止碘的产生。根据法拉第定律，产生碘的量与通过的电量成正比，因此可以通过测量电量总消耗的方法来测定水分总量。本法主要用于测定含微量水分（0.000 1%～0.1%）的供试品，特别适用于测定化学惰性物质如烃类、醇类和酯类中的水分。所用仪器应干燥，并能避免空气中水分的侵入；测定操作应在干燥处进行。

费休氏试液：按卡尔-费休氏库伦滴定仪的要求配制或使用市售费休氏试液，无需标定滴定度。

测定法：于滴定杯加入适量费休氏试液，先将试液和系统中的水分预滴定除去，然后精密量取供试品适量（含水量约为 0.5～5 mg），迅速转移至滴定杯中，以永停滴定法（通则 0701）指示终点，从仪器显示屏上直接读取供试品中水分的含量，其中每 1 mg 水相当于 10.72 库仑电量。

第二法（烘干法）

测定法取供试品 2～5 g，平铺于干燥至恒重的扁形称量瓶中，厚度不超过 5 mm，疏松供试品不超过 10 mm，精密称定，开启瓶盖在 100～105 °C 干燥 5 小时，将瓶盖盖好，移置干燥器中，放冷 30 分钟，精密称定，再在上述温度干燥 1 小时，放冷，称重，至连续两次称重的差异不超过 5 mg 为止。根据减失的重量，计算供试品中含水量（%）。

本法适用于不含或少含挥发性成分的药品。

第三法（减压干燥法）

减压干燥器：取直径 12 cm 左右的培养皿，加入五氧化二磷干燥剂适量，铺成 0.5～1 cm 的厚度，放入直径 30 cm 的减压干燥器中。

测定法：取供试品 2～4 g，混合均匀，分别取 0.5～1 g，置已在供试品同样条件下干燥并称重的称量瓶中，精密称定，打开瓶盖，放入上述减压干燥器中，抽气减压至 2.67 kPa（20 mmHg）以下，并持续抽气半小时，室温放置 24 小时。在减压干燥器出口连接无水氯化钙干燥管，打开活塞，待内外压一致，关闭活塞，打开干燥器，盖上瓶盖，取出称量瓶迅速精密称定重量，计算供试品中的含水量（%）。

本法适用于含有挥发性成分的贵重药品。中药测定用的供试品，一般先破碎并需通过二号筛。

第四法（甲苯法）

仪器装置：如图 2-1。图中 A 为 500 mL 的短颈圆底烧瓶；B 为水分测定管；C 为直形冷凝管，外管长 40 cm。使用前，全部仪器应清洁，并置烘箱中烘干。

测定法：取供试品适量（约相当于含水量 1～4 mL），精密称定，置 A 瓶中，加甲苯约 200 mL，必要时加入干燥、洁净的无釉小瓷片数片或玻璃珠数粒，连接仪器，自冷凝管顶端加入甲苯至充满 B 管的狭细部分。将 A 瓶置电热套中或用其他适宜方法缓缓加热，待甲苯开始沸腾时，调节温度，使每秒馏出 2 滴。待水分完全馏出，即测定管刻度部分的水量不再增加时，将冷凝管内部先用甲苯冲洗，再用饱蘸甲苯的长刷或其他适宜方法，将管壁上附着的甲苯推下，继续蒸馏 5 分钟，放冷至室温，拆卸装置，如有水黏附在 B 管的管壁上，可用蘸甲苯的铜丝推下，放置使水分与甲苯完全分离（可加亚甲蓝粉末少量，使水染成蓝色，以便分离观察）。检读水量，并计算成供试品的含水量（%）。

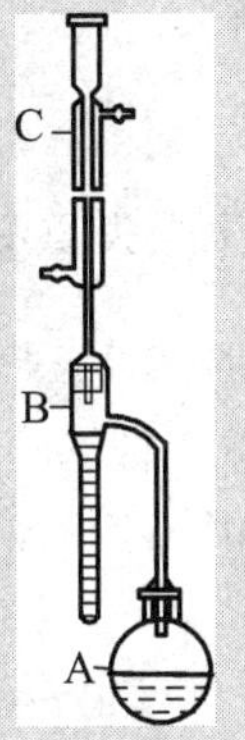

图 2-1　甲苯法仪器装置

【附注】（1）测定用的甲苯须先加水少量充分振摇后放置，将水层分离弃去，经蒸馏后使用。

（2）中药测定用的供试品，一般先破碎成直径不超过 3 mm 的颗粒或碎片；直径和长度在 3 mm 以下的可不破碎。

第五法（气相色谱法）

色谱条件与系统适用性试验：用直径为 0.18～0.25 mm 的二乙烯苯-乙基乙烯苯型高分子多孔小球作为载体，或采用极性与之相适应的毛细管柱，柱温为 140～150 °C，热导检测器检测。注入无水乙醇，照气相色谱法（通则 0521）测定，应符合下列要求：

（1）理论板数按水峰计算应大于 1 000，理论板数按乙醇峰计算应大于 150；

（2）水和乙醇两峰的分离度应大于 2；

（3）用无水乙醇进样 5 次，水峰面积的相对标准偏差不得大于 3.0%。

对照溶液的制备：取纯化水约 0.2 g，精密称定，置 25 mL 量瓶中，加无水乙醇至刻度，摇匀，即得。

供试品溶液的制备：取供试品适量（含水量约 0.2 g），剪碎或研细，精密称定，置具塞锥形瓶中，精密加入无水乙醇 50 mL，密塞，混匀，超声处理 20 分钟，放置 12 小时，再超声处理 20 分钟，密塞放置，待澄清后倾取上清液，即得。

测定法：取无水乙醇、对照溶液及供试品溶液各 1 ~ 5 μL，注入气相色谱仪，测定，即得。

对照溶液与供试品溶液的配制须用新开启的同一瓶无水乙醇。

用外标法计算供试品中的含水量。计算时应扣除无水乙醇中的含水量，方法如下：

对照溶液中实际加入的水的峰面积=对照溶液中总水峰面积−K×对照溶液中乙醇峰面积

供试品中水的峰面积=供试品溶液中总水峰面积−K×供试品溶液中乙醇峰面积

$$K=\frac{\text{无水乙醇中水峰面积}}{\text{无水乙醇中乙醇峰面积}}$$

知识拓展十九

干燥失重测定法

取供试品，混合均匀（如为较大的结晶，应先迅速捣碎使成 2 mm 以下的小粒）。取约 1 g 或各品种项下规定的重量，置于供试品相同条件下干燥至恒重的扁形称量瓶中，精密称定，除另有规定外，在 105 °C 干燥至恒重。由减失的重量和取样量计算供试品的干燥失重。

供试品干燥时，应平铺在扁形称量瓶中，厚度不可超过 5 mm，如为疏松物质，厚度不可超过 10 mm。放入烘箱或干燥器进行干燥时，应将瓶盖取下，置称量瓶旁，或将瓶盖半开进行干燥；取出时，须将称量瓶盖好。置烘箱内干燥的供试品，应在干燥后取出置干燥器中放冷，然后称定重量。

供试品如未达规定的干燥温度即融化时，除另有规定外，应先将供试品在低于熔化温度 5 ~ 10 °C 的温度下干燥至大部分水分除去后，再按规定条件干燥。生物制品应先将供试品于较低的温度下干燥至大部分水分除去后，再按规定条件干燥。

当用减压干燥器（通常为室温）或恒温减压干燥器（温度应按各品种项下的规定设置。生物制品除另有规定外，温度为 60 °C）时，除另有规定外，压力应在 2.67 kPa（20 mmHg）以下。干燥器中常用的干燥剂为五氧化二磷、无水氯化钙或硅胶；恒温减压干燥器中常用的干燥剂为五氧化二磷。应及时更换干燥剂，使其保持在有效状态。

知识拓展二十

最低装量检查法

本法适用于固体、半固体和液体制剂。除制剂通则中规定检查重（装）量差异的制剂及放射性药品外，按下述方法检查，应符合规定。

检查法：

1. 重量法（适用于标示装量以重量计的制剂）

除另有规定外，取供试品 5 个（50 g 以上者 3 个），除去外盖和标签，容器外壁用适宜的方法清洁并干燥，分别精密称定重量，除去内容物，容器用适宜的溶剂洗净并干燥，再分别精密称定空容器的重量，求出每个容器内容物的装量与平均装量，均应符合表 2-2 的有关规定。如有 1 个容器装量不符合规定，则另取 5 个（50 g 以上者 3 个）复试，应全部符合规定。

2. 容量法（适用于标示装量以容量计的制剂）

除另有规定外，取供试品 5 个（50 mL 以上者 3 个），开启时注意避免损失，将内容物转移至预经标化的干燥量入式量筒中（量具的大小应使待测体积至少占其额定体积的 40%），黏稠液体倾出后，除另有规定外，将容器倒置 15 分钟，尽量倾净。2 mL 及以下者用预经标化的干燥量入式注射器抽尽。读出每个容器内容物的装量，并求其平均装量，均应符合表 2-2 的有关规定。如有 1 个容器装量不符合规定，则另取 5 个（50 mL 以上者 3 个）复试，应全部符合规定。

表 2-2　最低装量限度

标示装量	注射液及注射用浓溶液		口服及外用固体、半固体、液体；黏稠液体	
	平均装量	每个容器装量	平均装量	每个容器装量
20 g（mL）以下	/	/	不少于标示装量	不少于标示装量的 93%
20 g（mL）至 50 g（mL）	/	/	不少于标示装量	不少于标示装量的 95%
50 g（mL）以上	不少于标示装量	不少于标示装量的 97%	不少于标示装量	不少于标示装量的 97%

【附注】对于以容量计的小规格标示装量剂，可改用重量法或按品种项下的规定方法检查。

平均装量与每个容器装量（按标示装量计算百分率），取三位有效数字进行结果判断。

第二部分　生产操作

第 1 步　称量配料

按“制剂前处理称量配料生产操作”操作实验，并做好记录。

第 2 步　粉　碎

按“制剂前处理粉碎生产操作”操作实验，并做好记录。

第3步 分 筛

按“制剂前处理分筛生产操作”操作实验，并做好记录。

第4步 混 合

按“制剂前处理混合生产操作”操作实验，并做好记录。

第5步 分 装

（1）操作人员按洁净区的要求更衣后进入工作岗位。

（2）生产前检查及准备：

① 操作人员按《人员进入 D 级洁净区标准操作规程》进入操作岗位。

② 由岗位班长组织人员对该岗位进行全面检查，检查操作间门上或门旁是否挂有 QA 检查员下发的绿色“清场清洁合格，准予使用”状态标志。

③ 进入操作间，检查有无前批次“生产清场合格证”（副本），并在有效期内；设备是否有“已清洁”标志及“完好”标志。

④ 进入操作间，如前批次“生产清场合格证”（副本）不在有效期内，则对操作间及其设备进行清洁消毒，并填写好记录，由 QA 检查员确认合格，在“复核人”项确认签字。

⑤ 操作过程依据批生产指令、岗位操作规程、产品工艺规程、设备标准操作程序进行。

⑥ 根据生产指令领取必需的半成品、药用复合膜及所需器具，对所用物料的品名、规格、数量、质量进行核查，确保无误；

⑦ 根据批生产指令挂贴标有产品名称、规格、批号、批量等的“正在生产”标志牌；

⑧ 粉剂包装机开机，检查是否清洁，安全开关是否闭合，在横封辊的四个支承部分，转盘离合器及裁刀离合器滑动部分，铜及铜合金的转动部分注油。

（3）操作步骤：

① 接通电源开关，电源指示灯亮，电源开关接通后，纵封与横封辊加热器即可通电加热。

② 调整纵封、横封温度控制器旋钮，调至所需要的温度，温度的调整，需按所使用的包装材料而定，一般在 100 ~ 110 °C 之间，另外，纵封和横封的封合温度并不相同，使用时应根据封合情况自行调整。

③ 把薄膜装入。

④ 选择安装一组间隔齿轮中的某一个，使其符合光点指示的长度（即袋的实际长度）。

⑤ 对好横封偏心链轮的刻度。

⑥ 把薄膜沿导向槽轮送至纵封辊附近，并将薄膜两端对齐，如不对齐，薄膜在纵封时会出现卷曲。

⑦ 检查转盘离合器是否脱开，然后接通电机开关，则电机开关指示灯亮。

⑧ 将薄膜放进纵封辊，进行一段空程前进，看其是否黏接牢固，倘若温度过低，封口受

拉伸易剥开，倘若温度过高，封口表面呈白色，不美观。注意：温度经常过高易造成故障。

⑨ 将实际封合长度再测一次，检验间隔齿轮安装是否合适。

⑩ 手动无级变速皮带轮，将薄膜送入横封辊，使薄膜上的光点位置正好处于横封热合中间，并使立轴上的上下凸轮旋至位置 I，再使光电头正好对准薄膜上的光点位置。

⑪ 接通光电面板上的电源开关，置延时方式开关为“单稳”或“断开”状态，置亮暗动选择开关为“暗动”状态，调节“灵敏度”和“时间”的旋钮，灵敏度随包装材料上色标与背景的反差大小来调节，色标淡时应将旋钮顺时针转动，色标浓时应将旋钮逆时针转动，直至光电头工作状态指示灯在色标处闪亮为止。

⑫ 接通转盘离合器，调整供料时间，使横封封合完毕时颗粒填入袋中，倘若未调好，容易造成待封部位夹入颗粒物料。

⑬ 把颗粒物料装入料斗。

⑭ 上各项进行完毕，开机进行包装。

⑮ 包装结束后停机，停机步骤为先关闭转盘离合器，关闭电机开关，再关闭电源开关。

⑯ 按清场 SOP 进行清场。

⑰ 及时做好各项生产记录并在设备上挂好设备状态标志。

（4）操作过程的控制与复核：

根据操作标准中各项目标准要求对生产过程进行控制，并利用成品率对颗粒数量、包材数量、成品数量进行复核，如有异常应及时复查。

（5）操作过程及设备保养时的安全注意事项：

① 在运转当中，应注意机器声音是否协调，要迅速分清事故前的异常运转声音。

② 把薄膜装入后，如长时间不开动，纵横封辊热量不断传至薄膜会将薄膜烧坏，此时应将三个背螺母顺时针旋转，将两个纵封辊和两个横辊相互离开。

③ 要经常用铜刷清扫纵封辊、横封辊的表面，如热辊表面黏着聚乙烯及尘土等，则可造成热封不良，引起纵封辊拉力减弱而使包装失调。

④ 在进行检查、清扫、修理时应关闭机器电源开关。

⑤ 机器运转过程中，不准手及其他物品靠近横封辊上的裁刀。

⑥ 定时检查机器各紧固部位是否有松动、脱接现象。

⑦ 减速用油第一次要在 10 天左右更换，以后每隔 200 小时更换一次新油。

（6）异常情况处理：

① 转盘部位故障。

a. 被包装物混入热封合部位。

原因：装袋时间和热封合时间不协调。

解决方法：与转盘齿轮连接的为双联齿轮，将此双联齿轮推上，改变齿的啮合位置，理想的定时调整是应在横向封合完毕后将物料装入袋中。调节合适后，不要轻易变动。

b. 已经进行过定时装袋调节，但再次失常。

原因：转盘固定不良，键和固定螺钉松动，或固定位置不对，转盘下的开闭器开闭不良。

解决方法：修理和调整，将转盘在正确位置固定后重新将键和螺钉紧固，把开闭器的开闭机构调节到正确位置后将开闭器固定于此处。在装入颗粒很小的粉末或比重悬殊的混合物时，装袋时间需要延长，因而可能造成粉粒咬入封口部位，此时应将包装速度稍稍放慢，使其转速适合被包装物料的物理性能。

② 切刀部位故障。

a. 切不断薄膜。

原因：主刀和副刀间隙未调节好

解决方法：两刀刃的间隙以 1/100 mm 为佳，调节时，先将主刀或副刀的 3 个紧固螺钉松开，然后转动它们两端的 2 个调整螺钉，即可改变它们的间隙，调整结束后再分别将相应的 3 个紧固螺钉拧紧。

b. 切刀刃破损。

解决方法：如破损小，可用油石研磨，研磨时注意保证刀刃的直线度；破损大时，则应用平磨修复。

③ 热封辊故障，封口不良。

原因：热调节不良，推簧压力不足或压力不均。

调整方法：应按照所使用包装材料厚度和种类，选择合适的温度进行热封。若封合的温度过高，则封口呈现白色，封合温度过低，则封口易于剥开。各热封辊压力是靠弹簧进行调整的，要实现良好的封口，需使热辊具备适当的温度和压力。纵封热辊在一处设有压力调节钮，为了防止受力不均横封热辊在三处设有压力调节钮。

④ 电气部分故障。

a. 热封电流过大或保险丝熔断。

原因：电热器内部有短路，或热封线路有短路。

b. 热封辊不热。

原因：电热丝烧断；热封保险丝熔断，或炭刷接触不良；温度控制器有故障，此时转动给定温度旋钮时红绿指示灯不跳动。

c. 热封辊温度不能自控（温度过高）。

原因：测温器线路不通，或纵封测温器与纵封辊接触不良；温度控制器内容有故障。

d. 增速、减速指示灯不亮。

原因：控制器保险丝断开，或内部有故障；包装约没有安装好，使光点中心没通过电光头光斑中心；光电头上有污物；灵敏度旋钮没调好。

e. 增速、减速指示灯虽发光，但标记位置不正确。

原因：间隔齿轮数选择不对，致使超出 1.5 mm 修正量，光电微调失效；光电头位置不正确，开始时应使上，下两凸轮正位置 I 上，然后移动光电头调节架，使光电头光斑对准光点中心；延时修正量大小不正确，应反复试调；微动开关有故障。（凸轮转动时，应有“卡达”声）；伺眼电机变速机构有故障，须清理或修理。

（7）设备的清洗保养：

① 设备用擦布擦拭干净，不可用水冲洗。

② 横封辊的四个支承，转盘离合器滑动部分，铜及铜合金的转动部位及其他相对运动的部位每班应加注润滑油。

③ 减速器油工作 200 小时后应更换。

（8）清场和清洁：

① 包装结束后，关闭粉剂包装机的电源，及时更换状态标志。

② 将已包装好的半成品装入洁净容器内，附上标志，注明品名、批号、规格、数量、操作人和生产日期等，移送到中间站，按要求摆放整齐，并做好相关记录。

③ 按《粉剂包装机清洁规程》清洁机器。

④ 将不合格的包装袋（内含粉末）装入洁净容器内送往中间站。按有关要求处理。

⑤ 按《清场标准操作程序》及各所用设备清洁标准操作程序进行清场清洁。

⑥ 填写清场清洁记录，经 QA 检查员检查合格后在清场记录上签字，挂上“清场合格”状态标志，并签发“清场合格证”，将本次“清场合格证”（正本）附入批生产记录，副本放下批生产记录。

（9）异常情况处理：

生产过程中如发生异常情况，影响正常生产时，应按《异常情况（偏差）报告处理标准管理程序》及时填写“异常情况（偏差）报告”并及时通知车间负责人处理。

散剂分装记录见表 2-3。

表 2-3　散剂分装记录

品名			规格				批号				
计算装量			装量控制范围				开机起止时间				
每 kg 袋数（带袋）			热封温度	℃	机号			机速			
总领料量/kg			使用量/kg		剩余粉头量/kg			总产量	kg	万袋	
复合膜领用量/kg			复合膜实际用量/kg				复合膜剩余量/kg				
物料领用情况	领料量	桶号						剩余量	桶号		用量
		毛重							毛重		
		皮重							皮重		称量人
		净重							净重		复核人
	损耗复合膜		kg		操作人			带班人			
控制	称重时间										
	10 袋重量/g										
	称重时间										
	10 袋重量/g										
	称重时间										
	10 袋重量/g										
	称重时间										
	10 袋重量/g										
生产日期	班次	本班产量	桶号				不合格品	桶号		合格品合计	kg
			毛重					毛重			万袋
10 个空袋平均重量			皮重					皮重		称量人	
			净重					净重		复核人	
10 袋平均重量			备注：								
10 袋重量控制范围											

知识拓展二十一

DXDK40Ⅱ型自动颗粒包装机操作规程

1. 操作步骤

（1）开机前在以下部位的注入润滑油：横封辊支承部分、纵封辊支承部分、转盘离合器及滑动部分、铜及铜合金的转动部位及具有相对运动的部位。

（2）开启电源开关，电源指示灯亮，纵封辊与横封辊加热器通电。

（3）调整纵封、横封温度控制器旋钮。

（4）装配好薄膜。

（5）测量包装材料上光电指示的长度（即袋的实际长度），选择间隔齿轮。

（6）调好横封偏心链轮的刻度。

（7）将薄膜沿导槽送至纵封辊附近，并将薄膜两端对齐。

（8）脱开转盘离合器，开启电机开关，指示灯亮。

（9）将薄膜送进纵封辊，空运转一段时间，检查热封效果，以调节热封温度，直至符合工艺要求。

（10）测定实际封合长度，检查间隔齿轮和锥辊皮带位置调整是否合适。

（11）手动盘车，送薄膜入横封辊，使薄膜的光电指示位置正好在横封热合间，使主轴上的左右凸轮旋至上下微动开关均为开路，使光电管正好对准薄膜上的光电指示位置。

（12）接通光电面板上的电源开关，置延时方式开关为“单稳”状态，置亮暗动选择开关为“暗动”状态，调节“灵敏度”和“时间”的旋钮（灵敏度随包装材料上色与背景的反差大小来调节，色标淡时应将旋钮顺时针转动，色标浓时旋钮反时针转动，直至光电头工作状态指示灯在色标处闪亮即可）。

（13）接通转盘离合器，调整供料时间，使横封封合完毕时被包装物才填入袋中。

（14）将被包装物料装入料斗，开车进行包装。

（15）停机顺序：

①关闭转盘离合器开关。

②关闭裁刀离合器开关。

③关闭电机开关。

④关闭电源开关。

2. 保　养

（1）在运转过程中，注意设备运行声音是否协调。

（2）经常用铜刷清扫纵封锟、横封锟的表面。

（3）定期检查机器各紧固部位是否有松动、脱接现象。

（4）每隔一月在各紧固部位涂润滑油，减速器油第一次用油在10日左右更换，以后每隔200小时更换一次，给油量要到油标中心。

第6步　外包装

（1）生产前检查及准备：

① 操作人员按《人员进入D级洁净区标准操作规程》进入操作岗位。

② 由岗位班长组织人员对该岗位进行全面检查，检查操作间门上或门旁是否挂有QA检查员下发的绿色“清场清洁合格，准予使用”状态标志。

③ 进入操作间，检查有无前批次“生产清场合格证”（副本），并在有效期内；设备是否有“已清洁”标志及“完好”标志；检查完后，由岗位班长填写“生产前检查记录”，并在“检查人”项确认签字。

④ 进入操作间，如前批次“生产清场合格证”（副本）不在有效期内，则对操作间及其设备进行清洁消毒，并填写好记录，由QA检查员确认合格，在“复核人”项确认签字。

⑤ 操作过程依据批生产指令、岗位操作规程、产品工艺规程、设备标准操作程序进行。

⑥ 根据批包装指令挂贴标有产品名称、规格、批号等内容的“正在生产”标志牌。

⑦ 根据批包装指令领料，按包装指令，将领料单送至中间站，中间站根据领料单备齐待包装物料，包装岗位领料员核对物料、包装材料等的名称、规格、批号、颜色、数量和质量等，核对无误后将物料移至外包装存放间，整齐摆放，并有明显标志。

（2）生产操作：

① 按生产指令的要求，给小纸盒等印批号，进行包装材料的准备。

② 待包装产品出来后，先进行板片的检查，将不合格的板片选出，现场质量监督员检查合格后，即开始进行包装。

③ 贴标签（塑料瓶包装时），将说明书和药品等一起装入小纸盒。

④ 包装好的药品装入大纸箱，装满后，在其内放一张装箱合格证，然后用胶带封口，打包，存入成品待检区。

⑤ 包装结束后，班组长应及时填写请验单，交质量管理部取样化验。

⑥ 填写成品完工单、成品库卡、入库单，凭成品检验报告单与成品入库单、成品库卡将成品入库。

⑦ 填写批包装记录及标示包装材料使用情况记录。将剩余的印有批号的标签，或磨损、皱折、不整洁的标签及说明书，在质量监督人员的监督下进行销毁，填写好销毁记录，销毁人与监销人须在记录上签字；剩余没印批号的完整无损的标签、说明书等应退库。

（3）清场和清洁：

① 清理操作台面、包装用的周转箱等，确保无遗留物。

② 将剩余的且未打印过批号的包装材料清点数量并登记入账后，办理退库手续退库。

③ 将残损和已打印过批号但未用完的包装材料等清点数量并记账后，按《标签及印刷性包装材料的销毁管理规程》进行销毁，并做好销毁记录。

④ 用饮用水擦拭操作台面等至无污渍，再将抹布拧干擦拭至无水迹，凳子擦拭干净，整齐地摆放在操作台面下。使用过的周转容器移至清洗间刷洗至无污垢，并用抹布抹干水分，存放于指定位置。

⑤ 按《一般生产区的清洁规程》清洁外包装室。

⑥ 使用过的器具按《生产区容器、器具清洁消毒规程》进行清洁。

⑦ 使用过的卫生工具按《清洁工具的使用、清洗、灭菌操作规程》进行清洁并存放于洁具间。

⑧ 及时更换有关状态标志。将物品摆放整齐。

⑨ 及时填写清场记录，经 QA 检查员检查合格后，签发“清场合格证”，将“清场合格证”挂贴于外包装门上。清场记录和生产记录一起交车间管理人员。

⑩ 生产结束后，关闭水、电、门等。

（4）异常情况处理：

生产过程中如发生异常情况，影响正常生产时，应按《异常情况（偏差）报告处理标准管理程序》及时填写“异常情况（偏差）报告”并及时通知车间负责人处理。

外包装记录见表 2-4。

表 2-4　外包装记录

产品名称			批号			包装规格	
批量			包装班次				
待包装品领用量		实际完成量		收率		包装起始日期	
包装材料名称	领用量	实际用量	损耗量	结余量	退库量	经手人	备注
工作小结： （标签、说明书实样黏贴在背面） 小组质检员：　　　　班组长：　　　　专职质检员：							

巩固练习

一、选择题

1.【A 型题】（单项选择题）

（1）《中国药典》2015 年版一部规定内服散剂应是（　　）。

A. 最细粉　　B. 细粉　　C. 极细粉
D. 中粉　　E. 细末

（2）在倍散中加色素的目的是（　　）。

A. 帮助判断分散均匀性　　B. 美观　　C. 稀释
D. 形成共熔物　　E. 便于混合

（3）通过六号筛的粉末重量，不少于95%的规定是指（　　）。

A. 单散　　B. 外用散剂　　C. 儿科用散剂
D. 内服散剂　　E. 倍散

（4）下列说法错误的是（　　）。

A. 含毒性药物的散剂不应采用容量法分剂量
B. 倍散用于制备剂量小的散剂
C. 散剂含低共熔组分时，应先将其共熔后再与其他组分混合
D. 散剂含少量液体组分时，可利用处方中其他固体组分吸收
E. 液体组分量大时，不能制成散剂

（5）外用散剂应该有重量为95%的粉末通过（　　）。

A. 5号筛　　B. 6号筛　　C. 7号筛　　D. 8号筛　　E. 9号筛

（6）《中国药典》2015年版四部规定儿科和外用散剂应是（　　）。

A. 最细粉　　B. 细粉　　C. 极细粉　　D. 中粉　　E. 细末

（7）散剂按水分测定法（《中国药典》2015年版四部 0832）测定，除另有规定外，水分不得超过（　　）。

A. 5%　　B. 6%　　C. 7%　　D. 8%　　E. 9%

（8）通常所说百倍散是指1份重量毒性药物中，添加稀释剂的重量为（　　）。

A. 1000份　　B. 100份　　C. 99份　　D. 10份　　E. 9份

（9）单剂量包装的散剂，包装量在1.5 g以上至6 g的，装量差异限度为（　　）。

A. ±15%　　B. ±10%　　C. ±8%　　D. ±7%　　E. ±5%

（10）制备含毒性药物散剂，剂量在0.01 g以下时，应该配成（　　）。

A. 5倍散　　B. 10倍散　　C. 20倍散　　D. 50倍散　　E. 100倍散

（11）制备10倍散可采用（　　）。

A. 配研法　　B. 套研法　　C. 单研法　　D. 共研法　　E. 加液研磨法

（12）下列不是散剂特点的是（　　）。

A. 比表面积大，容易分散　　B. 口腔和耳鼻喉科多用
C. 对创面有一定的机械性保护作用　　D. 分剂量准确，使用方便
E. 易吸潮的药物不宜制成散剂

（13）含毒性药物的散剂分剂量常用（　　）。

A. 容量法　　B. 重量法　　C. 估分法　　D. 目测法　　E. 二分法

（14）用酒渍或煎汤方式服用的散剂称为（　　）。

A. 倍散　　B. 单散　　C. 煮散　　D. 内服散　　E. 外用散

（15）散剂的制备工艺为（　　）。

A. 粉碎→混合→过筛→分剂量

B. 粉碎→混合→过筛→分剂量→包装

C. 粉碎→混合→过筛→分剂量→质量检查→包装

D. 粉碎→过筛→混合→分剂量

E. 粉碎→过筛→混合→分剂量→质量检查→包装

（16）散剂混合时常用（　　）。

A. 打底套色法　　B. 等量递增法　　C. 单研法

D. 共研法　　E. 加液研磨法

（17）下列关于散剂的说法正确的是（　　）。

A. 含挥发性药物也可制成散剂

B. 适合于刺激性强的药物

C. 由于没经过提取，所以分散速度慢

D. 易吸潮、剂量大

E. 小儿不易给药

（18）散剂制备工艺中最重要的工序是（　　）。

A. 质量检查　　B. 粉碎　　C. 分剂量

D. 过筛　　E. 混合

（19）不能用于包装含挥发性组分散剂的材料是（　　）。

A. 玻璃管　　B. 硬胶囊　　C. 聚乙烯塑料管

D. 玻璃纸　　E. 蜡纸

（20）下列包装材料选择错误的是（　　）。

A. 含挥发油或油脂类的散剂用玻璃纸

B. 较稳定的散剂用有光纸

C. 易被气体分解的散剂用玻璃纸

D. 含芳香、挥发性组分的散剂用玻璃管

E. 易引湿、风化的散剂用蜡纸

2. 【B 型题】（匹配题）

[（1）~（3）]

A. 风化　　B. 溶解　　C. 吸湿　　D. 絮凝　　E. 共熔

（1）药物在空气中失去结晶水的现象，称为（　　）。

（2）药物混合后出现润湿或液化现象，称为（　　）。

（3）药物吸收空气中的水分，称为（　　）。

[（4）~（6）]

A. 不含挥发性组分的散剂

B. 液体组分含量过大，药效物质无挥发性的散剂

C. 含有少量矿物药的散剂

D. 含动物药的散剂

E. 含少量液体组分的散剂

（4）先蒸去大量水分后再用其他粉末吸收（　　）。

（5）利用其他固体组分吸收后研匀（　　）。

（6）加适量稀释剂吸收后研匀（　　）。

[（7）~（10）]

A. 有光纸　B. 有色纸　C. 玻璃纸　D. 蜡纸　E. 塑料袋

（7）普通药物包装应该选用（　　）。

（8）含挥发性组分及油脂类散剂包装应该选用（　　）。

（9）含冰片、樟脑、薄荷脑等挥发性组分散剂包装不宜选用（　　）。

（10）易吸湿、风化及二氧化碳作用易变质的散剂包装应该选用（　　）。

[（11）~（13）]

A. 5号筛　B. 6号筛　C. 7号筛　D. 8号筛　E. 9号筛

（11）外科用散剂含通过（　　）的粉末重量，不少于95%。

（12）内服散剂含通过（　　）的粉末重量，不少于95%。

（13）儿科用散剂含通过（　　）的粉末重量，不少于95%。

[（14）~（16）]

A. 密度大的先加，密度小的后加

B. 密度小的先加，密度大的后加

C. 配制10 000倍散剂

D. 配制100倍散或1 000倍散

E. 配制10倍散剂

（14）当剂量在0.01 g以下时宜（　　）。

（15）各组分密度差别较大时制备散剂应该（　　）。

（16）当剂量在0.01 g ~ 0.1 g时宜（　　）。

[（17）~（20）]

A. ±5%　B. ±7%　C. ±8%　D. ±10%　E. ±15%

（17）单剂量散剂剂量为0.1 g ~ 0.5 g时，装量差异限度为（　　）。

（18）单剂量散剂剂量为0.1 g ~ 6 g时，装量差异限度为（　　）。

（19）单剂量散剂剂量为0.1 g以下时，装量差异限度为（　　）。

（20）单剂量散剂剂量为0.5 g ~ 1.5 g时，装量差异限度为（　　）。

二、名词解释

1. 倍散

2. 打底套色法

3. 配研法

4. 低共熔

三、填空题

（1）比例量相差悬殊的散剂应采用______法混合。

（2）制备散剂的工艺流程分为药物粉碎、过筛、______、分剂量、______和包装。

（3）散剂按用途可分为______散剂和______散剂。

（4）散剂不仅可直接使用，还可作为其他固体制剂的______。

（5）除另有规定外，散剂的______不得过9%。

（6）两种以上药物经混合后出现______或______的现象，称为低共熔。

（7）散剂中组分颜色或比重不同应采用______混合。

（8）制备散剂常用的混合方法有______、搅拌混合和______。

（9）制备倍散所用的稀释剂应为无显著的______作用，不与主药发生反应，不影响主药______的物质。

（10）由于塑料在低温和久置后易脆裂，且有一定的______和______，故在应用上仍受到限制。

四、简答题

（1）调配每包含硫酸阿托品 0.5 g 的散剂共 12 包，应取 1 000 倍散的硫酸阿托品多少？

（2）简述散剂的特点。

（3）简述制备散剂的工艺流程。

（4）简述含毒剧药物散剂的制备方法。

五、论述题

（1）试述“打底套色法”与“配研法”的区别。

（2）试述含液体组分散剂的制备方法。

（3）试述含低共熔组分散剂的制备方法。

项目二　任务一巩固练习答案

任务二　六味地黄丸的制备

六味地黄丸

【处方】熟地黄 160 g　酒萸肉 80 g　牡丹皮 60 g

山　药 80 g　茯　苓 60 g　泽　泻 60 g

【制法】以上六味，粉碎成细粉，过筛，混匀。用乙醇泛丸，干燥，制成水丸，或每 100 g 粉末加炼蜜 35 ~ 50 g 与适量的水，制丸，干燥，制成水蜜丸；或加炼蜜 80 ~ 110 g 制成小蜜丸或大蜜丸，即得。

第一部分　理论知识

丸剂系指原料药物与适宜的辅料制成的球形或类球形固体制剂。

一、丸剂的分类

中药丸剂包括蜜丸、水蜜丸、水丸、糊丸、蜡丸、浓缩丸和滴丸等。

化学药丸剂包括滴丸、糖丸等。

蜜丸系指饮片细粉以炼蜜为黏合剂制成的丸剂。其中每丸重量在 0.5 g（含 0.5 g）以上的称大蜜丸，每丸重量在 0.5 g 以下的称小蜜丸。

水蜜丸系指饮片细粉以炼蜜和水为黏合剂制成的丸剂。

水丸系指饮片细粉以水（或根据制法用黄酒、醋、稀药汁、糖液、含 5%以下炼蜜的水溶液等）为黏合剂制成的丸剂。

糊丸系指饮片细粉以米粉、米糊或面糊等为黏合剂制成的丸剂。

蜡丸系指饮片细粉以蜂蜡为黏合剂制成的丸剂。

浓缩丸系指饮片或部分饮片提取浓缩后，与适宜的辅料或其余饮片细粉，以水、炼蜜或炼蜜和水为黏合剂制成的丸剂。根据所用黏合剂的不同，分为浓缩水丸、浓缩蜜丸和浓缩水蜜丸等。

滴丸剂系指原料药物与适宜的基质加热熔融混匀，滴入不相混溶、互不作用的冷凝介质中制成的球形或类球形制剂。

糖丸系指以适宜大小的糖粒或基丸为核心，用糖粉和其他辅料的混合物作为撒粉材料，选用适宜的黏合剂或润湿剂制丸，并将原料药物以适宜的方法分次包裹在糖丸中而制成的制剂。

二、水丸泛制法制备的相关知识

水丸一般采用泛制法制备。泛制法是将丸模置于转动的容器中，再将中药粉与黏合剂交替润湿、撒布，不断翻滚逐渐增大制成的丸粒。多用包衣机完成。

1. 水丸对药粉细度的要求

不同水丸工序所用的药粉细度不同。起模、盖面、包衣用粉应过 6 ~ 7 号筛，泛丸用药粉应过 5 ~ 6 号筛。难于粉碎、黏性强的药材可经提取、浓缩后作为黏合剂使用。

2. 泛制法起模

起模多以水作润湿剂，将药粉制成直径 0.5 ~ 1.0 mm 的模子，是泛丸制备的关键工序。模子的形状直接影响丸剂的圆整度。

1）常用起模方法

（1）塑制法起模：将中药粉与适宜的黏合剂混匀成软硬适中、具有可塑性的软材，再将软材用制丸机依次制丸条、分粒、搓圆，最终制成丸模。此法所制丸模形状圆整、大小均匀，并接近成品体积，经泛制成成品丸粒后无需筛选。目前用泛制法制备的丸剂多用此法起模。但是，成品直径太小的丸粒不宜用该法起模。

（2）泛制法起模：在转动的容器中，将中药粉与黏合剂交替润湿、撒布，不断翻滚逐渐增大制成直径 0.5 ~ 1 mm 较均匀的小球形丸模。此法所制丸模形状不甚规则，大小不够均匀，经泛制成成品丸粒后需要筛选，以剔除不规则及过大过小的丸粒。此法适合于不宜采用塑制法起模的丸剂起模。目前常用的泛制法起模方法有 3 种。

① 药粉加水起模：将少量中药粉置于转动的泛丸锅中，用喷雾器喷水于随机转动的药粉上，借机器转动和人工搓揉使药粉分散，全部均匀地吸水润湿后，继续转动片刻，部分药粉

成为细颗粒，再撒布少许干粉，搅拌均匀，使药粉黏附于细颗粒表面，再喷水润湿。如此反复操作，使之逐渐增大成直径 0.5 ~ 1 mm 较均匀的圆球形小颗粒，至模粉用完，取出过筛分等即得丸模。

② 喷水加粉起模：用喷雾器在泛丸锅内喷于少量水使之锅壁润湿均匀，然后撒布少量药粉，使均匀黏附于锅壁上，启动泛丸锅，然后用刷子在锅内沿转动相反方向刷下细小颗粒，泛丸锅继续转动至颗粒较致密圆整，再喷水，撒药粉，在喷水撒粉后应搅拌、搓揉，使黏粒分开。如此反复操作，直至模粉全部用完，达到规定的标准，过筛分等即得丸模。

③ 湿粉制粒起模：将起模用的药粉放入泛丸锅内喷水，开动机器滚动或搓揉；使药粉均匀润湿，以手“握之成团，触之即散”的软材为度，通过 8 ~ 10 目筛制成颗粒。再将此颗粒放入泛丸锅内，旋转摩擦，撞去棱角成为圆形，取出过筛分等即得丸模。

2）起模用粉量

起模用粉量应根据药粉的性质和丸粒的规格决定。大生产起模可用下列经验公式计算：

$$X = 0.6250 \times \frac{D}{C}$$

式中　C——成品水丸 100 粒干重，g；

D——药粉总重，kg；

X——一般起模用粉量，kg；

0.6250——标准丸模 100 粒的湿重，g。

3）泛制法增大成形丸剂的操作要点

增大成形也称加大，是将已经筛选合格的丸模加大至近湿丸成品的步骤。增大的方法和起模方法基本相同，是润湿、加粉及筛选的反复交替操作，也是丸剂成形过程中较易掌握一个工序。操作中要注意：

（1）加水或赋形剂时，应随丸药的直径增大而逐渐增加；若泛制水蜜丸、糊丸或浓缩丸时，所用的赋形剂的浓度在允许情况下也应随丸药的直径增大而逐渐提高，达到处方对赋形剂含量要求。同时，确保丸药的圆整度和光洁度。

（2）在快速加大时，应重视操作的质量，主要是赋形剂、药粉在丸面的均匀分散，加入量必须适中，并不断地用手在锅口揉碎粉块和并粒丸，由里向外捣翻搅和，以利丸药均匀增大；

（3）对特别黏的丸剂，应随时注意其圆整度，谨防丸群结饼、打滑。丸药在滚筒内的滚动时间要适中，过长易影响崩解，过短造成不均匀；

（4）当增大至湿丸盖面直径要求时应及时取出，筛选，筛下的小丸继续加大。丸药取出加大时，宜适当多加一些药粉，并适当干燥，以便于筛选。但要防止因此较多粉末不能黏着于丸面而产生半湿粉屑，造成过筛困难。在小丸增大时更要防止产生小丸模（俗称头子）。

（5）发现筛网黏糊时，应及时清洁，以保证丸药的均匀性；

（6）对于起模、增大时产生的歪丸、并粒、粉块、或多做的丸模应随时和入水中，调成糊，过 12 目筛，加入赋形剂中混合，供在增大过程中随时应用。

3. 泛制法的盖面方法

盖面是将增大、筛选均匀后的丸药，再用赋形剂或粉末，增大至符合工艺质量要求，并将本批的药物粉末全部用完，完成湿丸成形全过程。盖面是丸剂成形的最后一道工序，通过盖面使丸面光洁、色泽一致。常用的盖面方法有：

（1）干粉盖面：先将丸粒充分润湿撞紧，然后将盖面用的药粉全部或分几次加入丸中，快速转动使药粉全部黏附在丸粒上，再旋转至丸粒表面光亮，润湿即可取出，此法盖面的丸粒表面色泽均匀、美观。

（2）清水盖面：在泛制好的丸粒上加适量水，让丸粒充分湿润光洁，迅速取出，立即干燥，否则色泽不匀。此法盖面的表面色泽仅次于干粉盖面。

（3）清浆盖面：与清水盖面一样，只是把清水换成清浆。清浆可用废丸粒加水混悬而成。操作时应特别注意分布要均匀，盖面后要立即干燥，否则易出现花斑。

4. 包　衣

丸剂在制成丸粒后需要在外面包裹一层物质，使之与外界隔离，这一操作称为包衣。

1）包衣的目的

（1）改善外观、利于识别。

（2）减少药物的刺激性，有矫味作用。

（3）提高药物稳定性，可避免药物与外界接触，防氧化吸潮。

（4）某些药物衣有先行治疗作用。

（5）通过选择不同的包衣材料，可控制药物的释放。

2）包衣的种类

（1）药物衣：用丸剂处方组成中某一味药物的极细粉作包衣材料包衣，既可使丸剂美观，又可对丸剂起到保护作用。某些药物衣还可首先发挥药效。

（2）保护衣：用处方以外，无明显药理作用且性质稳定的物质作为包衣材料的包衣，主要目的是起保护作用。常见的保护衣有糖衣、薄膜衣等。薄膜衣是目前应用最广的。

（3）肠溶衣：用肠溶性包衣材料包衣，主要目的是使包衣丸剂在胃液中不溶散而在肠液中溶散。常用的肠溶性包衣材料有虫胶衣、邻苯二甲酸醋酸纤维素（CAP）等。

三、塑制法制丸的制备相关知识

塑制法是丸剂中最古老的制丸方法，丸粒大多为大粒丸，以纯蜜丸为主。随着制剂工艺的发展，目前已有小蜜丸和大蜜丸两种，而且都能机械化生产。在生产过程的以下工艺环节中，由于操作不当，常会造成质量问题。

1.“和药”

“和药”是指将已混合均匀的药物细粉，按处方规定用量，加入适宜的赋形剂，混合制成软硬适度、可塑性好的软材，也称“和坨”。大生产中采用双桨搅拌机进行“和药”。最常见的质量问题是色泽不均，造成原因一是粉末搅拌混合时间不足，尤其是冰片、麝香等芳香性后加入的药物的粉末，搅拌时间应按药物粉末和赋形剂的特性而定，过长和过短都可能造成色泽不均；二是炼蜜、淀粉在“和药”前都应过筛，才可避免产生花点。另外，混合温度不能太低，特别是炼蜜温度太低很容易造成混合不均，从而产生色泽不均。

2.“出条”

“出条”对塑制丸质量至关重要，直接影响到丸药的光洁度和丸重差异。造成出条不光洁、粗细不一致的主要原因是软材存放的时间和出条时软材的温度掌握不当所致。每一品种混合后的软材都有它特定的温涨时间，即药物粉末和赋形剂混合后，药物粉末膨胀所需的时间，该膨胀过程与时间、温度有关。如果膨胀不透，在出条时就会造成毛条，不光洁。另外，药物粉末和赋形剂的配比虽然工艺上已有规定，但是还应根据每一批药粉的吸湿率进行微调。如果赋形剂过量或温度过高会造成软条或粗细不一；反之，赋形剂太少或温度太低会造成硬条。因此，在药物粉末和赋形剂配比恰当的情况下，还应掌握好温涨的时间和出条时的温度，以保证出条光洁和粗细一致，为分粒和搓圆打好基础。

3. 分粒与搓圆

一般采用乳丸机完成分粒与搓圆。乳丸机有双滚筒和三滚筒两种。因三滚筒比双滚筒制得的丸药圆整度和光洁度都更好，目前多采用三滚筒。一般合格的出条都能得到合格的丸药。但有时制小蜜丸时会出现乳丸和软瘫从而不能分粒、搓丸的现象，这与温度有关。温度太低会轧丸，温度太高又造成软瘫。因此，温度对塑制丸质量影响很大，必须全过程严格控制。尤其是冬天，必要时可采取保温措施。

4. 干　燥

塑制法成丸后，纯蜜丸由于所用的蜂蜜经过炼制，蜜的含水量已控制在一定范围，通常成丸后即可包装，不须经过干燥，以保持丸药的滋润状态。但应注意成丸后必须吹冷，以防止并粒和变形。

四、丸剂常规检查项目

除另有规定外，丸剂应进行以下相应检查。

1. 水　分

照水分测定法（通则 0832）测定。除另有规定外，蜜丸和浓缩蜜丸中所含水分不得过 15.0%；水蜜丸和浓缩水蜜丸不得过 12.0%；水丸、糊丸、浓缩水丸不得过 9.0%。蜡丸不检查水分。

2. 重量差异

（1）除另有规定外，滴丸剂照下述方法检查，应符合规定。

检查法：取供试品 20 丸，精密称定总重量，求得平均丸重后，再分别精密称定每丸的重量。每丸重量与标示丸重相比较（无标示丸重的，与平均丸重比较），按下表（见表 2-5）中的规定，超出重量差异限度的不得多于 2 丸，并不得有 1 丸超出限度 1 倍。

表 2-5　滴丸剂重量差异限度

标示丸重或平均丸重	重量差异限度
0.03 g 及 0.03 g 以下	±15%
0.03 g 以上至 0.1 g	±12%
0.1 g 以上至 0.3 g	±10%
0.3 g 以上	±7.5%

（2）除另有规定外，糖丸剂照下述方法检查，应符合规定。

检查法：取供试品 20 丸，精密称定总重量，求得平均丸重后，再分别精密称定每丸的重量。每丸重量与标示丸重相比较（无标示丸重的，与平均丸重比较），按下表（见表 2-6）中的规定，超出重量差异限度的不得多于 2 丸，并不得有 1 丸超出限度 1 倍。

表 2-6 糖丸剂重量差异限度

标示丸重或平均丸重	重量差异限度
0.03 g 及 0.03 g 以下	±15%
0.03 g 以上至 0.3 g	±10%
0.3 g 以上	±7.5%

（3）除另有规定外，其他丸剂照下述方法检查，应符合规定。

检查法：以 10 丸为 1 份（丸重 1.5 g 及 1.5 g 以上的以 1 丸为 1 份），取供试品 10 份，分别称定重量，再与每份标示重量（每丸标示量×称取丸数）相比较（无标示重量的丸剂，与平均重量比较），按下表（见表 2-7）规定，超出重量差异限度的不得多于 2 份，并不得有 1 份超出限度 1 倍。

表 2-7 其他丸剂重量差异限度

标示丸重或平均丸重	重量差异限度
0.05 g 及 0.05 g 以下	±12%
0.05 g 以上至 0.1 g	±11%
0.1 g 以上至 0.3 g	±10%
0.3 g 以上至 1.5 g	±9%
1.5 g 以上至 3 g	±8%
3 g 以上至 6 g	±7%
6 g 以上至 9 g	±6%
9 g 以上	±5%

包糖衣丸剂应检查丸芯的重量差异并符合规定，包糖衣后不再检查重量差异，其他包衣丸剂应在包衣后检查重量差异并符合规定；凡进行装量差异检查的单剂量包装丸剂及进行含量均匀度检查的丸剂，一般不再进行重量差异检查。

3. 装量差异

除糖丸外，单剂量包装的丸剂，照下述方法检查应符合规定。

检查法：取供试品 10 袋（瓶），分别称定每袋（瓶）内容物的重量，每袋（瓶）装量与标示装量相比较，按下表（见表 2-8）规定，超出装量差异限度的不得多于 2 袋（瓶），并不得有 1 袋（瓶）超出限度 1 倍。

表 2-8 丸剂装量差异限度

标示装量	装量差异限度
0.5 g 及 0.5 g 以下	±12%
0.5 g 以上至 1 g	±11%
1 g 以上至 2 g	±10%
2 g 以上至 3 g	±8%
3 g 以上至 6 g	±6%
6 g 以上至 9 g	±5%
9 g 以上	±4%

4. 装 量

装量以重量标示的多剂量包装丸剂，照最低装量检查法（通则 0942）检查，应符合规定。以丸数标示的多剂量包装丸剂，不检查装量。

5. 溶散时限

除另有规定外，取供试品 6 丸，选择适当孔径筛网的吊篮（丸剂直径在 2.5 mm 以下的用孔径约 0.42 mm 的筛网；在 2.5 ~ 3.5 mm 之间的用孔径约 1.0 mm 的筛网；在 3.5 mm 以上的用孔径约 2.0 mm 的筛网），照崩解时限检查法（通则 0921）片剂项下的方法加挡板进行检查。小蜜丸、水蜜丸和水丸应在 1 小时内全部溶散；浓缩丸和糊丸应在 2 小时内全部溶散。滴丸剂不加挡板检查，应在 30 分钟内全部溶散，包衣滴丸应在 1 小时内全部溶散。操作过程中如供试品黏附挡板妨碍检查时，应另取供试品 6 丸，以不加挡板进行检查。上述检查，应在规定时间内全部通过筛网。如有细小颗粒状物未通过筛网，但已软化且无硬心者可按符合规定论。

蜡丸照崩解时限检查法（通则 0921）片剂项下的肠溶衣片检查法检查，应符合规定。

除另有规定外，大蜜丸及研碎、嚼碎后或用开水、黄酒等分散后服用的丸剂不检查溶散时限。

6. 微生物限度

以动物、植物、矿物质来源的非单体成分制成的丸剂，生物制品丸剂，照非无菌产品微生物限度检查：微生物计数法（通则 1105）和控制菌检查法（通则 1106）及非无菌药品微生物限度标准（通则 1107）检查，应符合规定。生物制品规定检查杂菌的，可不进行微生物限度检查。

知识拓展二十二

崩解时限检查法

本法系用于检查口服固体制剂在规定条件下的崩解情况。

崩解系指口服固体制剂在规定条件下全部崩解溶散或成碎粒，除不溶性包衣材料或破碎的胶囊壳外，应全部通过筛网。如有少量不能通过筛网，但已软化或轻质上漂且无硬心者，可作符合规定论。

除另有规定外，凡规定检查溶出度、释放度、融变时限或分散均匀性的制剂，不再进行崩解时限检查。

1. 片 剂

仪器装置：采用升降式崩解仪，主要结构为一能升降的金属支架与下端镶有筛网的吊篮，并附有挡板。升降的金属支架上下移动距离为 55 mm±2 mm，往返频率为每分钟 30 ~ 32 次。

（1）吊篮：玻璃管 6 根，管长 77.5 mm±2.5 mm，内径 21.5 mm，壁厚 2 mm；透明塑料板 2 块，直径 90 mm，厚 6 mm，板面有 6 个孔，孔径 26 mm；不锈钢板 1 块（放在上面一块塑料板上），直径 90 mm，厚 1 mm，板面有 6 个孔，孔径 22 mm；不锈钢丝筛网 1 张（放在下面一块塑料板下），直径 90 mm，筛孔内径 2.0 mm；以及不锈钢轴 1 根（固定在上面一块塑料板与不锈钢板上），长 80 mm。将上述玻璃管 6 根垂直置于 2 块塑料板的孔中，并用 3 只螺丝将不锈钢板、塑料板和不锈钢丝筛网固定，即得（图 2-2）。

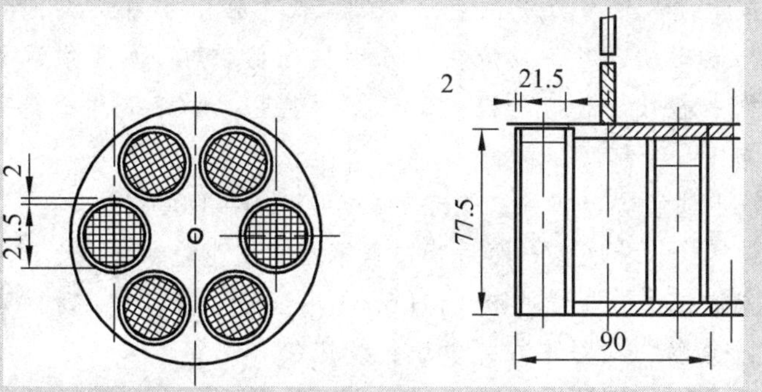

单位：mm

图 2-2　升降式崩解仪吊篮结构

（2）挡板为一平整光滑的透明塑料块，相对密度 1.18 ~ 1.20，直径 20.7 mm±0.15 mm，厚 9.5 mm±0.15 mm；挡板共有 5 个孔，孔径 2 mm，中央 1 个孔，其余 4 个孔距中心 6 mm，各孔间距相等；挡板侧边有 4 个等距离的 V 形槽，V 形槽上端宽 9.5 mm，深 2.55 mm，底部开口处的宽与深度均为 1.6 mm（图 2-3）。

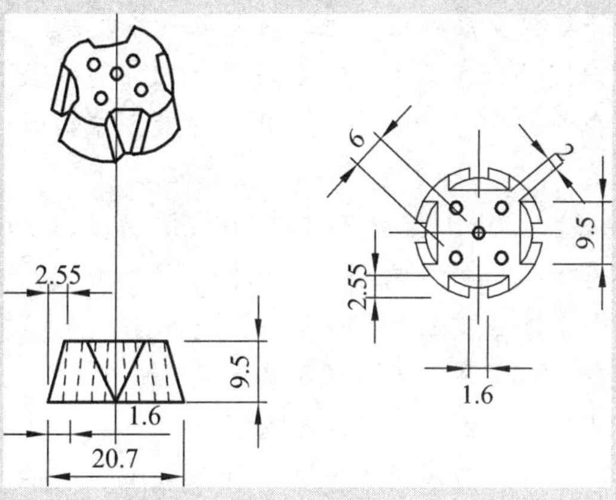

单位：mm

图 2-3　升降式崩解仪挡板结构

除另有规定外，取供试品 6 片，分别置上述吊篮的玻璃管中，启动崩解仪进行检查，各片均应在 15 分钟内全部崩解。如有 1 片不能完全崩解，应另取 6 片复试，均应符合规定。

中药浸膏片、半浸膏片和全粉片，按上述装置，每管加挡板 1 块，启动崩解仪进行检查，全粉片各片均应在 30 分钟内全部崩解；浸膏（半浸膏）片各片均应在 1 小时内全部崩解。如果供试品黏附挡板，应另取 6 片，不加挡板按上述方法检查，应符合规定。如有 1 片不能完全崩解，应另取 6 片复试，均应符合规定。

薄膜衣片，按上述装置与方法检查，并可改在盐酸溶液（9→1 000）中进行检查，化药薄膜衣片应在 30 分钟内全部崩解。中药薄膜衣片，则每管加挡板 1 块，各片均应在 1 小时内全部崩解，如果供试品黏附挡板，应另取 6 片，不加挡板按上述方法检查，应符合规定。如有 1 片不能完全崩解，应另取 6 片复试，均应符合规定。

糖衣片，按上述装置与方法检查，化药糖衣片应在 1 小时内全部崩解。中药糖衣片则每管加挡板 1 块，各片均应在 1 小时内全部崩解，如果供试品黏附挡板，应另取 6 片，不加挡板按上述方法检查，应符合规定。如有 1 片不能完全崩解，应另取 6 片复试，均应符合规定。

肠溶片，按上述装置与方法，先在盐酸溶液（9→1 000）中检查 2 小时，每片均不得有裂缝、崩解或软化现象；然后将吊篮取出，用少量水洗涤后，每管加入挡板 1 块，再按上述方法在磷酸盐缓冲液（pH 6.8）中进行检查，1 小时内应全部崩解。如有 1 片不能完全崩解，应另取 6 片复试，均应符合规定。

结肠定位肠溶片，除另有规定外，按上述装置照各品种项下规定检查，各片在盐酸溶液（9→1 000）及 pH 6.8 以下的磷酸盐缓冲液中均应不得有裂缝、崩解或软化现象，在 pH 7.5～8.0 的磷酸盐缓冲液中 1 小时内应完全崩解。如有 1 片不能完全崩解，应另取 6 片复试，均应符合规定。

含片，除另有规定外，按上述装置和方法检查，各片均不应在 10 分钟内全部崩解或溶化。如有 1 片不符合规定，应另取 6 片复试，均应符合规定。

舌下片，除另有规定外，按上述装置和方法检查，各片均应在 5 分钟内全部崩解并溶化。如有 1 片不能完全崩解或溶化，应另取 6 片复试，均应符合规定。

可溶片，除另有规定外，水温为 20 °C±5 °C，按上述装置和方法检查，各片均应在 3 分钟内全部崩解并溶化。如有 1 片不能完全崩解或溶化，应另取 6 片复试，均应符合规定。

泡腾片，取 1 片，置 250 mL 烧杯（内有 200 mL 温度为 20 °C±5 °C 的水）中，即有许多气泡放出，当片剂或碎片周围的气体停止逸出时，片剂应溶解或分散在水中，无聚集的颗粒剩留。除另有规定外，同法检查 6 片，各片均应在 5 分钟内崩解。如有 1 片不能完全崩解，应另取 6 片复试，均应符合规定。

口崩片，除另有规定外，照下述方法检查。

仪器装置：主要结构为一能升降的支架与下端镶有筛网的不锈钢管。升降的支架上下移动距离为 10 mm±l mm，往返频率为每分钟 30 次。

崩解篮：不锈钢管，管长 30 mm，内径 13.0 mm，不锈钢筛网（镶在不锈钢管底部）筛孔内径 710 μm（图 2-4）。

检查法：将不锈钢管固定于支架上，浸入 1 000 mL 杯中，杯内盛有温度为 37 °C±1 °C 的水约 900 mL，调节水位高度使不锈钢管最低位时筛网在水面下 15 mm±l mm。启动仪器。取本品 1 片，置上述不锈钢管中进行检查，应在 60 秒钟内全部崩解并通过筛网，如有少量轻质上漂或黏附于不锈钢管内壁或筛网，但无硬心者，可作符合规定论。重复测定 6 片，均应符合规定。如有 1 片不符合规定，应另取 6 片复试，均应符合规定。

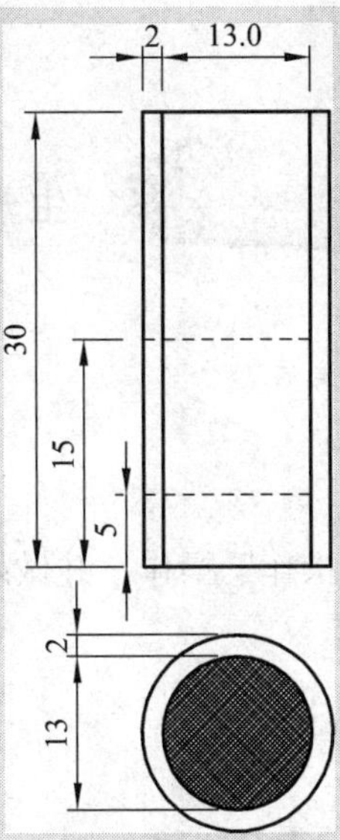

单位：mm

图 2-4　崩解篮结构

2. 胶囊剂

硬胶囊或软胶囊，除另有规定外，取供试品 6 粒，按片剂的装置与方法（化药胶囊如漂浮于液面，可加挡板；中药胶囊加挡板）进行检查。硬胶囊应在 30 分钟内全部崩解；软胶囊应在 1 小时内全部崩解，以明胶为基质的软胶囊可改在人工胃液中进行检查。如有 1 粒不能完全崩解，应另取 6 粒复试，均应符合规定。

肠溶胶囊，除另有规定外，取供试品 6 粒，按上述装置与方法，先在盐酸溶液（9→1 000）中不加挡板检查 2 小时，每粒的囊壳均不得有裂缝或崩解现象；继将吊篮取出，用少量水洗涤后，每管加入挡板，再按上述方法，改在人工肠液中进行检查，1 小时内应全部崩解。如有 1 粒不能完全崩解，应另取 6 粒复试，均应符合规定。

结肠肠溶胶囊，除另有规定外，取供试品 6 粒，按上述装置与方法，先在盐酸溶液（9→1 000）中不加挡板检查 2 小时，每粒的囊壳均不得有裂缝或崩解现象；将吊篮取出，用少量水洗涤后，再按上述方法，在磷酸盐缓冲液（pH 6.8）中不加挡板检查 3 小时，每粒的囊壳均不得有裂缝或崩解现象；续将吊篮取出，用少量水洗涤后，每管加入挡板，再按上述方法，改在磷酸盐缓冲液（pH 7.8）中检查，1 小时内应全部崩解。如有 1 粒不能完全崩解，应另取 6 粒复试，均应符合规定。

3. 滴丸剂

按片剂的装置，但不诱钢丝网的筛孔内径应为 0.42 mm；除另有规定外，取供试品 6 粒，按上述方法检查，应在 30 分钟内全部溶散，包衣滴丸应在 1 小时内全部溶散。如有 1 粒不能完全溶散，应另取 6 粒复试，均应符合规定。

以明胶为基质的滴丸，可改在人工胃液中进行检查。

【附注】

人工胃液：取稀盐酸 16.4 mL，加水约 800 mL 与胃蛋白酶 10 g，摇匀后，加水稀释成 1 000 mL，即得。

人工肠液：即磷酸盐缓冲液（含胰酶）（pH 6.8）（通则 8004）。

第二部分 生产操作

第1步 称量、配料

按“制剂前处理称量、配料生产操作”操作，并做好记录。

第2步 粉 碎

按“制剂前处理粉碎生产操作”操作，并做好记录。

第3步 分 筛

按“制剂前处理分筛生产操作”操作，并做好记录。

第4步 混 合

按“制剂前处理混合生产操作”操作，并做好记录。

第5步 起 模

（1）操作人员按洁净区的要求更衣后进入岗位。

（2）工前检查及准备：

① 检查上班次的“清场合格证”。

② 检查容器、设备、场地的卫生状况是否达标。

③ 取下设备状态标志、清场状态标志，挂上工序卡。

④ 仔细阅读有关的生产指令，认真核对物料盛装容器上标签的内容。

⑤ 填写工前检查记录。

（3）操作步骤：

① 接通设备电源，开动设备。

② 用喷雾器在泛丸锅内喷少量水使锅壁润湿均匀，然后撒布少量药粉，使之均匀黏附于锅壁上，启动泛丸锅，然后用刷子在锅内沿转动相反方向刷下细小颗粒，泛丸锅继续转动至颗粒较致密圆整，再喷水、撒药粉，在喷水撒粉后应搅拌、搓揉，使黏粒分开。如此反复操

作，直至模粉全部用完，达到规定的标准，过筛分等即得丸模。

第6步 泛 丸

（1）将达到规定丸模取出，用规定的筛网筛选。

（2）将筛选好的丸模再放入锅中，翻滚，均匀洒水，使模子表面润湿，然后均匀加入药粉。按工艺规定开风机。水或水性液体、药粉交替进行泛丸，反复多次，至丸粒达到工艺规定的大小。

（3）关机，将泛好的丸取出。

（4）工后清场：

① 按设备清洁 SOP 的相关要求进行设备清洁工作。

② 按有关的 SOP 进行容器、场地的清洁工作。

③ 取下工序卡，挂上设备状态标志、清场状态标志。

④ 关水、电开关。

⑤ 填写清场记录。

（5）泛丸操作要点和质量控制要点：

① 试机前应仔细检查机器性能、送风管路等，情况正常方可使用。

② 泛丸过程中应检查重量差异。在增大成型的过程中，要注意适当保持丸粒的硬度和圆整度，滚动时间应适当，以丸粒坚实致密而不影响溶散为宜。操作中戴乳胶手套快速翻揉，使丸粒充分撞击，至丸粒圆整光亮。

③ 喷枪嘴应保持通畅，雾化、喷水均匀。

④ 按泛丸机的容积规定加入药量，不宜加入过多。

⑤ 每次加水、加粉量应适宜。加水量以丸粒表面润湿而不粘连为度，加粉量以能被润湿的丸粒完全吸附为宜。

⑥ 处方中若含有芳香性、特殊气味以及刺激性较大的药物时，应选择分别粉碎，并泛于丸粒内层，可避免挥发性成分损失，且可掩盖不良气味，减少对肠胃的刺激。

第7步 筛 丸

（1）操作人员按规定更衣后进入岗位。

（2）工前检查及准备：

① 检查上班次的“清场合格证”。

② 检查容器、工具、场地的卫生状况是否达标。

③ 取下清场状态标志等，挂上工序卡。

④ 仔细阅读有关的生产指令，认真核对物料盛装容器上标签的内容。

⑤ 填写工前检查记录。

（3）操作步骤：

① 按工艺规定选用筛网。

② 用 75%的乙醇将筛网擦拭一遍。

③ 准备好盛装容器，将泛制后的药丸放入筛丸机内，通过第一个滚筒的单独收集起来，通过第二个滚筒的单独收集起来，能通过和不能通过第三个滚筒的都单独收集起来。

第8步 成 型

（1）通过第一个滚筒的药丸，继续倒入泛丸机内，在锅内翻滚，均匀洒水，使药丸表面润湿，然后均匀加入药粉，共加三至五层药粉。

（2）能通过第二个滚筒的药丸，同上操作，但加药粉二至三层。

（3）能通过第三个滚筒的药丸为合格的药丸。

（4）不能通过第三个滚筒的药丸，作废丸处理。

第9步 干 燥

同“制剂前处理干燥”操作，温度按品种工艺规程参数控制。

第10步 撞 亮

将干燥好的水丸放在泛丸锅内，继续旋转，戴乳胶手套后快速翻、揉，使丸粒充分撞击，至丸粒圆整光亮。出料、停机。

第11步 筛 选

（1）操作人员按规定更衣后进入岗位。

（2）工前检查及准备：

① 检查上班次的“清场合格证”。

② 检查容器、工具、场地的卫生状况是否达标。

③ 取下清场状态标志等，挂上工序卡。

④ 仔细阅读有关的生产指令，认真核对物料盛装容器上标签的内容。

⑤ 填写工前检查记录。

（3）操作步骤：

① 按工艺规定选用筛网。

② 用 75%的乙醇将筛网擦拭一遍。

③ 准备好盛装容器，将待筛选丸粒倒入筛网中，开始筛选操作。

④ 筛选后，合格丸粒与不合格丸粒分开存放。

⑤ 操作完毕，分别填写合格丸粒与不合格丸粒盛装单，并分别送至规定的地点。

⑥ 填写生产记录。

（4）工后清场：

① 按有关的 SOP 进行容器、工具、场地的清洁工作。

② 取下工序卡，挂上清场状态标志。

③ 关照明灯。

④ 填写记录。

第12步 分　装

按“散剂分装”操作，根据分装量选择分装模具及包装袋。

第13步 外包装

同“散剂外包装”操作，选择相应包装材料。

丸剂生产记录见表 2-9。

表 2-9　丸剂生产记录

<table>
<tr><td colspan="2">产品名称</td><td colspan="3"></td><td colspan="2">规格</td><td colspan="2"></td></tr>
<tr><td colspan="2">批号</td><td colspan="3"></td><td colspan="2">计划产量</td><td colspan="2"></td></tr>
<tr><td colspan="9">工艺参数要求：制丸模直径 Φ　　mm</td></tr>
<tr><td rowspan="6">称量</td><td colspan="2">物料名称</td><td>物料代码</td><td>批号</td><td>报告书号</td><td colspan="2">水分</td><td>配料</td></tr>
<tr><td colspan="2"></td><td></td><td></td><td></td><td colspan="2"></td><td></td></tr>
<tr><td colspan="2"></td><td></td><td></td><td></td><td colspan="2"></td><td></td></tr>
<tr><td colspan="2"></td><td></td><td></td><td></td><td colspan="2"></td><td></td></tr>
<tr><td colspan="2"></td><td></td><td></td><td></td><td colspan="2"></td><td></td></tr>
<tr><td colspan="2"></td><td></td><td></td><td></td><td colspan="2"></td><td></td></tr>
<tr><td rowspan="4">起模</td><td>搅拌时间</td><td></td><td rowspan="4">制丸</td><td>制丸开机时间</td><td></td><td rowspan="4">干燥选丸</td><td>干燥温度</td><td></td></tr>
<tr><td>制丸模用量</td><td></td><td>制丸结束时间</td><td></td><td>干燥时间</td><td></td></tr>
<tr><td>软材重量</td><td></td><td>制丸用水量</td><td></td><td>投料量</td><td></td></tr>
<tr><td>模子重量</td><td></td><td>制丸用粉量</td><td></td><td>合格丸量</td><td></td></tr>
<tr><td colspan="2">尾粉量</td><td colspan="3"></td><td colspan="2">废弃量</td><td colspan="2"></td></tr>
<tr><td colspan="9">物料平衡=（干丸总重量+尾粉量+废弃量）/（药粉投入量+投入辅料量）×100%
物料平衡百分数：</td></tr>
<tr><td colspan="9">收得率=干丸总重量/（药粉投入重量+投入辅料重量）×100%=</td></tr>
<tr><td>操作人</td><td colspan="2"></td><td>日期</td><td></td><td>复核人</td><td></td><td>日期</td><td></td></tr>
<tr><td colspan="2">质量检查记录</td><td>制软材</td><td colspan="6">混合均匀（ ）湿丸圆整度（ ）重量合格（ ）</td></tr>
<tr><td colspan="5">工艺执行情况：　工艺员：</td><td colspan="4">质量评价：　QA 检查员：</td></tr>
</table>

巩固练习

一、选择题

1.【A 型题】(单项选择题)

(1)下列关于丸剂特点叙述错误的是(   )。

A. 适用于慢性病　　B. 为重要的传统中药剂型

C. 溶散、释放药物快　　D. 操作不当易影响溶散、崩解

E. 成品难符合药品卫生标准

(2)丸剂中疗效发挥最快的剂型是(   )。

A. 水丸　　B. 蜜丸　　C. 糊丸　　D. 蜡丸　　E. 滴丸

(3)下列关于水丸特点叙述不当的是(   )。

A. 可掩盖不良气味　　B. 表面致密不易吸潮

C. 药物的均匀性及溶散时间不易控制　　D. 成品质量容易控制

E. 溶散、显效慢

(4)下列不适宜作为水丸赋形剂的是(   )。

A. 蒸馏水　　B. 黄酒　　C. 淀粉浆　　D. 米醋　　E. 药汁

(5)下列水丸制备工艺流程正确的是(   )。

A. 起模→泛制成型→盖面→干燥→选丸→包衣→打光→质检→包装

B. 起模→泛制成型→干燥→盖面→选丸→包衣→打光→质检→包装

C. 泛制成型→干燥→选丸→盖面→包衣→打光→质检→包装

D. 起模→泛制成型→盖面→选丸→干燥→包衣→打光→质检→包装

E. 泛制成型→盖面→干燥→选丸→包衣→打光→质检→包装

(6)制备防风通圣丸所用滑石粉的作用是(   )。

A. 起模　　B. 成型　　C. 盖面　　D. 包衣　　E. 选丸

(7)水丸起模的操作过程是(   )。

A. 将药粉加入逐渐泛制成成品

B. 加润湿剂逐渐泛制的过程

C. 将药粉制成直径 0.5 ~ 1 mm 大小丸粒的过程

D. 使表面光洁的过程

E. 将成型的药丸进行筛选，除去大小不规则的丸粒的过程

(8)水丸盖面的目的是(   )。

A. 使丸粒增大　　B. 使丸粒表面光洁、致密、色泽均匀

C. 使丸粒崩解时限延长　　D. 使丸粒崩解时限缩短

E. 使丸粒含菌量降低

(9)下列关于蜜丸制备叙述错误的是(   )。

A. 药材经炮制粉碎成细粉后制丸　　B. 药材经提取浓缩后制丸

C. 根据药粉性质选择适当的炼蜜程度　　D. 根据药粉性质选择适当的合药蜜温

E. 炼蜜与药粉的比例一般是 1∶1 ~ 1∶1.5

（10）下列指标，哪个是“中蜜”的炼制标准？（　　）

A. 蜜温 105 ~ 115 °C，含水量 17% ~ 20%，相对密度 1.35

B. 蜜温 114 ~ 116 °C，含水量 18%，相对密度 1.35

C. 蜜温 116 ~ 118 °C，含水量 14% ~ 16%，相对密度 1.37

D. 蜜温 119 ~ 122 °C，含水量 10%，相对密度 1.40

E. 蜜温 126 ~ 128 °C，含水量 4% ~ 6%，相对密度 1.47

（11）下列关于炼蜜的叙述不正确的是（　　）。

A. 炼蜜时有嫩蜜、中蜜、老蜜三种规格

B. 中蜜炼蜜温度为 116 ~ 118 °C，并有“鱼眼泡”出现

C. 老蜜的相对密度为 1.40

D. 嫩蜜的相对密度是 1.37

E. 炼蜜的目的是杀灭微生物、破坏酶、除杂质和增加黏性

（12）制大蜜丸炼蜜时，老蜜含水量是（　　）。

A. ＜10%　　B. ＜12%　　C. 10% ~ 12%　　D. 14% ~ 16%

E. ＜15%

（13）下列蜜丸的制备工艺流程正确的为（　　）。

A. 物料准备→制丸条→分粒及搓圆→整丸→质检→包装

B. 物料准备→制丸块→搓丸→干燥→整丸→质检→包装

C. 物料准备→制丸块→分粒→干燥→整丸→质检→包装

D. 物料准备→制丸块→制丸条→分粒及搓圆→干燥→整丸→质检→包

E. 物料准备→制丸块→制丸条→分粒及搓圆→包装

（14）下列何物常作为手工制蜜丸的润滑剂？（　　）

A. 软肥皂与甘油的融合物　　B. 蜂蜡与芝麻油的融合物

C. 药用乙醇　　D. 石蜡与芝麻油的融合物

E. 蜂蜡与液体石蜡的融合物

（15）塑制法制备水蜜丸，当药粉的黏性适中时，蜜与水的用量比例正确的是（　　）。

A. 蜜：水=1：1　　B. 蜜：水=1：2　　C. 蜜：水=1：3

D. 蜜：水=1：4　　E. 蜜：水=1：5

（16）下列关于浓缩丸叙述中错误的是（　　）。

A. 浓缩丸又称药膏丸　　B. 体积和服用剂量减小

C. 与水丸比，卫生学检查更难达标　　D. 可以水、蜂蜜、蜜水为赋形剂制丸

E. 吸潮性较强，包装时必须注意密封防潮

（17）现行药典中规定，大蜜丸、小蜜丸含水量不得超过（　　）。

A. 8.0%　　B. 9.0%　　C. 10.0%　　D. 12.0%　　E. 15.0%

（18）在下列制剂中疗效发挥最快的剂型是（　　）。

A. 水丸　　B. 蜜丸　　C. 滴丸　　D. 浓缩丸　　E. 糊丸

（19）在下列制剂中疗效发挥最慢的剂型是（　　）。

A. 水丸　　B. 蜜丸　　C. 滴丸　　D. 浓缩丸　　E. 糊丸

（20）制备蜡丸时用的辅料为（　　）。

A. 蜂蜡　　B. 石蜡　　C. 液体石蜡　　D. 川白蜡　　E. 地蜡

（21）下列丸剂中不能用泛制法制备的是（　　）。

A. 水丸　　B. 蜜丸　　C. 水蜜丸　　D. 浓缩丸　　E. 糊丸

（22）下列不需要检查溶散时限或崩解时限的丸剂是（　　）。

A. 水丸　　B. 小蜜丸　　C. 大蜜丸　　D. 浓缩丸　　E. 糊丸

（23）下列不需要进行水分检测的丸剂是（　　）。

A. 水丸　　B. 蜜丸　　C. 浓缩水蜜丸　　D. 糊丸　　E. 蜡丸

（24）下列关于滴丸叙述错误的是（　　）。

A. 由滴制法制成的一种球状固体制剂

B. 难溶性药物以微细晶体存在于基质中

C. 基质有水溶性和脂溶性之分

D. 生物利用度高但剂量不准确

E. 量大的液体药物可形成固态乳剂存在于基质中

（25）滴丸制备中固体药物在基质中的状态为（　　）。

A. 药物与基质形成络合物　　B. 形成固态凝胶　　C. 形成固态乳剂

D. 形成固体溶液　　E. 形成微囊

（26）下列哪项不是影响滴丸圆整度的因素？（　　）

A. 药物的重量　　B. 液滴的大小　　C. 冷却剂的温度

D. 液滴与冷凝液的密度差　　E. 液滴与冷却剂的亲和力

（27）下列哪一项对滴丸圆整度无影响？（　　）

A. 滴丸单粒重量　　B. 滴管的长短　　C. 液滴与冷却液的密度差

D. 液滴与冷却剂的亲和力　　E. 冷却方式

（28）下列物质一般不作为滴丸冷凝液的是（　　）。

A. 液体石蜡　　B. 二甲基硅油　　C. 聚乙二醇

D. 乙醇　　E. 水

（29）以水溶性强的基质制备滴丸时应选用下列哪一种冷却剂？（　　）。

A. 水　　B. 乙醇　　C. 液体石蜡与乙醇的混合物

D. 煤油与乙醇的混合物　　E. 甲基硅油

（30）滴丸冷却剂应具备的条件不包括（　　）。

A. 不与主药发生作用　　B. 对人体无害、不影响疗效

C. 有适宜的黏度　　D. 脂溶性强　　E. 有适宜的相对密度

2. 【B 型题】（匹配题）

[（1）~（4）]

A. 水　　B. 药汁　　C. 蜜水　　D. 醋　　E. 酒

（1）黏性较强的药粉泛丸宜选用（　　）。

（2）黏性适中，无特殊要求的药粉泛丸宜选用（　　）。

（3）入肝经，消瘀止痛的处方泛丸宜选用（　　）。

（4）含有纤维性药材、新鲜药材的处方泛丸宜选用（　　）。

[(5)~(8)]

A. 泛制丸　B. 塑制丸　C. 滴制丸　D. 浓缩丸　E. 压制丸

(5) 药物细粉以适宜液体为黏合剂泛制成的小球形制剂为(　　)。

(6) 药物提取物与基质用适宜方法混匀后，滴入不相混溶的冷却液中，收缩冷凝成的制剂为(　　)。

(7) 药物细粉以适宜黏合剂混合制成的丸块，经制丸机制成的丸剂为(　　)。

(8) 药材或部分药材提取的浸膏，与适宜辅料或药物细粉，以水、蜂蜜或蜜水为赋形剂制成的丸剂为(　　)。

[(9)~(12)]

A. 水丸　B. 蜜丸　C. 滴丸　D. 糊丸　E. 蜡丸

(9) 一般不含其他附加剂，实际含药量较高的剂型为(　　)。

(10) 溶散迟缓，可延缓药效的剂型为(　　)。

(11) 疗效迅速，生物利用度高的剂型为(　　)。

(12) 体内不溶散，仅缓缓释放药物的剂型为(　　)。

[(13)~(16)]

A. 嫩蜜，温蜜和药　B. 中蜜，温蜜和药　C. 中蜜，热蜜和药

D. 老蜜，温蜜和药　E. 老蜜，热蜜和药

(13) 处方中含较多粉性药材，黏性适中的药材，制蜜丸时宜用(　　)。

(14) 处方中树脂类、胶类药材所占比例较大，制蜜丸时宜用(　　)。

(15) 处方中矿物药、纤维性强的药物含量较大，制蜜丸时宜用(　　)。

(16) 处方中药粉黏性适中，但含有芳香挥发性药物，制蜜丸时宜用(　　)。

[(17)~(20)]

A. 9.0%　B. 10.0%　C. 12.0%　D. 15.0%　E. 16.0%

(17) 现行药典中规定，大蜜丸含水量不得超过(　　)。

(18) 现行药典中规定，浓缩蜜丸含水量不得超过(　　)。

(19) 现行药典中规定，水丸含水量不得超过(　　)。

(20) 现行药典中规定，浓缩水蜜丸含水量不得超过(　　)。

[(21)~(24)]

A. 泛制法　B. 塑制法　C. 泛制法或塑制法　D. 滴制法

E. 用蜂蜡塑制法

(21) 制备滴丸可用(　　)。

(22) 制备水丸可用(　　)。

(23) 制备大蜜丸可用(　　)。

(24) 制备糊丸可用(　　)。

[(25)~(28)]

A. 嫩蜜　B. 中蜜　C. 老蜜　D. 蜂蜜　E. 炼制蜜

(25) 在炼制过程中出现鱼眼泡可判断为(　　)。

(26) 两指分开指间拉出长白丝可判断为(　　)。

(27) 可用于富含纤维及质地疏松的药粉制丸的是(　　)。

（28）可杀死微生物，破坏酶的是（　　）。

3.【X 型题】（多项选择题）

（1）丸剂的特点是（　　）。

A. 溶散、释放药物缓慢　　B. 多用于治疗慢性疾病

C. 多用于病后调和气血　　D. 为重要的传统中药剂型

E. 成品易达药品卫生标准

（2）丸剂按制备方法可分为（　　）。

A. 泛制丸　B. 塑制丸　C. 蜜丸　D. 糊丸　E. 滴制丸

（3）水丸的特点是（　　）。

A. 丸粒体积小，便于吞服　　B. 易溶散，显效快

C. 生产设备简单，操作简单　　D. 分层泛制

E. 可掩盖药物的不良气味

（4）水丸常用的赋形剂有（　　）。

A. 水　B. 药汁　C. 糖浆　D. 醋　E. 酒

（5）制备水丸时用酒的目的是（　　）。

A. 降低泛制操作时药物的黏性

B. 良好的有机溶剂有助于一些成分溶出

C. 引药上行，增强活血散癖作用

D. 制成的丸剂易于干燥

E. 有助于成品的卫生达标

（6）制备水丸时常需制成药汁的药物有（　　）。

A. 含淀粉量多的药物　　B. 纤维性强的药物　　C. 树脂类药物

D. 乳汁、胆汁等　　E. 鲜药材

（7）水丸起模应注意的是（　　）。

A. 起模用粉应选用黏性适宜的药粉

B. 起模常用乙醇作为润湿剂

C. 起模是将药粉制成 0.5 ~ 1 mm 大小的丸粒

D. 起模常用水作为润湿剂

E. 起模用粉量应根据药粉的性质和丸粒的规格决定

（8）水丸成型操作中应注意的是（　　）。

A. 加水量以丸粒表面润湿而不粘连为度

B. 加粉量以能被润湿的丸粒完全吸附为宜

C. 除在泛制过程中及时筛选外，在丸粒干燥后必须进一步选丸

D. 处方中若含芳香挥发性或刺激性较大的药粉，最好泛于丸粒中层

E. 含朱砂、硫磺等药物的丸剂不能用铜制锅泛丸

（9）制备蜜丸时炼蜜的目的为（　　）。

A. 除去杂质　　B. 破坏酶类　　C. 杀死微生物

D. 适当减少水分　　E. 增加黏合力

（10）含下列成分的药物制蜜丸时，哪些需选择嫩蜜？（　　）

A. 富含纤维　　B. 富含淀粉　　C. 富含糖类
D. 富含脂肪　　E. 富含黏液质

(11) 药物含量较多时，制蜜丸不应选择热蜜和药的是（　　）。
A. 淡竹叶　　B. 石决明　　C. 乳香
D. 阿胶　　E. 冰片

(12) 下列关于蜜丸制备的叙述正确的是（　　）。
A. 药材粉碎成细粉，应过六号筛
B. 机制、手工制蜜丸常用的润滑剂均为药用乙醇
C. 蜜与药粉比例为 1∶1 ~ 1∶1.5
D. 夏季用蜜量多，冬季用蜜量少
E. 蜜丸不经干燥即可包装

(13) 含毒剧药或刺激性药物宜制成（　　）。
A. 水丸　　B. 浓缩丸　　C. 糊丸　　D. 蜡丸　　E. 滴丸

(14) 制备蜜丸用蜂蜜的质量规定主要为（　　）。
A. 半透明、带光泽、浓稠的液体　　B. 气芳香、味极甜
C. 相对密度不得低于 1.349（25 °C）　　D. 含还原糖不得低于 64%
E. 应进行酸度的检查

(15) 下列丸剂中，可采用泛制法制备的是（　　）。
A. 水丸　　B. 水蜜丸　　C. 糊丸　　D. 蜡丸　　E. 微丸

(16) 除另有规定外，下列丸剂的含水量正确的是（　　）。
A. 水丸不得超过 12.0%　　B. 水蜜丸不得超过 12.0%
C. 小蜜丸不得超过 15.0%　　D. 浓缩水丸不得超过 9.0%
E. 蜡丸不得超过 9.0%

(17) 滴丸的特点有（　　）。
A. 生物利用度高　　B. 剂量准确　　C. 自动化程度高
D. 药物在基质中不易分散　　E. 生产周期短

(18) 滴丸制备过程中影响滴丸圆整度的因素有（　　）。
A. 液滴大小　　B. 液滴与冷却液的密度差异大小
C. 液滴与冷却液之间的亲和力　　D. 是否采用梯度冷却
E. 滴管口与液滴之间的距离

(19) 下列关于滴丸基质的陈述，正确的是（　　）。
A. 与主药不相混溶　　B. 与主药不发生化学反应
C. 不影响主药的含量测定　　D. 对人体无不良反应
E. 熔化与凝固温度均较低

(20) 对滴丸冷却剂的要求有（　　）。
A. 熔点较低或 60 ~ 100 °C 加热能熔化成液体　　B. 不溶解主药与基质
C. 有适当的黏度　　D. 不与主药和基质反应
E. 液滴相对密度差越大越好

(21) 脂溶性基质的滴丸选用的冷却剂为（　　）。

A. 液体石蜡　　B. 水　　C. 不同浓度乙醇

D. 液体石蜡与煤油的混合物　　E. 植物油

（22）常用的水丸盖面方法有（　　）。

A. 干粉盖面　　B. 粗粉盖面　　C. 淀粉盖面

D. 清水盖面　　E. 清浆盖面

二、填空题

（1）冠心苏合滴丸所采用的基质是______。

（2）微丸是指直径小于______的各类丸剂。

（3）丸剂的制备方法有泛制法、塑制法和______。

（4）妇科通经丸中含有巴豆，为防止中毒反应，故制成______丸。

（5）滴丸基质分水溶性基质和非水溶性基质。水溶性基质应选择______冷凝液。

三、简答题

（1）如何根据处方中药材的性质选用不同的炼蜜？

（2）丸剂包衣的目的是什么？

四、论述题

请分别论述水丸与蜜丸的工艺流程及其操作关键。

项目二　任务二巩固练习答案

任务三　全天麻胶囊的制备

全天麻胶囊

【处方】天麻 500 g

【制法】取天麻，粉碎成细粉，过筛，混匀或制成颗粒，装入胶囊，制成胶囊 1 000 粒，即得。

第一部分　理论知识

一、胶囊剂的定义及分类

胶囊剂系指原料药物或与适宜辅料充填于空心胶囊或密封于软质囊材中制成的固体制剂，可分为硬胶囊、软胶囊（胶丸）、缓释胶囊、控释胶囊和肠溶胶囊，主要供口服用。

硬胶囊（通称为胶囊）系指采用适宜的制剂技术，将原料药物或加适宜辅料制成的均匀粉末、颗粒、小片、小丸、半固体或液体等，充填于空心胶囊中的胶囊剂。

软胶囊型系指将一定量的液体原料药物直接包封，或将固体原料药物溶解或分散在适宜的辅料中制备成溶液、混悬液、乳状液或半固体，密封于软质囊材中的胶囊剂。可用滴制法或压制法制备。软质囊材一般是由胶囊用明胶、甘油或其他适宜的药用辅料单独或混合制成。

缓释胶囊系指在规定的释放介质中缓慢地非恒速释放药物的胶囊剂。缓释胶囊应符合缓释制剂（通则 9013）的有关要求并应进行释放度（通则 0931）检查。

控释胶囊系指在规定的释放介质中缓慢地恒速释放药物的胶囊剂。控释胶囊应符合控释制剂（通则 9013）的有关要求并应进行释放度（通则 0931）检查。

肠溶胶囊系指用肠溶材料包衣的颗粒或小丸充填于胶囊而制成的硬胶囊，或用适宜的肠溶材料制备而得的硬胶囊或软胶囊。肠溶胶囊不溶于胃液，但能在肠液中崩解而释放活性成分。除另有规定外，肠溶胶囊应符合迟释制剂（通则 9013）的有关要求，并进行释放度（通则 0931）检查。

二、胶囊剂的特点

1. 胶囊剂的优点

（1）可掩盖药物的不良臭味，提高药物的稳定性。

（2）药物吸收快，生物利用度较高。

（3）可延缓药物的释放和实现定位释放，利用制剂新技术将难溶性药物制成固体分散体发挥缓效作用，可制成缓释、控释、肠溶胶囊。

（4）将液体制剂固体化。

（5）硬胶囊剂还能实现在胶囊体上印刷品名和商标，使服用者感到安全。

（6）生产工艺简单，服用方便，携带方便，色泽鲜艳。

2. 胶囊剂的缺点

由于胶囊囊材的主要材料是水溶性明胶，以下情况不宜制成胶囊剂：

（1）药物的水溶液或乙醇溶液因能使囊壁溶解，不宜制成胶囊剂。

（2）易溶性药物，如氯化物、溴化物、碘化物等以及小剂量的刺激性药物，在胃中溶解后，局部浓度过高而刺激胃黏膜。

（3）易吸湿的药物可使囊壁干燥而变脆，但采取适当措施，加入少量惰性油混合后，装入胶囊，可延缓变脆。

（4）易风化的药物可使囊壁变软。此外，小儿用药不宜制成胶囊剂。

三、空胶囊的制备

1. 原材料的要求

制备空胶囊的主要材料是明胶，除应符合药典规定外，还应具有一定的黏度、胶冻力和 pH 等。因水解的方法不同，明胶分 A 型明胶（用酸法处理而得，等电点 pI 7 ~ 9）和 B 型明胶（用碱法处理而得，等电点 pI 4.7 ~ 5.2）。实践证明，明胶的类型对空胶囊的性质没有明显的影响，但是胶原的来源不同，明胶的物理性质有很大差异，如以骨骼为原料制得的骨明胶，质地坚硬，性脆且透明度较差；以猪皮为原料制得的猪皮明胶，则富有可塑性、透明度亦好，若两者混合使用较为理想。

2. 胶液的组成

由于明胶易吸湿又易脱水，为了增加空胶囊的韧性与可塑性，可适当加入少量附加剂如羧甲基纤维素钠、羟丙基纤维素、油酸酰胺磺酸钠、山梨醇或甘油等；为了减弱蘸膜后明胶的流动性，可加入琼脂以增加胶液的胶冻力；为了增加美观、便于识别，胶液中也可加入各种食用染料着色。少量十二烷基硫酸钠可增加空胶囊的光泽；对光敏感的药物可加入二氧化钛（2%～3%）作蔽光剂制成不透光的空胶囊；为了防止空胶囊在储存中发生霉变，可加入适量尼泊金类作防腐剂；必要时还可加入芳香性矫味剂（如 0.1%乙基香草醛或不超 2%的香精油等）。当然，不是任何一种空胶囊都必须有以上组分，而应根据具体情况而加以选择。

3. 空心胶囊的制备

空心胶囊一般由专门的工厂生产，有囊体和囊帽组成。目前普遍采用的方法是将不锈钢制的栓模浸入明胶溶液形成囊壳的栓模法。大致可分为溶胶、蘸胶、干燥、拔壳、切割及整理等六个工序，亦可由自动化生产线来完成。生产环境的温度应为 10～25 °C，相对湿度 35%～45%，空气净化应达到 C 级，为此应有空调净化设备。

空胶囊除用各种颜色区分外，还可在每个空胶囊上印字，在食用油墨中加入 8%～12% PEG 或类似的高分子材料，可防止印字磨损。

4. 空心胶囊的规格

目前生产的空胶囊有普通型和锁口型两类，锁口型中又有单锁口型和双锁口型两种，锁口型的囊帽、囊体有闭合用的槽圈，套合后不易松开，以保证硬胶囊剂在生产、储存和运输过程中不易漏粉。空胶囊的质量与规格均有明确规定，空胶囊的规格共有 8 种，由大到小分为 000、00、0、1、2、3、4、5，一般常用的是 0～5 号。

四、胶囊剂的质量检查

除另有规定外，胶囊剂应进行以下相应检查。

1. 水　分

中药硬胶囊剂应进行水分检查。

取供试品内容物，照水分测定法（通则 0832）测定。除另有规定外，不得过 9.0%。

硬胶囊内容物为液体或半固体者不检查水分。

2. 装量差异

照下述方法检查，应符合规定。

检查法：除另有规定外，取供试品 20 粒（中药取 10 粒），分别精密称定重量，倾出内容物（不得损失囊壳），硬胶囊囊壳用小刷或其他适宜的用具拭净；软胶囊或内容物为半固体或液体的硬胶囊囊壳用乙醚等易挥发性溶剂洗净，置通风处使溶剂挥尽，再分别精密称定囊壳重量，求出每粒内容物的装量与平均装量。每粒装量与平均装量相比较（有标示装量的胶囊剂，每粒装量应与标示装量比较），超出装量差异限度的不得多于 2 粒，并不得有 1 粒超出限度 1 倍。

胶囊剂装量差异限度见表 2-10。

表 2-10　胶囊剂装量差异限度

平均装量或标示装量	装量差异限度
0.30 g 以下	±10%
0.30 g 及 0.30 g 以上	±7.5%（中药±10%）

凡规定检查含量均匀度的胶囊剂，一般不再进行装量差异的检查。

3. 崩解时限

除另有规定外，照崩解时限检查法（通则 0921）检查，均应符合规定。

凡规定检查溶出度或释放度的胶囊剂，一般不再进行崩解时限的检查。

4. 微生物限度

以动物、植物、矿物质来源的非单体成分制成的胶囊剂，生物制品胶囊剂，照非无菌产品微生物限度检查：微生物计数法（通则 1105）和控制菌检查（通则 1106）及非无菌药品微生物限度标准（通则 1107）检查，应符合规定。规定检查杂菌的生物制品胶囊剂，可不进行微生物限度检查。

知识拓展二十三

0931　溶出度与释放度测定法

溶出度系指活性药物从片剂、胶囊剂或颗粒剂等普通制剂在规定条件下溶出的速率和程度，在缓释制剂、控释制剂、肠溶制剂及透皮贴剂等制剂中也称释放度。

一、仪器装置

1. 第一法（篮法）

（1）转篮：分篮体与篮轴两部分，均为不锈钢或其他惰性材料制成，其形状尺寸如图 2-5 所示。篮体 A 由方孔筛网（丝径为 0.28 mm±0.03 mm，网孔为 0.40 mm±0.04 mm）制成，呈圆柱形，转篮内径为 20.2 mm±1.0 mm，上下两端都有封边。篮轴 B 的直径为 9.75 mm±0.35 mm，轴的末端连一圆盘，作为转篮的盖；盖上有一通气孔（孔径为 2.0 mm±0.5 mm）；盖边系两层，上层直径与转篮外径相同，下层直径与转篮内径相同；盖上的 3 个弹簧片与中心呈 120°。

（2）溶出杯：一般由硬质玻璃或其他惰性材料制成的底部为半球形的 1 000 mL 杯状容器，内径为 102 mm±4 mm（圆柱部分内径最大值和内径最小值之差不得大于 0.5 mm），高为 185 mm±25 mm；溶出杯配有适宜的盖子，盖上有适当的孔，中心孔为篮轴的位置，其他孔供取样或测量温度用。溶出杯置恒温水浴或其他适当的加热装置中。

（3）篮轴与电动机相连，由速度调节装置控制电动机的转速，使篮轴的转速在各品种项下规定转速的±4%范围之内。运转时整套装置应保持平稳，均不能产生明显的晃动或振动（包括装置所处的环境）。转篮旋转时，篮轴与溶出杯的垂直轴在任一点的偏离均不得大于 2 mm，转篮下缘的摆动幅度不得偏离轴心 1.0 mm。

（4）仪器一般配有 6 套以上测定装置。

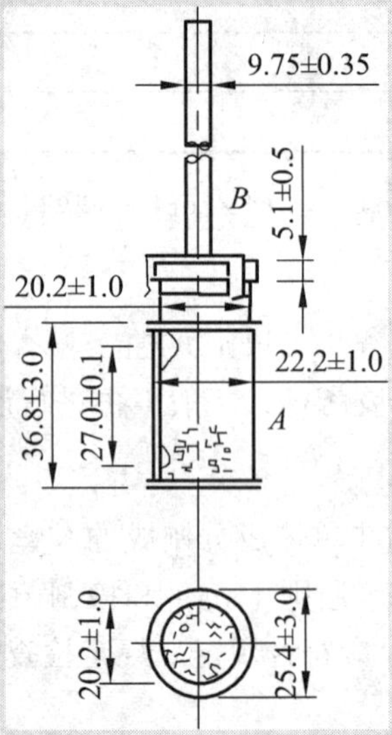

单位 mm

图 2-5　转篮装置

2. 第二法（桨法）

除将转篮换成搅拌桨外，其他装置和要求与第一法相同。搅拌桨的下端及桨叶部分可涂适当的惰性材料（如聚四氟乙烯），其形状尺寸如图 2-6 所示。桨杆对度（即桨轴左侧距桨叶左边缘距离与桨轴右侧距桨叶右边缘距离之差）不得超过 0.5 mm，桨轴和桨叶垂直度 90°±0.2%桨杆旋转时，桨轴与溶出杯的垂直轴在任一点的偏差均不得大于 2 mm；搅拌桨旋转时 A、B 两点的摆动幅度不得超过 0.5 mm。

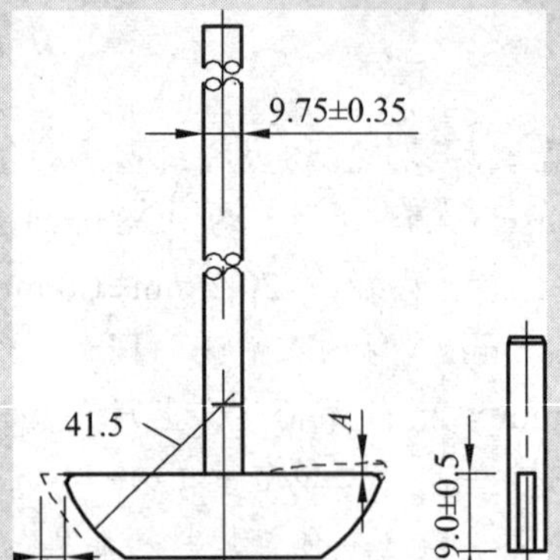

单位 mm

图 2-6　搅拌桨装置

3. 第三法（小杯法）

（1）搅拌桨：形状尺寸如图 2-7 所示。桨杆上部直径为 9.75 mm±0.35 mm，桨杆下部直径为 6.0 mm±0.2 mm；桨杆对称度（即桨轴左侧距桨叶左边缘距离与桨轴右侧距桨叶右边缘距离之差）不得超过 0.5 mm，桨轴和桨叶垂直度 90°±0.2°；桨杆旋转时，桨轴与溶出杯的垂直轴在任一点的偏差均不得大于 2 mm；搅拌桨旋转时，A、B 两点的摆动幅度不得超过 0.5 mm。

（2）溶出杯：一般由硬质玻璃或其他惰性材料制成的底部为半球形的 250 mL 杯状容器，其形状尺寸如图 2-8 所示。内径为 62 mm±3 mm（圆柱部分内径最大值和内径最小值之差不得大于 0.5 mm），高为 126 mm±6 mm，其他要求同第一法（2）。

（3）桨杆与电动机相连，转速应在各品种项下规定转速的±4%范围之内。其他要求同第二法。

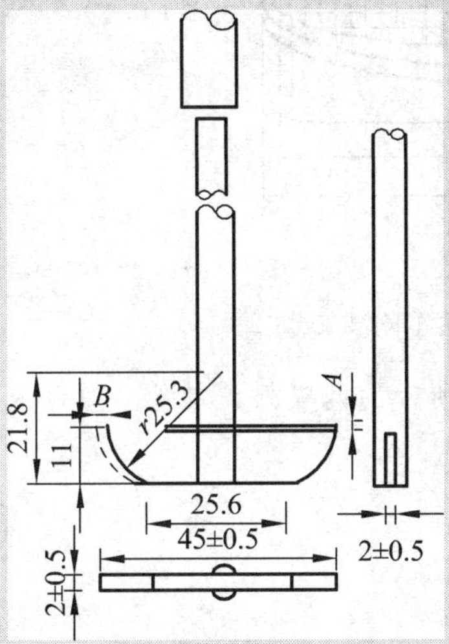

单位：mm

图 2-7　小杯法搅拌桨装置

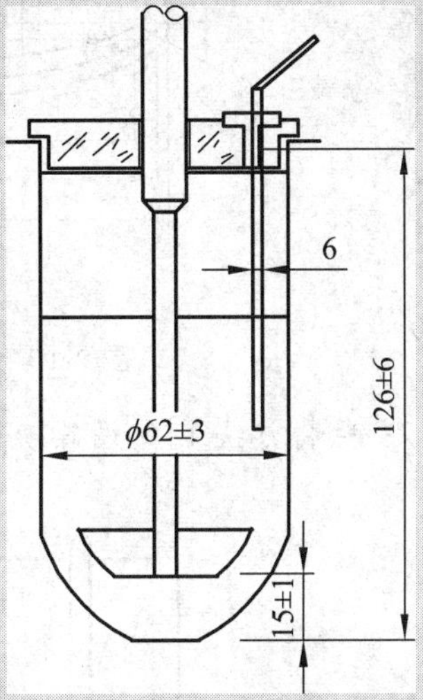

单位：mm

图 2-8　小杯法溶出杯装置

4. 第四法（桨碟法）

方法 1：搅拌桨、溶出杯按第二法，溶出杯中放入用于放置贴片的不锈钢网碟（图 2-9）。网碟装置见图 2-10。

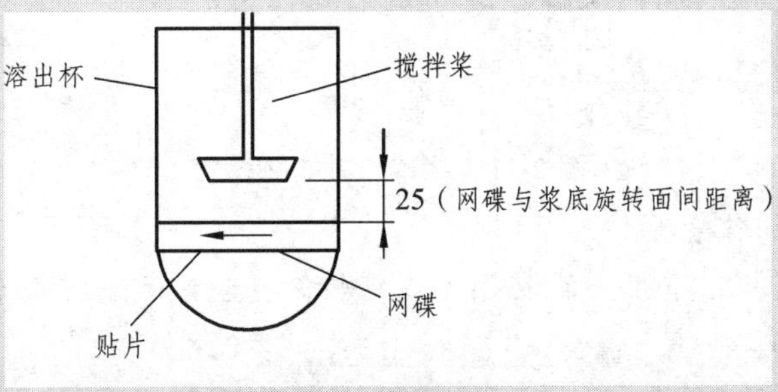

单位：mm

图 2-9　桨碟法方法 1 装置

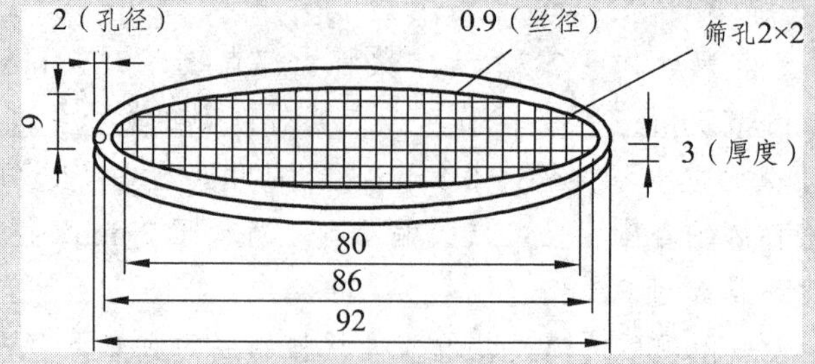

（a）上层网碟

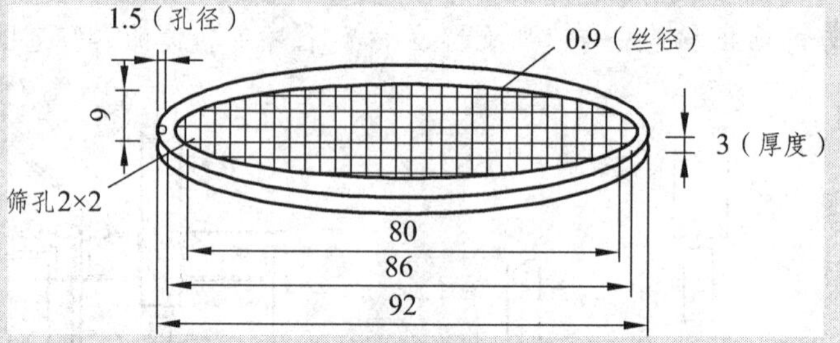

（b）下层网碟

图 2-10　桨碟法方法 1 网碟装置

方法 2：除将方法 1 的网碟换成图 2-11 所示的网碟外，其他装置和要求与方法 1 相同。

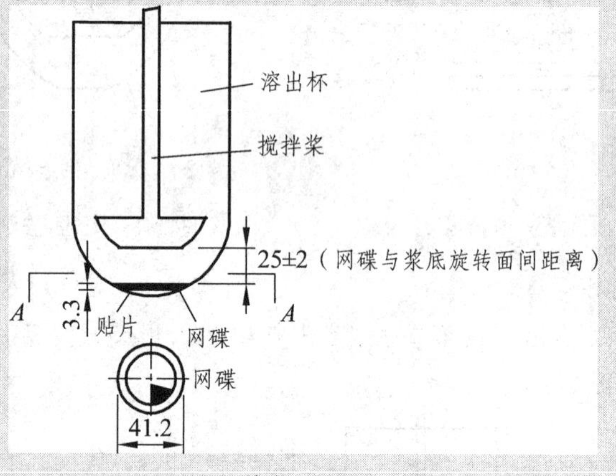

单位：mm

图 2-11　桨碟法方法 2 装置

5. 第五法（转筒法）

溶出杯按第二法，但搅拌桨另用不锈钢转筒装置替代。组成搅拌装置的杆和转筒均由不锈钢制成。

二、测定法

1. 第一法和第二法

（1）普通制剂：测定前，应对仪器装置进行必要的调试，使转篮或桨叶底部距溶出杯的内底部 25 mm±2 mm。分别量取溶出介质置各溶出杯内，实际量取的体积与规定体积的偏差应在±1%范围之内，待溶出介质温度恒定在 37 °C±0.5 °C 后，取供试品 6 片（粒、袋），如为第一法，分别投入 6 个干燥的转篮内，将转篮降入溶出杯中；如为第二法，分别投入 6 个溶出杯内（当品种项下规定需要使用沉降篮时，可将胶囊剂先装入规定的沉降篮内；品种项下未规定使用沉降篮时，如胶囊剂浮于液面，可用一小段耐腐蚀的细金属丝轻绕于胶囊外壳）。注意避免供试品表面产生气泡，立即按各品种项下规定的转速启动仪器，计时；至规定的取样时间（实际取样时间与规定时间的差异不得过±2%），吸取溶出液适量（取样位置应在转篮或桨叶顶端至液面的中点，距溶出杯内壁 10 mm 处；需多次取样时，所量取溶出介质的体积之和应在溶出介质的 1%之内，如超过总体积的 1%时，应及时补充相同体积的温度为 37 °C±0.5 °C 的溶出介质，或在计算时加以校正），立即用适当的微孔滤膜滤过，自取样至滤过应在 30 秒内完成。取澄清滤液，照该品种项下规定的方法测定，计算每片（粒、袋）的溶出量。

（2）缓释制剂或控释制剂：照普通制剂方法操作，但至少采用三个取样时间点，在规定取样时间点，吸取溶液适量，及时补充相同体积的温度为 37 °C±0.5 °C 的溶出介质，滤过，取样至滤过应在 30 秒内完成。照各品种项下规定的方法测定，计算每片（粒）的溶出量。

（3）肠溶制剂：按方法 1 或方法 2 操作。

① 方法 1：

a. 酸中溶出量：除另有规定外，分别量取 0.1 mol/L 盐酸溶液 750 mL 置各溶出杯内，实际量取的体积与规定体积的偏差应在±1%范围之内，待溶出介质温度恒定在 37 °C±0.5 °C，取供试品 6 片（粒）分别投入转篮或溶出杯中（当品种项下规定需要使用沉降篮时，可将胶囊剂先装入规定的沉降篮内；品种项下未规定使用沉降篮时，如胶囊剂浮于液面，可用一小段耐腐蚀的细金属丝轻绕于胶囊外壳），注意避免供试品表面产生气泡，立即按各品种项下规定的转速启动仪器，2 小时后在规定取样点吸取溶出液适量，滤过，自取样至滤过应在 30 秒钟内完成。按各品种项下规定的方法测定，计算每片（粒）的酸中溶出量。

其他操作同第一法和第二法项下普通制剂。

b. 缓冲液中溶出量：上述酸液中加入温度为 37 °C±0.5 °C 的 0.2 mol/L 磷酸钠溶液 250 mL（必要时用 2 mol/L 盐酸或 2 mol/L 氢氧化钠溶液调节 pH 至 6.8），继续运转 45 分钟，或按各品种项下规定的时间，在规定取样点吸取溶出液适量，滤过，自取样至滤过应在 30 秒钟内完成。按各品种项下规定的方法测定，计算每片（粒）的缓冲液中溶出量。

② 方法 2：

a. 酸中溶出量：除另有规定外，量取 0.1 mol/L 盐酸溶液 900 mL，注入每个溶出杯中，照方法 1 酸中溶出量项下进行测定。

b. 缓冲液中溶出量：弃去上述各溶出杯中酸液，立即加入温度为 37 °C±0.5 °C 的磷酸盐缓冲液（pH 6.8）（取 0.1 mol/L 盐酸溶液和 0.2 mol/L 磷酸钠溶液，按 3∶1 混合均匀，必要时用 2 mol/L 盐酸溶液或 2 mol/L 氢氧化钠溶液调节 pH 至 6.8）

900 mL，或将每片（粒）转移入另一盛有温度为 37 °C±0.5 °C 的磷酸盐缓冲液（pH 6.8）900 mL 的溶出杯中，照方法 1 缓冲液中溶出量项下进行测定。

2. 第三法

（1）普通制剂：测定前，应对仪器装置进行必要的调试，使桨叶底部距溶出杯的内底部 15 mm±2 mm。分别量取溶出介质置各溶出杯内，介质的体积 150～250 mL，实际量取的体积与规定体积的偏差应在±1%范围之内（当品种项下规定需要使用沉降装置时，可将胶囊剂先装入规定的沉降装置内；品种项下未规定使用沉降装置时，如胶囊剂浮于液面，可用一小段耐腐蚀的细金属丝轻绕于胶囊外壳）。以下操作同第二法。取样位置应在桨叶顶端至液面的中点，距溶出杯内壁 6 mm 处。

（2）缓释制剂或控释制剂：照第三法普通制剂方法操作，其余要求同第一法和第二法项下缓释制剂或控释制剂。

3. 第四法

透皮贴剂：分别量取溶出介质置各溶出杯内，实际量取的体积与规定体积的偏差应在±1%范围之内，待溶出介质预温至 32 °C±0.5 °C；将透皮贴剂固定于两层碟片之间（方法 1）或网碟上（方法 2），溶出面朝上，尽可能使其保持平整。再将网碟水平放置于溶出杯下部，并使网碟与桨底旋转面平行，两者相距 25 mm±2 mm，按品种正文规定的转速启动装置。在规定取样时间点，吸取溶出液适量，及时补充相同体积的温度为 32 °C±0.5 °C 的溶出介质。

其他操作同第一法和第二法项下缓释制剂或控释制剂。

4. 第五法

透皮贴剂：分别量取溶出介质置各溶出杯内，实际量取的体积与规定体积的偏差应在±1%范围之内，待溶出介质预温至 32 °C±0.5 °C；除另有规定外，按下述进行准备，除去贴剂的保护套，将有黏性的一面置于一片铜纺上，铜纺的边比贴剂的边至少大 1 cm，将贴剂的铜纺覆盖面朝下放置于干净的表面，涂布适宜的胶黏剂于多余的铜纺边。如需要，可将胶黏剂涂布于贴剂背面。干燥 1 分钟，仔细将贴剂涂胶黏剂的面安装于转筒外部，使贴剂的长轴通过转筒的圆心。挤压铜纺面除去引入的气泡。将转筒安装在仪器中，试验过程中保持转筒底部距溶出杯内底部 25 mm±2 mm，立即按品种正文规定的转速启动仪器。在规定取样时间点，吸取溶出液适量，及时补充相同体积的温度为 32 °C±0.5 °C 的溶出介质。同法测定其他透皮贴剂。

其他操作同第一法和第二法项下缓释制剂或控释制剂。

以上五种测定法中，当采用原位光纤实时测定时，辅料的干扰应可以忽略，或可以通过设定参比波长等方法消除；原位光纤实时测定主要适用于溶出曲线和缓释制剂溶出度的测定。

三、结果判定

1. 普通制剂

符合下述条件之一者，可判为符合规定：

（1）6 片（粒、袋）中，每片（粒、袋）的溶出量按标示量计算，均不低于规定限度（Q）；

（2）6 片（粒、袋）中，如有 1～2 片（粒、袋）低于但不低于 Q−10%，且其平

均溶出量不低于 Q；

（3）6片（粒、袋）中，有1～2片（粒、袋）低于 Q，其中仅有1片（粒、袋）低于 Q-10%，但不低于 Q-20%，且其平均溶出量不低于 Q 时，应另取6片（粒、袋）复试；初、复试的12片（粒、袋）中有1～3片（粒、袋）低于 Q，其中仅有1片（粒、袋）低于 Q-10%，但不低于 Q-20%，且其平均溶出量不低于 Q。

以上结果判断中所示的10%、20%是指相对于标示量的百分率（%）。

2. 缓释制剂或控释制剂

除另有规定外，符合下述条件之一者，可判为符合规定：

（1）6片（粒）中，每片（粒）在每个时间点测得的溶出量按标示量计算，均未超出规定范围；

（2）6片（粒）中，在每个时间点测得的溶出量，如有1～2片（粒）超出规定范围，但未超出规定范围的10%，且在每个时间点测得的平均溶出量未超出规定范围；

（3）6片（粒）中，在每个时间点测得的溶出量，如有1～2片（粒）超出规定范围，其中仅有1片（粒）超出规定范围的10%，但未超出规定范围的20%，且其平均溶出量未超出规定范围，应另取6片（粒）复试；初、复试的12片（粒）中，在每个时间点测得的溶出量，如有1～3片（粒）超出规定范围，其中仅有1片（粒）超出规定范围的10%，但未超出规定范围的20%，且其平均溶出量未超出规定范围。

以上结果判断中所示超出规定范围的10%、20%是指相对于标示量的百分率（%），其中超出规定范围10%是指：每个时间点测得的溶出量不低于低限的-10%，或不超过高限的+10%；每个时间点测得的溶出量应包括最终时间测得的溶出量。

3. 肠溶制剂

除另有规定外，符合下述条件之一者，可判为符合规定：

（1）酸中溶出量：

①6片（粒）中，每片（粒）的溶出量均不大于标示量的10%；

②6片（粒）中，有1～2片（粒）大于10%，但其平均溶出量不大于10%。

（2）缓冲液中溶出量：

①6片（粒）中，每片（粒）的溶出量按标示量计算均不低于规定限度（Q）；除另有规定外，Q 应为标示量的70%；

②6片（粒）中仅有1～2片（粒）低于 Q，但不低于 Q-10%，且其平均溶出量不低于 Q；

③6片（粒）中如有1～2片（粒）低于 Q，其中仅有1片（粒）低于 Q-10%，但不低于 Q-20%，且其平均溶出量不低于 Q 时，应另取6片（粒）复试；初、复试的12片（粒）中有1～3片（粒）低于 Q，其中仅有1片（粒）低于 Q-10%，但不低于 Q-20%，且其平均溶出量不低于Q。

以上结果判断中所示的10%、20%是指相对于标示量的百分率（%）。

4. 透皮贴剂

除另有规定外，同缓释制剂或控释制剂。

四、溶出条件和注意事项

（1）溶出度仪的适用性及性能确认试验：除仪器的各项机械性能应符合上述规

定外，还应用溶出度标准片对仪器进行性能确认试验，按照标准片的说明书操作，试验结果应符合标准片的规定。

（2）溶出介质：应使用各品种项下规定的溶出介质，除另有规定外，室温下体积为 900 mL，并应新鲜配制和经脱气处理；如果溶出介质为缓冲液，当需要调节 pH 值时，一般调节 pH 值至规定 pH 值±0.05 之内。

（3）取样时间：应按照品种各论中规定的取样时间取样，自 6 杯中完成取样的时间应在 1 分钟内。

（4）除另有规定外，颗粒剂或干混悬剂的投样应在溶出介质表面分散投样，避免集中投样。

（5）如胶囊壳对分析有干扰，应取不少于 6 粒胶囊，除尽内容物后，置一个溶出杯内，按该品种项下规定的分析方法测定空胶囊的平均值，作必要的校正。如校正值大于标未量的 25%，试验无效。如校正值不大于标示量的 2%，可忽略不计。

第二部分 生产操作

第 1 步 称量、配料

按“制剂前处理称量、配料生产操作”操作，并做好记录。

第 2 步 粉 碎

按“制剂前处理粉碎生产操作”操作，并做好记录。

第 3 步 分 筛

按“制剂前处理分筛生产操作”操作，并做好记录。

第 4 步 混 合

按“制剂前处理混合生产操作”操作，并做好记录。

第 5 步 湿法制粒

（1）操作人员按规定进行更衣后进入岗位。

（2）工前检查及准备：

① 检查上班次的“清场合格证”。

② 检查容器、设备、场地的卫生状况是否达标。

③ 取下设备状态标志、清场状态标志，挂上工序卡。

④ 仔细阅读有关的生产指令，认真核对物料盛装容器上标签的内容。

⑤ 填写工前检查记录。

（3）操作步骤：

① 接通电源、汽、气等。

② 将物料投入设备内。

③ 设定工艺参数后，按设备操作程序进行操作。

④ 符合工艺要求后，出料，填写好盛装单，将物料送至规定的地点。

⑤ 填写好生产记录（见表 2-11）。

（4）工后清场：

① 按设备清洁 SOP 的相关要求进行设备清洁工作。

② 按有关的 SOP 进行容器、场地的清洁工作。

③ 取下工序卡，挂上设备状态标志、清场状态标志。

④ 关水、电开关。

⑤ 填写清场记录。

表 2-11　湿法制粒操作记录

<table>
<tr><td>品名</td><td colspan="2"></td><td>规格</td><td></td><td>批号</td><td></td><td>日期</td><td></td></tr>
<tr><td colspan="9">操　作　过　程</td></tr>
<tr><td colspan="2">起止时间</td><td colspan="2">步骤</td><td>空压</td><td>搅拌桨档次</td><td>切碎刀档次</td><td colspan="2">备注</td></tr>
<tr><td colspan="2"></td><td colspan="2"></td><td></td><td></td><td></td><td colspan="2"></td></tr>
<tr><td colspan="2"></td><td colspan="2"></td><td></td><td></td><td></td><td colspan="2"></td></tr>
<tr><td colspan="2"></td><td colspan="2"></td><td></td><td></td><td></td><td colspan="2"></td></tr>
<tr><td colspan="2"></td><td colspan="2"></td><td></td><td></td><td></td><td colspan="2"></td></tr>
<tr><td colspan="2"></td><td colspan="2"></td><td></td><td></td><td></td><td colspan="2"></td></tr>
<tr><td colspan="2"></td><td colspan="2"></td><td></td><td></td><td></td><td colspan="2"></td></tr>
<tr><td rowspan="4">筛网情况</td><td>时间</td><td>筛网情况</td><td>时间</td><td>筛网情况</td><td>时间</td><td>筛网情况</td><td>时间</td><td>筛网情况</td></tr>
<tr><td></td><td></td><td></td><td></td><td></td><td></td><td></td><td></td></tr>
<tr><td></td><td></td><td></td><td></td><td></td><td></td><td></td><td></td></tr>
<tr><td></td><td></td><td></td><td></td><td></td><td></td><td></td><td></td></tr>
<tr><td>筛目</td><td></td><td>操作者</td><td></td><td>复核人</td><td></td><td>班组长</td><td colspan="2"></td></tr>
</table>

第 6 步　沸腾干燥

（1）操作人员按规定进行更衣后进入岗位。

（2）工前检查及准备：

① 检查上班次的“清场合格证”。

② 检查容器、设备、场地的卫生状况是否达标。

③ 取下设备状态标志、清场状态标志，挂上工序卡。

④ 仔细阅读有关的生产指令，认真核对物料盛装容器上标签的内容。

⑤ 填写工前检查记录。

（3）操作步骤：

① 安装好捕集袋等部件。

② 接通电源、汽、气等。

③ 将待干燥物料放入设备内，设定工艺参数后，按设备操作程序进行操作。

④ 待干燥物符合工艺要求后，出料，填写好盛装单，将物料送至规定的地点。

⑤ 填写好生产记录（见表 2-12）。

表 2-12　沸腾干燥操作运行记录

<table>
<tr><td>品名</td><td></td><td>规格</td><td></td><td>批号</td><td></td><td>日期</td><td></td></tr>
<tr><td colspan="8">操作要求</td></tr>
<tr><td colspan="2">起止时间</td><td>步骤</td><td>进风温度</td><td>出风温度</td><td>料温</td><td colspan="2">备注</td></tr>
<tr><td colspan="2"></td><td></td><td></td><td></td><td></td><td colspan="2"></td></tr>
<tr><td colspan="2"></td><td></td><td></td><td></td><td></td><td colspan="2"></td></tr>
<tr><td colspan="2"></td><td></td><td></td><td></td><td></td><td colspan="2"></td></tr>
<tr><td colspan="2"></td><td></td><td></td><td></td><td></td><td colspan="2"></td></tr>
<tr><td colspan="2"></td><td></td><td></td><td></td><td></td><td colspan="2"></td></tr>
<tr><td colspan="2"></td><td></td><td></td><td></td><td></td><td colspan="2"></td></tr>
<tr><td colspan="2"></td><td></td><td></td><td></td><td></td><td colspan="2"></td></tr>
<tr><td colspan="2"></td><td></td><td></td><td></td><td></td><td colspan="2"></td></tr>
<tr><td colspan="2">制粒操作者</td><td colspan="2"></td><td>班组长</td><td colspan="3"></td></tr>
<tr><td colspan="2">整粒筛目与类别</td><td></td><td>整粒操作者</td><td></td><td>班组长</td><td colspan="2"></td></tr>
<tr><td>成品颗粒总计</td><td colspan="2"></td><td>称量人</td><td></td><td>复核者</td><td colspan="2"></td></tr>
<tr><td colspan="8">物料平衡=[成品颗粒重量（ ）+细粉粗头重量（ ）+被污染可计颗粒重量（ ）+干燥过程失水（ ）]÷（药粉投入量+投入辅料量）×100%=
颗粒收率=成品颗粒重量（　　）/投料总重量（　　）×100%=
计算人：　　　　复核人：</td></tr>
</table>

（4）工后清场：

① 按设备清洁 SOP 的相关要求进行设备清洁工作。

② 按有关的 SOP 进行容器、场地的清洁工作。

③ 取下工序卡，挂上设备状态标志、清场状态标志。

④ 关水、电开关。

⑤ 填写清场记录。

（5）注意事项：

① 干燥过程中注意观察进风温度是否正常。

② 干燥时发现有物料严重结块、变色的现象时应及时报告，查找原因。

第7步 整粒

（1）操作人员按洁净区更衣程序进入工作岗位。

（2）工前检查及准备：

① 检查上班次的“清场合格证”。

② 检查容器、设备、场地的卫生状况是否达标。

③ 取下设备状态标志、清场状态标志，挂上工序卡。

④ 仔细阅读有关的生产指令，认真核对物料盛装容器上标签的程序。

⑤ 填写工前检查记录。

（3）操作步骤：

① 取指令规定目数的筛网，装好。

② 接通电源，开机检查有无异常，调节转速至指令的要求。

③ 将接料容器放好，加料进行整粒。

④ 整粒结束后，称重，填写好标签，贴在容器上。

⑤ 将颗粒送至总混工序，做好有关的交接手续。

⑥ 填写生产记录。

⑦ 注意事项：加料时应注意加料速度，不要太快，以防堵塞；如有堵塞，应立即停机，按规定拆机处理。

（4）工后清场：

① 按整粒机清洗 SOP，进行设备清洁卫生。

② 按相关的 SOP，进行容器、场地的清洁卫生。

③ 关好水、电开关。

④ 填写清场记录。

第8步 胶囊填充

（1）操作人员按洁净区更衣程序进入工作岗位。

（2）工前检查及准备：

① 检查上班次的“清场合格证”。

② 检查容器、设备、场地的卫生状况是否达标。

③ 取下设备状态标志、清场状态标志，挂上工序卡。

④ 仔细阅读有关的生产指令，认真核对物料盛装容器上标签的程序。

⑤ 填写工前检查记录。

（3）操作步骤：

① 安装好模具、料斗等，接好吸尘装置、水泵。

② 接通电源，开关置于手动档，按手动按钮启动机器，检查设备运行情况。

③ 调节好定量装置，加物料及空心胶囊，开主机、吸尘装置等，试车运行。

④ 试车过程中，调节装量，使其符合要求后，放好盛装容器，开始生产。

⑤ 正式生产过程中，应注意不要使胶囊及物料料斗空料，并随时检查、调整装量。

⑥ 物料填充完后，关主机、吸尘装置等。

⑦ 密封好成品盛装容器，填好标签，贴在容器上，交接时办好交接手续。

⑧ 填写生产记录（见表 2-13）、设备运行记录。

胶囊剂填充装量检查记录见表 2-14。

（4）工后清场：

① 按胶囊填充机清洁 SOP，进行设备清洁工作。

② 按相关的 SOP，进行容器、场地的清洁工作。

③ 取下工序卡，挂上设备状态标志、清场状态标志。

④ 关好水、电开关。

⑤ 填写清场记录。

表 2-13　胶囊剂填充生产记录

品　名：______________　　规　格：______________　　批　号：______________

操作者：______________　　复核者：______________

生产日期：______年__月__日至______年__月__日　　班　次：______________

1.室内温度要求相对湿度要求 SOP	室内温度：	相对湿度：
2.核对颗粒品名、批号	品　名：	批　号：
3.颗粒使用情况	领 用 量：	实 用 量：
	结 余 量：	残 粉 量：
	尾 粉 量：	尾粉去向：
4.空心胶囊批号、规格、印字、颜色、来源	批　号：	规　格：　　号
	印字：正确□；清晰□	
	颜色：工艺规程规定色□；来源：	
5.空心胶囊使用情况	空心胶囊总领量：　　kg 折	万粒
	空心胶囊实用量：　　kg 折	万粒
	空心胶囊结余量：　　kg 折	万粒
6.机器运转参数，车速：SOP 要求	实际车速：1 号机　　粒 /分；	2 号机　　粒 /分
7.按 SOP 进行胶囊填充，并填写原始记录	符合规定□；不符合规定□	
8.产量	产　量：　　kg，共	桶
1 号机空心胶囊使用情况：领用量：_____kg 折_____万粒；实用量：____kg 折______万粒；结余量：_____kg 折_____万粒；残囊量：_____kg 折______万粒		

续表

2号机空心胶囊使用情况：领用量：______kg 折______万粒；实用量：______kg 折______万粒；结余量：______kg 折______万粒；残囊量：______kg 折______万粒												
操作者自查记录（每粒胶囊装量范围： ）												
项目 时间	机器 运转 情况	平均装量 （g）	装量检查情况									

班长检查情况记录									
项目 时间	状态牌填 写情况	温度 °C	湿度 %	SOP执 行情况	工艺卫 生情况	抛光情 况检查	平均装量 （g）	帐、卡、 物检查	检查者

物料平衡

$$\text{平衡率}=\frac{\text{填充胶囊量}+\text{尾粉量}+\text{残粉量}+\text{空心胶囊结余量}+\text{残囊量}}{\text{颗粒领用量}+\text{空心胶囊总领量}}\times100\%$$

$$=\frac{\qquad\qquad}{}\times100\%=$$

平衡率范围：99.0%～101.0%

时间	品名	批号	抛光前重量（kg）	抛光后重量（kg）	抛光质量	QA检查情况
备注						
车间技术主管			QA检查员			

表 2-14 胶囊剂填充装量检查记录

产品名称				规格					产品批号			
空心胶囊平均重量		g			本批平均装量				g/粒			
装量范围	法定范围(± %): ；内控范围(± %): ；毛重内控范围： 。											
抽查时间	装量差异检查记录（g/粒）										平均装量（g）	结论

续表

抽查时间	装量差异检查记录（g/粒）										平均装量（g）	结论
注：超出装量差异限度的不得有 2 粒，并不得有一粒超出限度的一倍。在装量毛重接近限度临界值时，必须精密称定其净装量。其中毛重用蓝色圆珠笔填写，净重用黑色圆珠笔填写。												
结论：												
备注：												

抽查人：　　　　　　　　抽查日期：　　　　　　　　复核人：

第9步　胶囊抛光

胶囊剂的抛光常使用胶囊抛光机，它利用毛刷或摩擦布以及吸尘器的工作原理，可除去附着于胶囊上的粉尘，以提高药品表面上的光洁度，达到制药工业生产卫生标准。

（1）操作时首先检查设备各部件的完好性并进行消毒。

（2）准备好干净的周转桶、袋。

（3）将设备空转以确定是否正常，适当调整速度，在装料斗内加入胶囊与适量滑石粉，调整转速，以保证胶囊翻动正常。

（4）生产结束后关闭电源，收集抛光好的胶囊，标明状态，交中间站，并填写记录。

（5）换下“生产运行”标志，挂上“待清场”标志。

（6）用吸尘器把机器表面和内部的残留物料吸净后，卸下毛刷并用纯净水冲洗干净，晾干。

（7）从内至外清洁机器，用纯化水冲洗一遍后用布擦干。

（8）用湿布自上而下擦洗机身，然后用纯化水清洁机器周围环境，并用饮用水擦洗干净屋顶和墙壁，清洁时先清扫地面残余物料，后擦地。

（9）填写清场记录，QA 检查员对操作间、设备、容器等进行检查，检查合格后发放“清场合格证”，更换“完好已清洁”设备标示，并将“清场合格证”（副本）挂到操作间门，“清场合格证”（正本）纳入批生产记录。整理批生产记录后存档。

第10步　铝塑泡罩包装

（1）操作人员按洁净区更衣程序进入工作岗位。

（2）工前检查及准备：

① 检查上班次的“清场合格证”。

② 检查容器、设备、场地的卫生状况是否达标。

③ 取下设备状态标志、清场状态标志，挂上工序卡。

④ 仔细阅读有关的生产指令，认真核对物料盛装容器上标签的程序。

⑤ 填写工前检查记录。

（3）操作步骤：

① 装配好相应的模具，检查传动装置等是否正常，检查打印的批号钢字码是否与指令规定一致。

② 接通电源、压缩空气、冷却水。

③ 将 PVC、PTP 安装好，开加热开关，按指令要求设定各加热系统的温度。

④ 开压缩空气、冷却水开关，各加热系统的温度达到设定值时，开机试车。

⑤ 试车运行正常后，将待包物料加入料斗中，放好接收容器，开始生产。

⑥ 设备运行过程中须随时保持料斗中的物料量，不得出现空料；检查板片质量，将不符要求的剔出，对合格板片进行计数；板片的交接须办好交接手续。

⑦ 包装完毕后，关机。

⑧ 填写生产记录（见表 2-15）。

（4）工后清场：

① 按铝塑包装机清洁 SOP，进行设备清洁工作。

② 按相关的 SOP，进行容器、场地的清洁工作。

③ 取下工序卡、挂上设备状态标志、清场状态标志。

④ 关好水电气开关。

⑤ 填写清场记录。

表 2-15 铝塑（铝）包装操作记录

产品名称	规 格	批 号	温 度	相对湿度
			°C	

领取片数	装板片数	空白铝塑板数	PVC 用量
kg 万片	万板 万片	板	kg
铝箔用量	热压温度	开机时间	关机时间
kg	°C		
真空泵压力	空压机压力	水温	吸塑温度
MPa	MPa	°C	°C

设备运行情况：

工作小结：

铝塑包装工序收率=

PVC 损耗率=

铝箔损耗率=

操作者： 班组长：

第11步 外包装

（1）操作人员按一般生产区更衣程序进入工作岗位。

（2）工前检查及准备：

① 检查上班次的“清场合格证”。

② 检查容器、场地的卫生。

③ 取下清场状态标志，挂上工序卡。

④ 仔细阅读有关的生产指令，认真核对中间产品、包装材料的品名与数量。

⑤ 填写工前检查记录。

（3）操作步骤：

① 按生产指令的要求，给小纸盒等印批号，进行包装材料的准备。

② 待包装产品出来后，先进行板片的检查，将不合格的板片选出，现场质量监督员检查合格后，即开始进行包装。

③ 贴标签（塑料瓶包装时），将说明书和药品等一起装入小纸盒。

④ 将包装好的药品装入大纸箱，装满后，在其内放一张装箱合格证，然后用胶带封口，打包，存入成品待检区。

⑤ 包装结束后，班组长应及时填写请验单，交质量管理部取样化验。

⑥ 填写成品完工单、成品库卡、入库单，凭成品检验报告单与成品入库单、成品库卡将成品入库。

⑦ 填写批包装记录（见表 2-16）及标示包装材料使用情况记录。将剩余的印有批号的标签、或磨损、皱折、不整洁的标签及说明书，在质量监督人员的监督下进行销毁，填写好销毁记录，销毁人与监销人须在记录上签字；剩余没印批号的完整无损的标签、说明书等应退库。

（4）工后清场：

① 将操作场所的废弃物收集好，按有关要求进行处理。

② 按相关的 SOP 进行容器、场地的清洁。

③ 取下工序卡，挂上清场状态标志。

④ 关好水、电开关。

⑤ 填写清场记录。

表 2-16　外包装记录

产品名称		批号		包装规格		批量		包装班次	
待包装品领用量		实际完成量		收率		包装起始日期			
包装材料名称	领用量	实际用量	损耗量	结余量	退库量	经手人			
工作小结： （标签、说明书实样黏贴在背面） 小组质检员：　　班组长：　　专职质检员：									

知识拓展二十四

GFG-500 型高效沸腾干燥机标准操作规程

（1）生产前准备工作。

① 检查生产所用工具是否齐全、洁净，机器部件是否安装完好。

② 检查蒸汽、压缩空气是否供应正常。

③ 检查投料的物料是否齐全，数量、品名、批号是否与生产指令相符，外观是否合格。

（2）操作：

① 接通控制箱电源，打开压缩空气阀，调节气体压力（0.5～0.6 兆帕）。

② 根据需要设定进风温度（先按 3 秒设定键，然后按加、减数键到所需温度，最后再按 3 秒设定键即可温度设定）。

③ 将制好的颗粒投入料斗，将料斗推入箱体，待料斗就位正确后，方可推入充气开关，上下气囊进入 0.1～0.15 兆帕压缩空气，使料斗上下处于密封状态。

④ 开启加热气进出手动截止阀。

⑤ 按引风机启动键，待风机启动后，按启动搅拌键，则搅拌运转，干燥开始。

⑥ 进风温度通过自动控制系统慢慢上升到设定温度左右，待出风温度上升到 60 °C 左右时，物料即将干燥。

⑦ 烘干过程颗粒如有不均匀的现象，必须停止烘干，将料斗拉出来翻粒，再推进去烘干。

⑧ 取样测定颗粒水分是否达到要求。

⑨颗粒干燥程度达到要求后，拉出冷风门开关，用洁净的冷空气冷却物料数分钟。

⑩ 按风机停止键，使风机和搅拌同时停止（电气连锁），推拉捕集袋升降气缸数次，使袋上的积料抖入料斗。

⑪ 拉出充气开关，待气囊密封圈放气复原后方可将料斗拉出。

（3）关闭控制箱电源和蒸汽源、压缩空气源。

（4）生产结束后按清场标准进行清场。清场完毕，挂上“已清场”的状态标志牌。

（5）填写设备运行记录。

知识拓展二十五

GFG-500 高效沸腾干燥机清洁标准操作规程

（1）按《清洁剂配制标准操作规程》配制好 1%洗衣粉或者 1%洗洁精液；按《消毒剂配制标准操作规程》配制好 0.2%新洁尔或 75%乙醇；准备好清洁用具尼龙刷、不锈钢铲刀和海绵块。

（2）每个品种或每班完成生产后，关闭电源，卸下布袋，拉出盛料车。

（3）盛料车的清洁程序：

① 用尼龙刷扫下盛料车内大部分粉尘，黏附的结块状用不锈钢铲刀铲除回收，作为粗头交中间仓，然后一边用饮用水冲洗，一边用尼龙刷刷洗盛料车，以洗去积尘。

② 用配好的 1%洗衣粉液或 1%洗洁精液清洗盛料车，用尼龙刷刷去盛料车积垢。

③ 用饮用水冲洗干净洗衣粉液或洗洁精液。

④ 用海绵块蘸取 75%乙醇或 0.2%新洁尔液擦拭盛料车表面。

⑤ 十分钟后，用纯化水冲净消毒剂，晾干、备用（如用 75%乙醇消毒，则不需用纯化水冲洗）。

（4）布袋的清洁程序：

① 卸下布袋，用洁净一次塑料袋包装好送洗衣房，用饮用水浸泡布袋 10 分钟，手工搓洗，将黏附的粉尘基本洗掉。

② 用加入洗衣粉和饮用水的洗衣机将布袋清洗 5～10 分钟。

③ 用饮用水漂洗至水澄清为止。

④ 用纯化水漂洗二次（每次 3 分钟）。

⑤ 将布袋置烘箱里，60～70 °C 烘干后，用洁净塑料袋密封，备用。

（5）主机内、外表面的清洁程序：

① 用尼龙刷刷扫主机内、外表面的粉尘。

② 用海绵块蘸取饮用水擦洗，直至无粉尘、无积垢。

③ 由内到外，用海绵块蘸取清洁剂（1%洗衣粉液或 1%洗洁精液）擦拭主机内、外表面。

④ 用干海绵块擦去清洁剂。

⑤ 用海绵块蘸取饮用水擦洗主机内、外表面。

⑥ 用海绵块蘸取消毒剂（75%乙醇或 0.2%新洁尔灭液）擦拭主机内外表面。

⑦ 十分钟后，用干净海绵块蘸取纯化水擦洗主机内、外表面，洗净消毒剂（如用 75%乙醇消毒，则不需用纯化水清洗）。

（6）消毒剂 75%乙醇与 0.2%新洁尔灭液应每月更换使用。

（7）在机上挂上“已清洁”状态标志牌。

（8）晾干主机内外表面，备用。

（9）做好“设备清洁记录”。

知识拓展二十六

EJF-20 型全自动胶囊充填机的标准操作规程

（1）生产前准备工作：

① 检查生产所用工具是否齐全、洁净，机器部件是否安装完好。

② 检查压缩空气是否供应正常。

③ 检查投料的物料是否齐全，数量、品名、批号是否与生产指令相符，外观是否合格。

（2）操作：

① 用手轮使机器按时针顺序方向空转，验证机器运转是否平稳，各部件是否同步。

② 接通电源，按下真空泵吸尘机按钮，按下主机启动开关，让机器低速空转 2 分钟，检查真空泵的吸尘机工作是否正常。

③ 正常生产按如下步骤进行。

a. 将所用号数的空胶囊盛入容器内；检查药粉搅拌器是否固定后将药粉盛入粉斗内，使搅拌器按钮于自动位置。

b. 打开下药孔开关，将机器运转 1 分钟后停机，调整充填装量。

c. 送囊开始不加药粉，在操作过程中，胶囊送至回转台变为不规则性应检查胶囊容器内是否有一定数量的胶囊；如有未锁紧和扎伤的胶囊阻碍送囊板上的三条槽中的一条，可用镊子将它除去。

d. 如果水平叉不能将胶囊推到正确的位置时，应放松锁销轴螺母，当垂直叉下降时，胶囊被引导进入模套内无任何困难后再将螺母锁紧。

（3）注意事项：

① 废胶囊被剔除的原因，是因为胶囊没有被分开，应检查是否有碎片阻塞模套或空心销被碎胶囊堵塞，使真空吸力分开动作而失效，应将碎片清除。

② 真空泵的真空度应为 0.02 ~ 0.04 MPa。

③ 装入胶囊内的药粉柱，应严格预定直径、长度和重量，如需调整充填定量管的压力，可调整螺母。

④ 调整药粉的高度可以改变粉盆的粉层高度和密实性，使粉柱保持稳定。

⑤ 装量差异按胶囊剂装量差异项下检查法执行。

（3）生产完毕按《EJF-20 型全自动胶囊填充机的清洁标准操作规程》进行。

（4）填写“主要设备运行记录”。

知识拓展二十七

EJF-20 型全自动胶囊填充机清洁标准操作规程

（1）按《清洁剂配制标准操作规程》配制好 1%洗衣粉液或者 1%洗洁精液；按《消毒剂配制标准操作规程》配制好 75%乙醇或 0.2%新洁尔灭液。准备好清洁用具尼龙刷、海绵块。

（2）每个品种或每班完成生产后，关闭电源，拆下料斗、颗粒回收槽、胶囊料斗、下料管、水平叉、导引块、上下模块、胶囊剔除盒、胶囊出料槽。

（3）料斗、颗料回收槽、胶囊斗、下料管、水平叉、导引块、上下模块、胶囊剔除盒、胶囊出料槽的清洁程序：

① 用尼龙刷扫去上述部件大部分粉尘（回收的干净粉尘作为粗头交中间仓），放入洗涤间水池，浸入饮用水中，用尼龙刷洗去积尘。

② 用尼龙刷蘸取配好的清洁液刷去积垢。

③ 用饮用水冲净清洁液。

④ 将上述部件拿到洁净的水池内，用海绵块蘸取 75%乙醇或 0.2%新洁尔灭液擦拭。

⑤ 十分钟后，用纯化水冲去消毒剂，晾干备用（如用 75%乙醇消毒，则不需用纯化水冲洗）。

（4）主机台面、机罩、计数板、离合器等部件的清洁程序：

① 用尼龙刷刷扫上述部件。

② 用海绵块蘸取饮用水擦洗上述部件直至无粉尘、无积垢，按由上到下的顺序擦洗。

③ 用海绵块蘸清洁液擦拭主机内、外表面及上述部件。

④ 用干海绵块擦去清洁液。

⑤ 用海绵块蘸取饮用水擦洗，擦净清洁液。

⑥ 用海绵块蘸取消毒剂（75%乙醇或 0.2%新洁尔灭液）擦拭主机内、外表面及上述部件。

⑦ 十分钟后，用干净海绵蘸取纯化水洗净消毒剂（如用 75%乙醇消毒，则不需用纯化水洗净）。

（5）消毒剂 75%乙醇与 0.2%新洁尔灭液应每月更换使用。

（6）在机上挂上“已清洁”状态标志牌。

（7）晾干主机内、外表面，备用。

（8）做好“设备清洁记录”。

知识拓展二十八

LSB-W-Ⅰ型铝塑泡罩包装机标准操作规程

（1）准备工作：

① 全面检查机器各部件，电源、气、水等是否正常。

② 领取与生产中间产品相对应的 PVC 及铝箔。

③ 换上与生产中间产品相应批号的钢字粒，并在字模下面贴一块双层胶布，以免压穿 PVC 及铝箔。

（2）操作：

① 打开机器总电源开关“I”键，打开控制盒中的电源锁；

② 按下控制盒中的“加热”“批号”键分别给 PVC 加热辊筒（调节至 155 ~ 160 °C），铝箔加热辊筒（调节至 185 ~ 190 °C）及批号钢字加热（120 ~ 130 °C）。

③ 打开冷却水开关，保持成型辊筒温度不超过 40 °C，开启抽风机。

④ 按规定方向装上 PVC 及铝箔，并使铝箔药品名称与批号方向相同，将 PVC 绕过加热辊筒贴在成型辊上，最后与铝箔在铝箔加热辊筒处汇合。

⑤ 待达到预定温度时，按启动开关，主机顺时针转动，PVC 依次绕过 PVC 加热辊筒、加料斗、铝箔加热辊筒、张紧轮、批号装置、冲切模具。

⑥ 按下“压合、冲切、真空、批号”键及启动开关，机器转动，检查冲切的铝塑成品是否符合要求，批号钢字体与铝箔上字体方向应一致，如相反可以调换铝箔或批号钢字的方向。

⑦ 检查铝塑成品网纹、批号是否清晰，铝塑压合是否平整，冲切是否完整，批号是否穿孔等外观。

⑧ 检查符合要求后，机器正常运转，放下加料斗，加入过筛的合格中间产品。

⑨ 打开放料阀，调节加料速度与机器转速填运一致，按“刷轮”开关，调节正常转速，以不影响中间产品质量为宜；

⑩ 机器正常运转，开始进行生产操作。

⑪ 生产过程中必须经常检查铝塑成品外观质量，机器运转情况，如有异常立即停机检查，正常后方可生产。

⑫ 生产结束后，按总停开关，锁住电源开关，将总电源开关设置在“O”处，关闭冷却水及压缩气。

⑬ 按《LSB-W-I 型铝塑包装机清洁标准操作规程》清洁铝塑包装机，清洁完毕挂已清洁状态标志牌。

（3）填写“主要设备运行记录”“设备清洁记录”。

知识拓展二十九

LSB-W-Ⅰ型铝塑泡罩包装机清洁标准操作规程

（1）按《清洁剂配制标准操作规程》配制 1%洗衣粉液或 1%洗洁精液。

（2）按《消毒剂配制标准操作规程》配制 75%乙醇或 0.2%新洁尔灭液。

（3）准备好清洁用具：尼龙刷、塑料桶等。

（4）清洁方法和程序：

① 机台清洁须按先内后外，先上后下，先拆后洗的程序进行。

② 完成一批产品的生产后，用螺丝刀拆下下料斗和排粒毛扫装置，机台不能拆下的部件先用尼龙刷由内至外，由上至下清理残留的药物。

③ 拆下的部件用饮用水冲洗一遍后，用海绵块蘸清洁液擦拭一遍，再用饮用水洗去清洁剂；用海绵块蘸消毒液擦拭各部件，10 分钟后，用海绵块蘸纯化水擦拭去消毒液（如用乙醇消毒，则不需用纯化水擦洗），按车间定置管理要求摆放、晾干各部位。

④ 机台不能拆下的部件，其清洁方法同可拆部件。

⑤ 开机前，将可拆卸的部件及与药品接触的部件用 75%乙醇湿润的海绵擦拭一遍。

（5）清洁用具按《生产用具、容器清洁标准操作规程》在指定的清洗间清洗和存放。

（6）设备清洁完毕，在设备上挂上“已清洁”的卫生状态标志牌，填写“设备清洁记录”。

巩固练习

一、选择题

1.【A 型题】(单项选择题)

(1) 下列空心胶囊中，容积最小的是(   )。

A. 1 号　B. 2 号　C. 3 号　D. 4 号　E. 5 号

(2) 空心胶囊在 37 °C 时，溶解的时间不应超过(   )。

A. 20 min　B. 30 min　C. 40 min　D. 50 min　E. 60 min

(3) 胶囊壳的主要原料是(   )。

A. 西黄芪胶　B. 琼脂　C. 着色剂　D. 明胶

E. 羧甲基纤维素钠

(4) 硬胶囊壳中不含(   )。

A. 增塑剂　B. 着色剂　C. 遮光剂　D. 崩解剂　E. 防腐剂

(5) 制备不透光的空心胶囊，需加入(   )。

A. 白及胶　B. 着色剂　C. 甘油　D. 琼脂　E. 二氧化钛

(6) 在制备胶囊壳的明胶液中加入甘油的目的是(   )。

A. 增加可塑性　B. 遮光　C. 消除泡沫

D. 增加空心胶囊的光泽　E. 防腐

(7) 除另有规定外，硬胶囊剂的内容物含水量不得过(   )。

A. 10.0%　B. 9.0%　C. 8.0%　D. 7.0%　E. 6.0%

(8) 下列有关胶囊剂特点的叙述，不正确的是(   )。

A. 能提高药物的稳定性　B. 能制成不同释药速度的制剂

C. 可彻底掩盖药物的不良气味　D. 胶囊壳可防止容易风化的药物不被风化

E. 与丸剂、片剂比，在胃内释药速度快

(9) 对硬胶囊中药物处理不当的是(   )。

A. 挥发性成分包合后充填　B. 流动性差的粉末可制成颗粒后充填

C. 量大的药材粉碎成细粉后充填　D. 毒剧药应稀释后充填

E. 将药物制成微丸后充填

(10) 含油量高的药物适宜制成的剂型是(   )。

A. 胶囊剂　B. 溶液剂　C. 片剂　D. 滴丸剂　E. 散剂

(11) 使用较多的空心胶囊是(   )。

A. 0 ~ 3 号胶囊　B. 1 ~ 3 号胶囊　C. 1 ~ 4 号胶囊

D. 0 ~ 4 号胶囊　E. 0 ~ 5 号胶囊

(12) 制备肠溶胶囊剂时，多用包衣法在空心胶囊外涂的一层肠溶材料为(   )。

A. CMC　B. GAP　C. PVA　D. CAP　E. PEG

(13) 软胶囊囊材中明胶、甘油和水的重量比应为(   )。

A. 1∶0.3∶1　B. 1∶0.4∶1　C. 1∶0.6∶1

D. 1∶0.5∶1　E. 1∶(0.4 ~ 0.6)∶1

（14）下列适宜制成软胶囊的是（　　）。

A. 药物的水溶液　　B. 药物的稀乙醇溶液　　C. 鱼肝油

D. O/W 型乳剂　　E. 芒硝

（15）下列有关胶囊剂的叙述，不正确的是（　　）。

A. 制备时需要加入黏合剂

B. 生物利用度高于片剂

C. 药物的水溶液和稀乙醇溶液均能溶解胶囊壁

D. 容易风化的药物可使胶囊壁变脆

E. 易溶性且有刺激性的药物，在胃中溶解后可因局部浓度过高而对胃黏膜产生刺激作用

（16）肠溶胶囊崩解时限检查方法是（　　）。

A. 在磷酸盐缓冲液中 1 小时内全部崩解

B. 除另有规定外，先在盐酸溶液（9→1 000）中检查 2 小时，每粒的囊壳均不有裂缝或崩解现象，然后在人工肠液中进行检查，1 小时内应全部崩解

C. 按软胶囊剂崩解时限检查法检查

D. 除另有规定外，取供试品分别置吊篮的玻璃管中，加挡板，启动崩解仪进行检查，应在 30 min 内全部崩解

E. 同时符合 A、B 和 C 的要求

（17）胶囊壳中加入二氧化钛的量是（　　）。

A. 0.5%～2%　　B. 1%～2%　　C. 1%～3%　　D. 2%～3%　　E. 3%～4%

（18）下列不属于软胶囊的特点的是（　　）。

A. 可以充填液体药物

B. 可以充填 W/O 型乳剂

C. 可以充填固体粉末状药物

D. 结合药物的性质选择增塑剂

E. 干燥后明胶与增塑剂的比例不变

（19）可用压制法或滴制法制备的是（　　）。

A. 毫微胶囊　　B. 微型胶囊　　C. 软胶囊　　D. 硬胶囊　　E. 肠溶胶囊

（20）下列有关硬胶囊壳的叙述，不正确的是（　　）。

A. 常用的型号为 1～5 号　　B. 可用明胶作用胶囊壳的囊材

C. 可通过试装来确定囊壳装量　　D. 在囊壳中加入着色剂可便于识别

E. 在囊壳中加入二氧化钛作增塑剂

2.【B 型题】（匹配题）

[（1）～（4）]

A. 粉碎成粉末充填　　B. 制成软胶囊　　C. 稀释后充填

D. 制成肠溶胶囊　　E. 制成微丸后充填

（1）油性药物宜（　　）。

（2）吸湿性小、流动性强的药物干浸膏填充胶囊时宜（　　）。

（3）刺激性强的药物填充胶囊时宜（　　）。

（4）流动性差的药粉或浸膏粉填充胶囊时宜（　　）。

[（5）~（7）]

A. 12%~15%　B. 9%　C. 10%　D. 5%　E. 0.5%

（5）胶囊壳的水分含量为（　　）。

（6）硬胶囊内容物水分含量为（　　）。

（7）制备软胶囊的药物水分含量不应超过（　　）。

[（8）~（10）]

A. 硬胶囊　B. 软胶囊　C. 微型胶囊　D. 肠溶胶囊　E. 空心胶囊

（8）在酸性环境中不稳定的药物宜制成（　　）。

（9）药物颗粒装于空心胶囊中所制成的制剂称为（　　）。

（10）药物与适宜的辅料密封于软质囊材中所制成的制剂称为（　　）。

[（11）~（14）]

A. 着色剂　B. 遮光剂　C. 增塑剂　D. 矫味剂　E. 防腐剂

（11）胶囊的囊材中加入甘油是作为（　　）。

（12）胶囊的囊材中加入苯甲酸是作为（　　）。

（13）胶囊的囊材中加入二氧化钛是作为（　　）。

（14）胶囊的囊材中加入食用色素是作为（　　）。

[（15）~（18）]

A. 0.20 mL　B. 0.27 mL　C. 0.37 mL　D. 0.48 mL　E. 0.67 mL

（15）0 号空心胶囊的容积为（　　）。

（16）1 号空心胶囊的容积为（　　）。

（17）2 号空心胶囊的容积为（　　）。

（18）3 号空心胶囊的容积为（　　）。

3.【X 型题】（多项选择题）

（1）对胶囊壳的质量要求包括（　　）。

A. 水分含量为 10%以下　B. 厚度与均匀度

C. 重量差异限度　D. 弹性强，手捏胶囊口不易碎

E. 在 37 °C 的水中，30 分钟内溶解

（2）下列有关胶囊剂的叙述，正确的是（　　）。

A. 是一种靶向给药系统　B. 油类或液态药物可以制成软胶囊

C. 能掩盖药物的不良气味　D. 比其他剂型的生物利用度高

E. 可提高药物的稳定性

（3）下列有关空心胶囊的叙述，正确的是（　　）。

A. 制备空心胶囊时，空气洁净度应达到 10 000 级

B. 水分含量应该控制在 5%~10%

C. 水分含量应该控制在 12%~15%

D. 要求在 37 °C 的水中振摇 30 分钟全部溶散

E. 要求在 37 °C 的水中振摇 15 分钟全部溶散

（4）根据囊材性质分类的胶囊有（　　）。

A. 微型胶囊　B. 肠溶胶囊　C. 滴丸剂　D. 软胶囊剂　E. 硬胶囊剂

（5）下列用于制备胶囊剂的方法有（　　）。

A. 压制法　B. 模制法　C. 泛制法　D. 滴制法　E. 塑制法

（6）易风化药物对胶囊壳的损害是（　　）。

A. 溶化　B. 变软　C. 相互粘连　D. 变色　E. 变脆破裂

（7）胶囊内药物的形式有（　　）。

A. 粉末　B. 颗粒　C. 液体　D. 混悬液　E. 微丸

（8）下列属于胶囊剂特点的是（　　）。

A. 比丸剂、片剂崩解慢　B. 外观光洁、便于服用

C. 可制成不同释药速度制剂　D. 可增加药稳定性

E. 可掩盖药物的不良气味

（9）下列可制成胶囊剂的药物是（　　）。

A. 橙皮酊　B. 药物粉末　C. 易风化的药物

D. 甘草流浸膏　E. 鱼肝油

（10）下列与胶丸制法无关的是（　　）。

A. 化学反应法　B. 压制法　C. 固体分散法

D. 热熔法　E. 滴制法

（11）可作为软胶囊内容物的是

A. 颗粒　B. 高浓度的乙醇液　C. 粉末

D. W/O 型乳剂　E. O/W 乳剂

（12）下列可填充于硬胶囊内的药物是（　　）。

A. O/W 型乳剂　B. 油类药物　C. 药物粉末

D. 药物颗粒　E. 流浸膏

（13）影响滴制软胶囊质量的因素有（　　）。

A. 胶液组分的比例　B. 胶液的胶冻力及黏度

C. 药液、胶液及冷却剂的密度．D. 胶液、药液及冷却剂的温度

E. 软胶囊剂的干燥温度

（14）下列属于胶囊剂质量检查项目的是（　　）。

A. 水分　B. 崩解时限　C. 脆碎度

D. 装量差异限度　E. 微生物限度

（15）挥发油充填胶囊时，正确的处理方法是

A. 先用 β-环糊精包合挥发油，然后与其他药粉混合均匀

B. 先用处方中粉性较强的药粉吸收挥发油后充填

C. 先将挥发油制成微囊后再充填

D. 先用碳酸钙吸收挥发油后再充填

E. 直接制备成软胶囊剂

（16）下列不宜制成胶囊剂的药物是（　　）。

A. 药物的乙醇溶液　B. 药物的水溶液　C. 药物的油溶液

D. 易风化的药物　E. 刺激性强的药物

（17）空心胶囊的常用附加剂有（　　）。

A. 遮光剂　B. 增塑剂　C. 增稠剂　D. 防腐剂

E. 稀释剂

二、填空题

（1）制备硬胶囊主要是______选择和______填充。

（2）最常用的胶囊材料是______材料。

（3）软胶囊的囊材弹性大小取决于______的比例，三者比例为______较为适宜。

（4）在包装前涂以______，可有效防止胶丸的粘连。

（5）空心胶囊的规格，目前有______种，其应用较多的是______号胶囊。

（6）软胶囊剂的制备法主要有______和______。

（7）肠溶胶囊的囊壳不溶于______，但可在______中崩解而释放药物。

（8）在空心胶囊中加入甘油、羧甲纤维素钠的目的是增加囊壳的______和可塑性。

（9）湿度和温度对胶囊剂的稳定性影响很大，应贮藏于______，但不宜______。

（10）空心胶囊是以______为主要原料制成的。

（11）按囊材性质可将胶囊剂分为______、______和______。

（12）填充硬胶囊的药物过于疏松时，可加适量______或______混合均匀后填充。

三、简答题

（1）简述胶囊剂的优点。

（2）简述空心胶囊的规格。

（3）简述压制法制备软胶囊的工艺流程。

四、论述题

（1）试述硬胶囊剂的制备步骤及所填充的中药材的处理方法。

（2）试述硬胶囊剂填充药物时应该注意的问题。

项目二　任务三巩固练习答案

任务四　板蓝根颗粒的制备

板蓝根颗粒

【处方】板蓝根 1 400 g

【制法】取板蓝根，加水煎煮二次，第一次 2 小时，第二次 1 小时，煎液滤过，滤液合并，浓缩至相对密度为 1.20（50 °C），加乙醇使含醇量达 60%，静置使沉淀，取上清液，回收乙醇并浓缩至适量，加入适量的蔗糖粉和糊精，制成颗粒干燥，制成 1 000 g；或加入适量的糊精和甜味剂，制成颗粒，干燥，制成 600 g；或取上清液，回收乙醇并浓缩至相对密度为 1.32～1.35（60 °C），干燥，粉碎，加入适量的淀粉及湿润剂，混匀，制成颗粒，干燥，制成 200 g，即得。

第一部分 理论知识

一、颗粒剂定义

颗粒剂系指原料药物与适宜的辅料混合制成具有一定粒度的干燥颗粒状制剂。

颗粒剂可分为可溶颗粒（通称为颗粒）、混悬颗粒、泡腾颗粒、肠溶颗粒、缓释颗粒和控释颗粒等。

混悬颗粒系指难溶性原料药物与适宜辅料混合制成的颗粒剂。临用前加水或其他适宜的液体振摇即可分散成混悬液。除另有规定外，混悬颗粒剂应进行溶出度（通则 0931）检查。

泡腾颗粒系指含有碳酸氢钠和有机酸，遇水可放出大量气体而呈泡腾状的颗粒剂。泡腾颗粒中的原料药物应是易溶性的，加水产生气泡后应能溶解。有机酸一般用枸橼酸、酒石酸等。

肠溶颗粒系指采用肠溶材料包裹颗粒或其他适宜方法制成的颗粒剂。肠溶颗粒耐胃酸而在肠液中释放活性成分或控制药物在肠道内定位释放，可防止药物在胃内分解失效，避免对胃的刺激。肠溶颗粒应进行释放度（通则 0931）检查。

缓释颗粒系指在规定的释放介质中缓慢地非恒速释放药物的颗粒剂。缓释颗粒应符合缓释制剂的有关要求（通则 9013），并应进行释放度（通则 0931）检查。

控释颗粒系指在规定的释放介质中缓慢地恒速释放药物的颗粒剂。控释颗粒应符合控释制剂的有关要求（通则 9013），并应进行释放度（通则 0931）检查。

二、颗粒剂的特点

颗粒剂的优点：① 飞散性、附着性、团聚性、吸湿性等均较少；② 服用方便，根据需要可制成色、香、味俱全的颗粒剂；③ 必要时对颗粒进行包衣，根据包衣材料的性质可使颗粒具有防潮性、缓释性或肠溶性等，但包衣时需注意颗粒大小的均匀性以及表面光洁度，以保证包衣的均匀性。

颗粒剂的缺点：① 多种颗粒的混合物，如各种颗粒的大小或密度差异较大时易产生离析现象，从而导致剂量不准确；② 包装不严密时，易潮解、结块。

三、湿法制粒的方法

湿法制粒通常采用挤压制粒法，传统的制粒设备为摇摆式颗粒机。近年来一些新的制粒方法已用于生产实践中，如流化喷雾制粒法、快速搅拌制粒法、滚转制粒法等，其中最典型的是流化喷雾制粒法，此法将混合、制粒、干燥操作在同一设备内完成，故又称“一步制粒法”或“沸腾制粒法”。

（一）挤压制粒法

1. 定　义

挤压制粒法是指先在粉料中加入适当的黏合剂或润湿剂，制成松紧适中的湿料，即软材，软材通过制粒设备如摇摆式制粒机、旋转挤压制粒机等强制挤压成颗粒的方法。

2. 挤压制粒制备技术

制备软材常用槽型搅拌混合机，将处方中的几种粉料按顺序加入槽型搅拌混合机，待混合均匀后，再加入黏合剂湿润，至“握之成团、触之即散”，即软材松紧合适，出料，准备制湿粒。

软材质量直接影响颗粒质量，若软材太紧则制出颗粒太硬，影响药物溶解，若太松则颗粒不能成型。影响软材松紧的因素一般有：

（1）黏合剂（润湿剂）浓度与用量。黏合剂浓度越大，黏性越大，若用量多，使制备出的颗粒黏性大而紧。所以要根据粉料量和性质确定适宜的黏合剂浓度和用量，中药清膏做黏合剂时要注意和粉料的比例，一般约为（1∶2.5）~（1∶4）。若用乙醇溶液做湿润剂，则乙醇浓度越高制成的颗粒越松，多采用不同浓度的乙醇来控制颗粒松紧，以进一步调节颗粒粒度和药物溶解速度。

（2）混合时间。一般湿混的时间短，颗粒松；时间越长，颗粒越紧。但混合时间短时可能混合不均匀，因此混合时间要适宜。

（3）原辅料性质。原辅料的粒度、晶型、黏性等均影响颗粒的成型，辅料黏性强弱直接影响颗粒质量。

挤压制粒常使用摇摆式制粒机，把湿粒加于料斗中，借助滚筒正、反方向旋转时刮刀对物料的挤压与剪切作用，使物料通过筛网而成粒。

摇摆式制粒机生产能力低，对筛网的摩擦力较大，筛网易破损，但其结构简单、操作容易，广泛应用于制药生产中。本设备也可用于干颗粒的整粒。另外挤压制粒设备还有螺旋挤压制粒机等。

挤压制粒所用筛网一般为 16 ~ 18 目的尼龙网或不锈钢网，可根据颗粒的性质和质量要求进行选择。

3. 挤压制粒操作注意事项

挤压制粒操作注意事项：

（1）要随时检查筛网是否破损、是否松动；（2）随时检查颗粒是否被油泥等污染；（3）注意安全，切忌在机器转动时伸手触摸机器。

4. 挤压制粒技术要点

挤压制粒法技术要点：

（1）根据药物的理化性质选择适宜的稀释剂、黏合剂、润湿剂等辅料。

（2）制软材时一般软材以“手握成团，轻压即散”为度。

（3）通过监测含水量等控制软材的质量。

（4）浸膏与辅料应充分混合。

（5）根据药物特性及剂型选择筛网。

5. 挤压制粒常见问题及其解决措施

1）颗粒粒度分布大

（1）原因：

① 润湿剂、黏合剂种类、用量不当。

② 软材混合不均匀。

（2）解决措施：

① 调整润湿剂、黏合剂种类、用量。

② 增加混合时间；采用二次制粒。

2）颗粒过硬

（1）原因：

① 黏合剂黏性太强。

② 黏合剂用量太多。

③ 干浸膏太硬。

（2）解决措施：

① 调整黏合剂种类或分次投料制粒。

② 调整黏合剂用量、浓度。

③ 干浸膏直接粉碎成浸膏粉，改用乙醇制粒。

3）颗粒色泽不均匀

（1）原因：

① 稠浸膏与辅料混合不均匀。

② 原辅料颜色差别大，制粒前未经研细或混匀。

③ 易引湿药物用金属筛网制粒。

④ 有色药物用淀粉浆制粒，易产生色泽不均。

（2）解决措施：

① 充分混合或二次制粒。

② 制粒前，将药物与辅料粉碎后加入。

③ 及时翻动或采用尼龙筛网。

④ 乙醇作润湿剂多次制粒；或改用其他黏合剂。

4）颗粒吸湿

（1）原因：

① 原辅料吸湿性强。

② 颗粒疏松。

③ 制粒环境湿度高。

（2）解决措施：

① 采用抗吸湿性辅料，精制除杂。

② 增加混合搅拌时间，二次制粒。

③ 控制操作间湿度。

5）颗粒流动性差

（1）原因：

① 润湿剂或黏合剂种类或用量不当。

② 颗粒中油性药物较多。

③ 纤维性药粉较多。

④ 颗粒含水过高。

（2）解决措施：

① 选择适宜的润湿剂或黏合剂，并调整用量。

② 加吸收剂将油类吸收后再制粒。

③ 使用黏性较强的黏合剂或增大黏合剂的用量。

④ 控制干燥温度和时间。

（二）高速搅拌制粒法

1. 定　义

高速搅拌制粒是指通过设备容器内制粒刀和搅拌桨的高速旋转，在一个容器内完成原辅料干混、制软材、制湿粒的操作方法。此方法较挤压制粒法效率高，粉尘少，物料混合的均匀性也较好，但颗粒粒度均匀性稍差，适用于工艺成熟、产量较大的品种。常使用的设备是高速混合制粒机。

2. 高速搅拌制粒制备技术

高速搅拌制粒操作步骤：

（1）投料：检查备好的原辅料重量、质量，确认符合要求后，依次加入制粒锅中，一般先加辅料，后加原料，防止原料黏壁而造成损耗。

（2）干混：盖上盖子，开机进行干混，一般干混时选择低速挡位，根据物料是否容易混匀，通过实验确定混合时间，一般 2 ~ 10 min。

（3）加黏合剂：取适量黏合剂，在搅拌状态下加入。

（4）混合、制粒：控制湿混时间、搅拌桨和制粒刀的速度，进行混合、制粒，可采用先低速挡位再高速挡位的方法，到达时间后，停机开盖检查湿粒质量，使松紧合适，一般在手中轻捻仍成型，有颗粒感。

（5）放料：若松紧合适，打开出料阀，将湿粒放入沸腾干燥器的干燥室中或干燥箱盘中，准备干燥。

3. 高速搅拌制粒常见问题及其解决措施

1）物料黏壁

（1）原因：

① 黏合剂选择不当。

② 加热温度过高。

③ 搅拌时间过长。

（2）解决措施：

① 根据药物性质选择适宜润湿剂和黏合剂。

② 控制加热温度。

③ 控制搅拌时间。

2）物料混合不均

（1）原因：

① 浸膏过稠。

② 搅拌、剪切速度不当。

（2）解决措施：

① 加入适当润湿剂恢复其流动性。

② 适当控制搅拌、剪切速度。

（三）流化床制粒法

1. 定　义

流化床制粒法是指物料的混合、黏合成粒及干燥在同一设备内一次完成的方法，又称“一步制粒法”或“沸腾制粒”。采用流化制粒机，该法既简化了工序和设备，又节省了厂房和人力，同时制得的颗粒大小均匀，外观圆整，流动性好，是一种较为先进的制粒方法。

2. 流化床制粒制备技术

流化床制粒法是将物料置于流化制粒设备的流化室内，通入滤过的加热空气，使粉末预热并处于沸腾状态，再将经预热处理的润湿剂或黏合剂（或药材浸膏）以雾状间歇喷入，使粉末被润湿而凝结成颗粒，继续流化干燥至颗粒中含水量适宜，即得。

流化床制粒法的缺点是动力消耗较大，另外处方中含有密度差别较大的多种组分时，可能会造成含量的不均匀。

3. 流化床制粒常见问题及其解决措施

1）物料黏筛或结块

（1）原因：

① 中药干浸膏粉黏性太大，不易“流化”，或干浸膏粉引湿性较强，无法沸腾。

② 操作中导致粉粒返潮软化而黏结。

（2）解决措施：

① 尽量降低干浸膏粉的黏性。

② 合理选择风量、喷雾压力等操作参数。

2）物料黏结槽底

（1）原因：

① 进风温度过高，使低熔点物料熔化。

② 喷枪故障或物料聚集影响黏合剂雾化。

③ 沸腾床内负压不够，物料不能很好沸腾。

（2）解决措施：

① 适当降低进风温度。

② 修理喷枪或清除其他故障。

③ 适当开大风门。

3）产生较多细粉或粗颗粒

（1）原因：

① 进风温度偏高易形成细颗粒，温度偏低易产生粗颗粒。

② 雾化压力大导致颗粒小，反之则颗粒大。

③ 黏合剂黏度大则颗粒大，反之则细粉多。

④ 喷雾流量小则颗粒小，反之则颗粒大。

（2）解决措施：

① 控制进风温度。

② 调节雾化压力至雾滴粒径适当。

③ 调节黏合剂黏度。

④ 调节喷雾流量以控制颗粒粒度。

4）湿颗粒所需干燥时间过长

（1）原因：

① 制粒过程中不能形成良好沸腾状态。

② 捕集袋通透性变差，颗粒水分不能及时蒸发。

③ 风量偏低，水分蒸发慢。

④ 进风温度低，水分蒸发慢。

（2）解决措施：

① 防止制粒过程中物料结块。

② 保证捕集袋通透性。

③ 适当开大风门或检查其是否存在故障。

④ 适当增大进风温度。

四、颗粒剂的质量要求

除另有规定外，颗粒剂应进行以下相应检查。

1. 粒　度

除另有规定外，照粒度和粒度分布测定法（通则 0982 第二法双筛分法）测定，不能通过一号筛与能通过五号筛的总和不得超过 15%。

2. 水　分

中药颗粒剂照水分测定法（通则 0832）测定，除另有规定外，水分不得超过 8.0%。

3. 干燥失重

除另有规定外，化学药品和生物制品颗粒剂照干燥失重测定法（通则 0831）测定，于 105 °C 干燥（含糖颗粒应在 80 °C 减压干燥）至恒重，减失重量不得超过 2.0%。

4. 溶化性

除另有规定外，颗粒剂照下述方法检查，溶化性应符合规定。

（1）可溶颗粒检查法：取供试品 10 g（中药单剂量包装取 1 袋），加热水 200 mL，搅拌 5 分钟，立即观察，可溶颗粒应全部溶化或轻微浑浊。

（2）泡腾颗粒检查法：取供试品 3 袋，将内容物分别转移至盛有 200 mL 水的烧杯中，水温为 15 ~ 25 °C，应迅速产生气体而呈泡腾状，5 分钟内颗粒均应完全分散或溶解在水中。

颗粒剂按上述方法检查，均不得有异物，中药颗粒还不得有焦屑。

混悬颗粒以及已规定检查溶出度或释放度的颗粒剂可不进行溶化性检查。

5. 装量差异

单剂量包装的颗粒剂按下述方法检查，应符合规定。

检查法：取供试品 10 袋（瓶），除去包装，分别精密称定每袋（瓶）内容物的重量，求出每袋（瓶）内容物的装量与平均装量。每袋（瓶）装量与平均装量相比较[凡无含量测定的颗粒剂或有标示装量的颗粒剂，每袋（瓶）装量应与标示装量比较]，超出装量差异限度的颗粒剂不得多于 2 袋（瓶），并不得有 1 袋（瓶）超出装量差异限度 1 倍。

表 2-17　颗粒剂装量差异限度

平均装量或标示装量	装量差异限度
1.0 g 及 1.0 g 以下	±10%
1.0 g 以上至 1.5 g	±8%
1.5 g 以上至 6.0 g	±7%
6.0 g 以上	±5%

凡规定检查含量均匀度的颗粒剂，一般不再进行装量差异检查。

6. 装　量

多剂量包装的颗粒剂，照最低装量检查法（通则 0942）检查，应符合规定。

7. 微生物限度

以动物、植物、矿物质来源的非单体成分制成的颗粒剂，生物制品颗粒剂，照非无菌产品微生物限度检查：微生物计数法（通则 1105）和控制菌检查法（通则 1106）及非无菌药品微生物限度标准（通则 1107）检查，应符合规定。规定检查杂菌的生物制品颗粒剂，可不进行微生物限度检查。

第二部分　生产操作

第 1 步　称量、配料

按“制剂前处理称量、配料生产操作”操作实验，并做好记录。

第 2 步　板蓝根的水提取

（1）准备过程：

① 核对原料的品名、合格单及数量。

② 检查全部水、汽、电路，防止接错及泄漏。

③ 检查出渣门的搭钩是否灵活，气缸下部小孔是否畅通。

④ 检查各处的紧固螺丝是否有松动，各路阀门开闭是否灵活。

⑤ 检查出渣门、加料口橡胶密封圈是否完整，不允许有位移、破损。

⑥ 检查附件仪表是否灵敏、完整。

⑦ 检查工房、设备、容器清洁状况是否达标。

⑧ 检查“清场合格证”，核对有效期，取下标示牌，挂生产标示牌于指定位置，按生产指令填写工作状态。

（2）操作过程：

① 关闭并锁紧出渣门。

② 根据生产指令及各原料相对应的投料量将经过前处理的原料投入提取罐内。

③ 加入溶剂（饮用水），溶剂第一次加入量为投料重量的 10 倍为宜，第二次 7 倍为宜（具体根据产品工艺要求确定加入溶剂量），溶剂加入后关闭并锁紧进料门。

④ 打开蒸汽阀进行加热煎煮，第一次煎煮时间为溶剂沸腾后 2 小时，第二次为溶剂沸腾后 1 小时（具体根据产品工艺要求确定煎煮次数及煎时间）。

（3）结束过程：

① 提取完成后关闭蒸汽阀，将提取液打入贮罐前，要认真检查贮罐各阀门启闭是否正确，并打开所用贮罐的排空阀，然后再将门窗打开，当压缩罐内的压力指到 0.6 MPa 时方可按配电柜的按钮，开始放料。用料泵经过滤器过滤后将提取液通过管道送入贮罐。

② 提取液放尽后开出渣门，排出药渣。

③ 药渣排尽后，喷淋饮用水将提取罐清洗干净。

④ 按清场 SOP 进行清场。

⑤ 及时做好各项生产记录（见表 2-18）并在设备上挂好设备状态标志。

操作过程的安全注意事项、劳动保护。

（4）安全注意事项：

① 关闭加料口时，必须使定位手柄的定位销进入钩槽内。

② 当设备带压操作内尚有残余压力时，严禁启动加料口手柄。

③ 加热提取时夹套内工作压力应控制在 0.15 MPa 以内。

（5）异常情况处理和报告：

生产过程中如发生漏汽、漏液等异常情况应及时处理，不得“带病操作”，不能及时处理的应立即停止操作并及时汇报，恢复正常后才能继续进行操作。

（6）及时清洗设备及清场。

表 2-18　提取生产记录

产品批号		规格	
1、生产前准备记录			
项目	记录	操作人	复核人
清场记录副本有无			
设备完好标志有无			
计量器具合格证有无			

续表

2、投料记录					
品名	批号	重量/kg	合格标签有无	操作人	复核人

3、煎煮记录						
	工艺参数		设备编号		设备编号	
	项目	标准值	班次	实际值	班次	实际值
第一次水煮	投料量	kg				
	加溶剂量	L				
	沸腾前汽压	MPa				
	给汽时间	—				
	沸腾时间	—				
	沸腾后汽压	MPa				
	煮提时间	h				
	出液时间	—				
第二次水煮	投料量	kg				
	加溶剂量	L				
	沸腾前汽压	MPa				
	给汽时间	—				
	沸腾时间	—				
	沸腾后汽压	MPa				
	煮提时间	h				
	出液时间	—				
第三次水煮	投料量	kg				
	加溶剂量	L				
	沸腾前汽压	MPa				
	给汽时间	—				
	沸腾时间	—				
	沸腾后汽压	MPa				
	煮提时间	h				
	出液时间	—				

第3步 浓缩

（1）准备过程：

① 核对来料的品名、批号、体积。

② 检查各效加热器及蒸发器是否清洁干净。

③ 检查仪表是否齐全完好。

④ 检查各阀门是否处于正确的启闭位置。

⑤ 检查设备、容器清洁状况是否达标。

⑥ 检查“清场合格证”，核对有效期，取下标示牌，挂生产标示牌于指定位置，按生产指令填写工作状态。

（2）三效浓缩器操作过程：

① 开启真空泵，随后打开真空管道总阀及分阀。

② 开进料阀进料，待蒸发器视镜中见到料液时，即关闭进料阀。

③ 在打开蒸汽阀门前，先打开蒸汽排污阀，将蒸汽管中的残留凝液排入下水道后，关闭蒸汽排污阀。

④ 缓缓开启蒸汽阀，进行升温加热，开始进汽压力为 0.1 ~ 0.15 MPa，待正常后调至 0.09 MPa 为宜。

⑤ Ⅰ、Ⅱ、Ⅲ效料液，液面高至视镜 2/3 为宜。

⑥ 补充料液要及时，当料液受蒸发液面下降时，可补充至视镜 2/3 正常液面。若间断进料，可开启三个加热器的进液阀，补充料液至正常液位。若连续进料，视各效蒸发速度，调节阀门开启度，控制进液量至正常液面。加热时蒸汽压开始可以略高一些，待温度升高达到工艺要求开始循环时，要旋小气压，不得超过 0.1 MPa。

浓缩操作中注意事项：

① 注意及时调节进料的开启度，维持液面于正常的高度，在生产过程中，注意浓度设备的温度、压力、真空度等，防止产品焦化、跑料。

② 每蒸发 2 小时，打开加热器上方的排气阀，将Ⅰ效加热不凝气体排空，将Ⅱ、Ⅲ效的加热器的不凝气经中间平衡罐由真空泵抽走，以维持较高的传热系数。

③ 冷凝水的排放：除Ⅰ效加热的冷凝水单独经汽水分离器自动排放外，Ⅱ、Ⅲ效冷凝液每小时左右排放一次。排放步骤如下：

a. 关闭连通管的排水阀。

b. 打开真空连通管上的三通旋塞（转 90°）排除真空。

c. 打开下部排液阀，将凝液排出。

（3）收膏操作及料液转移：

一批料液在三效中经过长时间浓缩达到一定浓度后，要将Ⅱ、Ⅲ效中料液转入Ⅰ效蒸发器中作进一步浓缩，并根据各物料所需的流浸膏浓度进行，将符合要求的流浸膏从Ⅰ效中放出。

转移物料步骤：各效之间的料液转移是依靠真空抽取，在生产过程中最后出料是在一效加热器下部的出料管放出，所以Ⅱ效及Ⅲ效的料液要转移至Ⅰ效继续浓缩，转移方法是将Ⅱ效或Ⅲ效真空排除，利用Ⅰ效的真空将料液吸入，料液的输送均利用下部进料管由各阀门控制，在多效料液转移时关闭进料总阀。

（4）结束过程：

① 关闭蒸汽阀门，停止供汽。

② 停止真空泵运行，关闭真空总阀。

③ 打开蒸发器通大气阀，破坏蒸发器真空。

④ 打开排气阀及排水阀，将各效中冷凝液排净。

⑤ 清洗各效蒸发器及加热器。

⑥ 按清场 SOP 进行清场。

⑦ 及时做好生产记录（见表 2-19）并在设备上挂好设备状态标志牌

（5）操作过程的控制与复核：

根据操作标准中各项目的标准要求对浓缩的整个过程进行控制，并利用提取液的数量及成品流浸膏的数量对投料量产品得率等项目进行复核，如有异常应及时复查。

（6）操作过程的安全注意事项：

① 各效进入料液不可过量，以液面高至视镜 2/3 为宜。

② 开始加热时汽压≤0.1 MPa，正常后≤0.09 MPa 为宜。

（7）异常情况处理和报告：

生产过程中如发生漏汽、漏液等异常情况应及时处理，不得“带病操作”，不能及时处理的应立即停止操作并及时汇报，恢复正常后才能继续进行操作。

（8）及时清洗设备及清场。

表 2-19　提取液浓缩生产记录

产品批号			规格		
1、生产前准备记录					
项目	记录		操作人		复核人
清场记录副本有无					
设备完好标志有无					
计量器具合格证有无					
2、浓缩记录					
标准操作	1 h 记录	2 h 记录	3 h 记录	操作人	复核人
一效真空/MPa					
蒸汽压					
温度					
二效真空/MPa					
蒸汽压					
温度					
三效真空/MPa					
蒸汽压					
温度					
浓缩开始时间					
浓缩结束时间					
浓缩结束后，测定相对密度	/ °C				
装桶后称量/kg					

第4步 醇 沉

（1）准备过程：

① 核对来料的品名、批号、数量及合格单。

② 检查全部水、电路，防止接错及泄漏。

③ 检查醇沉罐出渣门是否灵活及检查各处的坚固螺丝是否有松动，各路阀门开闭是否灵活。

④ 检查出渣门、加料口的橡胶密封圈是否完整，不允许有位移、破损。

⑤ 检查工房、设备、容器的清洁状况是否达标。

⑥ 检查“清场合格证”，核对有效期，取下标示牌，挂生产标示牌于指定位置，按生产指令填写工作状态。

（2）操作过程：

① 关闭醇沉罐的出渣门并旋紧出渣门的螺丝。

② 根据生产指令及相对应的投料量将三效浓缩蒸发器贮罐中的浓缩液用真空直接打入醇沉罐内，同时量好浓缩液体积。

③ 按照处方计算需加入乙醇的量，乙醇体积与浓缩液体积之和不得超过醇沉罐的容量。经二人核对无误后，通过管道加入规定量的乙醇，同时启动搅拌器，加完乙醇后，继续搅拌 5 ~ 10 分钟，检测药液所含乙醇量是否符合工艺要求。

④ 在状态标志牌上，注明品名、批号、日期、时间、操作人以及药液处理情况。

⑤ 将加好乙醇的药液按工艺要求静置醇沉。

⑥ 醇沉时间达规定时，用真空将醇沉药液的上清液吸入卧式贮罐内。

⑦ 所剩醇沉药液下层液体，经过离心机进行离心后，弃去药渣，离心得到的药液与上清液合并。

（3）结束过程：

① 药渣排尽后，用饮用水将醇沉罐及管道清洗干净。

② 按清场 SOP 进行清场。

③ 及时做好生产记录（见表 2-20），并在设备上挂好设备状态标志。

（4）操作过程的控制与复核：

根据操作标准中各项目的标准要求，对醇沉整个过程进行监控，并对卧式贮罐中的数量、原料投量、溶剂用量、醇沉时间等项目进行复核，如有异常及时复查。

（5）操作过程的安全注意事项：

① 关闭加料口时，必须把橡胶圈复位，螺丝要旋紧。

② 当设备内尚有残余压力时，严禁启动带压操作。

（6）异常情况处理和报告：

生产过程中如发生异常情况，应及时处理，不得“带病操作”，不能及时处理的，应立即停止操作并及时汇报，恢复正常后才能继续进行操作。

第5步 回收乙醇

（1）准备过程：

① 检查全部水、汽、电路，防止接错及泄漏。

② 检查各处的紧固螺丝是否松动，各路阀门开闭是否灵活。

③ 检查附件仪表是否灵敏、完好。

④ 检查工房、设备的清洁状况是否达标。

⑤ 检查“清场合格证”，核对有效期，取下标示牌，挂生产标示牌于指定位置，按生产指令填写工作状态。

（2）操作过程：

① 将含醇药液用泵打入过滤器，经余热器进入蒸馏釜中，加到视镜位的 1/3 为宜。

② 开启蒸汽阀进行加热，同时开大上水阀，水压达到 0.2 MPa 以上，蒸汽压力控制在 0.3 ~ 0.5 MPa。

③ 蒸馏釜内乙醇和水的混合蒸汽上升，经蒸馏塔和分流器进行全回流操作。

④ 调节上水流量，关闭含醇药液进入蒸馏釜内的阀门，开启含醇药液流量阀门调节流量。

⑤ 适当开启干蒸汽阀门，调节蒸馏釜的釜内压力在 0.02 MPa 以下。

⑥ 釜内稀液温度为 101 ~ 102 °C 时，打开蒸馏溢流阀排放废液，从而形成了连续进料、连续蒸馏、连续排废液。

（3）结束过程：

① 回收的乙醇在 96%左右时，关闭蒸汽阀，再把合格乙醇打入卧式贮罐内。

② 打入饮用水将回收塔清洗干净。

③ 按清场 SOP 进行清场。

④ 及时做好生产记录（见表 2-20），并在设备上挂好设备状态标志。

（4）操作过程的控制与复核：

根据操作标准中各项标准要求，对乙醇回收整个过程进行控制，并对贮罐中回收量（乙醇数量）、投料量、蒸发操作时间等项目进行复核，如有异常，应及时复查。

（5）操作过程的安全注意事项：

① 本塔系无压容器，如蒸馏釜内压力大于 0.03 MPa 时，须立即关闭蒸汽阀，找出原因（是否堵塞等），故障排除后，才可继续工作。

② 蒸馏釜内液体温度在 101 ~ 102 °C 时，须打开蒸馏釜底的溢流阀，放出废液。

③ 严格控制和调节蒸汽压力和进料量，使蒸馏釜内温度保持 101 ~ 102 °C。

（6）异常情况处理和报告：

生产过程中如发生漏汽、漏乙醇等异常情况应及时处理，不得“带病操作”，不能及时处理的，应立即停止操作并及时汇报，恢复正常后才能继续进行操作。

表 2-20　醇沉、回收乙醇记录

品名						
操作人						
醇沉	流浸膏量/kg	罐Ⅰ	罐Ⅱ	流浸膏比重		
	领料人			复核人		
	加浓乙醇量/L			醇沉浓度		
	搅拌开始时间	罐Ⅰ	罐Ⅱ	搅拌结束时间	罐Ⅰ	罐Ⅱ
	醇沉开始时间	罐Ⅰ	罐Ⅱ	醇沉结束时间	罐Ⅰ	罐Ⅱ
	药渣离心开始时间			药渣离心开始时间		
回收乙醇	操作日期			上清液总量/L		
	浓缩回收时间					
	加流浸膏量/L					
	温度					
	蒸汽压力/MPa					
	真空度/MPa					
	醇浸膏比重					
	出膏时间					
	醇浸膏量/kg					
	中间站保管员					
	QA 检查员					
	收得率					
	交班人					
	接班人					
	交班时间					

第6步　浓　缩

同“第三步浓缩”操作，并做好记录。

第7步　干　燥

按“制剂前处理干燥生产操作”操作实验，并做好记录。

第8步　粉　碎

按“制剂前处理粉碎生产操作”操作实验，并做好记录。

第9步 湿法制粒

按“固体制剂胶囊剂湿法制粒生产操作”操作实验，并做好记录。

第10步 干 燥

按“制剂前处理干燥生产操作”操作实验，并做好记录。

第11步 整 粒

（1）取指令规定目数的筛网，装好。
（2）接通电源，开机检查有无异常，调节转速至指令的要求。
（3）将接料容器放好，加料进行整粒。
（4）整粒结束后，称重，填写好标签，贴在容器上。
（5）将颗粒送至下一工序，做好有关的交接手续。
（6）填写生产记录。
（7）注意事项：加料时应注意加料速度，不要太快，以防堵塞；如有堵塞，应立即停机，按规定拆机处理。

第12步 颗粒包装

参考“散剂包装”，并做好记录。

知识拓展三十

CHL-250 高速混合制粒机标准操作规程

（1）准备工作：

① 接通气源，调节压力至 0.4 MPa，接通电源及操作气源（供气源应为洁净的过滤空气）。

② 检查水、电是否正常，混合容器是否干净。

③ 手动检查卸料操作气缸动作是否正确。

（2）操作：

① 打开混合容器盖，将原辅料投入混合容器中，每次投料量为容器容积的 1/3~2/3。

② 关闭容器。

③ 按所需时间调整时间继电器，把操作气压设定到 0.4 MPa，选择电机档位。

④ 先启动混合电机，后启动切碎电机。

⑤ 制粒机搅拌慢速一分钟后，绞刀慢速转动，搅拌 3 分钟后转为快速，搅拌 5 分钟后，绞刀转为快速，8 分钟后自动停止。

⑥ 混合法制粒，由于原料的特性、黏合剂选择等因素不同，要改变调速运转的工作条件：a. 要使颗粒大，可采取的措施有缩短绞刀运行时间、降低绞刀快速段落持续时间、增大黏合剂浓度。

b. 要使颗粒小，则可采取相反措施。

⑦ 制粒完成后，关闭搅拌电机及切碎电机，将料车放在出料口下，开启卸料阀，起动搅拌电机把颗粒排出（从准备加料至整个过程中，应始终通气）。

（3）按《高速混合制粒机的清洁标准操作规程》进行清洁，清洗完毕挂上“已清洁”状态牌。

（4）填写“设备运行记录”和“设备清洁记录”。

知识拓展三十一

GHL250 型高速混合制粒机的清洁标准操作规程

（1）按《清洁剂配制标准操作规程》配制 1%洗衣粉液或 1%洗洁精液。按《消毒剂配制标准操作规程》配制 75%乙醇或 0.2%新洁尔灭液。准备好清洁用具尼龙刷、不锈钢铲刀和海绵块。

（2）每个品种或每班完成生产后，进行清洁操作。

（3）主机内、外表面的清洁程序：

① 关闭电源，用尼龙刷扫去主机外表面粉尘，用不锈钢铲刀将黏附于物料锅内搅拌桨切碎部位及内壁的粉团铲去（回收作为粗头交中间仓）。

② 将三通球阀旋转到通水位置，加水适量后，再转换到通气位置，并开启电源，关闭物料盖，开启搅拌电机和切碎机 100 秒，打开出料活塞把水放掉，如此反复直至清洗液澄清，排出清洗液。

③ 打开物料盖及出料活塞，关闭电源，拆下物料盖上布袋及胶垫（放洗涤间待洗）。

④ 用海绵块蘸取饮用水擦洗主机表面、物料锅内搅拌桨及切碎部位至无积垢。

⑤ 由内到外，先上后下，用海绵块蘸取清洁液擦拭各部位。

⑥ 用干海绵块蘸水擦去清洁液。

⑦ 用海绵块蘸取饮用水擦洗机内、外表面及各部位。

⑧ 用海绵块蘸取消毒液擦拭机内外表面及各部位。

⑨ 十分钟后，用干净海绵取纯化水擦洗机内、外表面及各部位，洗净消毒液（如用 75%乙醇消毒，则不需用纯化水清洗），晾干备用。

（4）胶垫的清洁程序：

① 用尼龙刷扫去胶垫外表及槽缝内大部分粉尘，将胶垫放入洗涤间水池，浸入饮用水中，用尼龙刷洗去积尘。

② 用尼龙刷蘸取清洁液刷去积垢。

③ 用饮用水冲净清洁剂。

④ 用海绵块蘸取消毒液擦拭。

⑤ 十分钟后，用纯化水冲净消毒液，晾干备用（如用 75%乙醇消毒，则不需用纯化水清洗）。

（5）布袋的清洁程序：

① 将黏附于布袋上的粉尘拍打或用尼龙刷扫去大部分粉尘。

② 放入洗涤间水池用饮用水漂洗 2～3 次。

③ 加入洗衣粉手洗 3 分钟。

④ 用饮用水漂洗，清除洗衣粉液，直至洗涤水澄清。

⑤ 拧干，高温烘干，备用。

（6）消毒剂 75%乙醇与或 0.2%新洁尔灭液应每月更换使用。

（7）在主机上挂上“已清洁”状态标志牌。

（8）做好“设备清洁记录”。

巩固练习

一、选择题

1.【A 型题】（单项选择题）

（1）下列有关泡腾颗粒剂制备的叙述，正确的是（　　）。

A. 先将枸橼酸、碳酸钠分别制成湿颗粒后，再与药粉混合干燥

B. 先将枸橼酸、碳酸钠混匀后，再进行湿法制颗粒

C. 先将枸橼酸、碳酸钠分别制成颗粒后，再混合干燥

D. 先将枸橼酸、碳酸钠分别制成颗粒干燥后，再混合

E. 将枸橼酸、碳酸钠和药粉混匀后，再进行湿法制颗粒

（2）板蓝根颗粒属于（　　）。

A. 水溶性颗粒剂　　B. 泡腾性颗粒剂　　C. 酒溶性颗粒剂

D. 块状冲剂　　E. 混悬性颗粒剂

（3）下列有关可溶性颗粒剂干燥叙述，不正确的是（　　）。

A. 开始干燥时，温度应逐渐上升

B. 在 85～90 °C 范围内干燥

C. 成品含水量不应超过 2%

D. 湿颗粒应该及时干燥

E. 用手紧握干粒，当手放松后颗粒不应黏结成团

（4）颗粒剂“软材”质量的经验判断标准是（　　）。

A．含水量充足　B．含水量在 12%以下　C．握之成团，触之即散
D．有效成分含量符合规定　E．黏度适宜，握之成型

（5）向颗粒剂中加入挥发油的最佳方法是（　　）。

A．与其他药粉混匀后，再制颗粒
B．与稠浸膏混匀后，再制颗粒
C．用乙醇溶解后喷在药粉上，再与其余的颗粒混匀
D．先制成 β-CD 包合物后，再与整粒后的颗粒混匀
E．用乙醇溶解后喷在干燥后的颗粒上

（6）下列不属于对颗粒剂的质量要求是（　　）。

A．溶化性强
B．不得检出大肠埃希菌
C．在 1 号筛到 4 号筛之间的颗粒不得少于 92%
D．含水量不得超过 9.0%
E．成品的外观应干燥、颗粒均匀

（7）可溶性颗粒剂常用的赋形剂有（　　）。

A．糖粉　B．食用色素　C．淀粉
D．硫酸钙二水物　E．药材细粉

（8）下列有关颗粒剂的叙述，不正确的是（　　）。

A．糖尿病患者可用无糖型　B．质量稳定，不易吸潮　C．服用、运输均方便
D．起效快　E．能通过包衣制成缓释制剂

（9）下列有关颗粒剂辅料的叙述正确的是（　　）。

A．优良的赋形剂既具有矫味作用，又具有黏合作用
B．辅料用量不超过稠膏量的 10 倍
C．不能单独使用糖粉作辅料
D．稠膏：糖粉：糊精=1：1：1
E．羟丙基淀粉不能用作颗粒剂的辅料

（10）水溶性颗粒剂制备工艺流程为（　　）。

A．药材提取→提取液浓缩→加入辅料后制颗粒→干燥→整粒→质量检查→包装
B．药材提取→提取液浓缩→精制→加入辅料后制颗粒→干燥→整粒→质量检查→包装
C．药材提取→提取液精制→浓缩→加入辅料后制颗粒→整粒→干燥→质量检查→包装
D．药材提取→提取液精制→浓缩→加入辅料后制颗粒→干燥→整粒→质量检查→包装
E．药材提取→提取液精制→加入辅料后制颗粒→干燥→整粒→质量检查→包装

（11）适宜糖尿病人服用的是（　　）。

A．水溶性颗粒剂　B．无糖颗粒剂　C．酒溶性颗粒剂
D．块状冲剂　E．泡腾性颗粒剂

（12）湿颗粒干燥的适宜温度是（　　）。

A. 60 ~ 70 °C　　B. 70 ~ 80 °C　　C. 60 ~ 80 °C

D. 60 ~ 90 °C　　E. 50 ~ 80 °C

（13）颗粒剂的最佳贮藏条件是（　　）。

A. 低温贮藏　　B. 阴凉干燥处贮藏　　C. 通风处贮藏

D. 避光处贮藏　　E. 干燥处贮藏

（14）可用来包合挥发性成分的辅料是（　　）。

A. 可压淀粉　　B. 可溶性环糊精　　C. 玉米朊

D. 可溶性淀粉　　E. β-CD

（15）对泡腾性颗粒剂溶化性的要求是（　　）。

A. 在热水中可均匀混悬　　B. 在热水中可全部溶化

C. 在温水中应全部溶化　　D. 在热水中能产生二氧化碳气体

E. 在常水中就全部溶化

（16）《中国药典》现行版规定颗粒剂水分含量是：除另有规定外，不得过（　　）。

A. 4.0%　　B. 5.0%　　C. 6.0%　　D. 7.0%　　E. 8.0%

（17）单剂量包装的颗粒剂剂量在 1.5 g 以上至 6 g 的，装量差异限度为（　　）。

A. 10%　　B. 9%　　C. 8%　　D. 7%　　E. 5%

（18）混悬性湿颗粒干燥的适宜温度是（　　）。

A. 50 °C 以下　　B. 60 °C 以下　　C. 70 °C 以下

D. 80 °C 以下　　E. 90 °C 以下

（19）在酒溶性颗粒剂制备过程中，提取用的乙醇浓度应是（　　）。

A. 50%左右　　B. 60%左右　　C. 70%左右

D. 80%左右　　E. 90%左右

（20）下列有关泡腾性颗粒剂的叙述，不正确的是（　　）。

A. 苯酚可以用作泡腾崩解剂

B. 泡腾剂是通过麻痹味蕾进行矫味的

C. 泡腾剂分为有机酸和弱碱两种

D. 含水量大时会在贮藏时发生部分酸碱中和反应

E. 成品中含有两种不同的颗粒

2.【X 型题】（多项选择题）

（1）常用作水溶性颗粒剂的辅料是（　　）。

A. 糊精　　B. 乳糖　　C. 蔗糖粉　　D. 染色淀粉　　E. 药材细粉

（2）下列有关颗粒剂质量要求的叙述，正确的是（　　）。

A. 颗粒剂中能通过五号筛的粉末不得超过 15%

B. 泡腾性颗粒剂遇水后立即出现泡腾状

C. 在颗粒剂制备时，辅料用量一般应低于稠膏的 5 倍

D. 标示装量不同，颗粒剂的装量差异限度也不同

E.《中国药典》2015 年版四部规定颗粒剂含水量不得过 9%

（3）下列有关湿颗粒的叙述，正确的是（　　）。

A. 应该在 60 ~ 80 °C 范围内进行干燥
B. 长时间保存易结块、变形
C. 含淀粉量大时应于 60 °C 以下干燥
D. 表面不可干燥过快
E. 干燥后含水量应在 5%以下

（4）颗粒剂药材提取液的精制方法有（　　）。
A. 高速离心法
B. 乙醇沉淀法
C. 微孔滤膜滤过法
D. 反渗透法
E. 大孔树脂吸附法

（5）干燥颗粒正确的操作方法是（　　）。
A. 用烘干法或沸腾干燥法
B. 在 80 ~ 100 °C 范围内进行干燥
C. 应控制干颗粒的含水量在 2%以下
D. 开始干燥的温度应该逐步升高
E. 应该及时干燥

（6）常用的颗粒剂制粒方法有（　　）。
A. 湿法制粒
B. 干法制粒
C. 流化喷雾制粒
D. 喷雾干燥制粒
E. 挤压制粒

（7）下列有关酒溶性颗粒剂的叙述，正确的是（　　）。
A. 颗粒溶于白酒后应为澄清溶液
B. 颗粒中的有效成分不仅溶醇，也溶于水
C. 药材常用 60%的乙醇提取
D. 药材常用 60%的乙醇沉淀
E. 药材可用渗漉法提取

（8）颗粒剂常用的干燥方法有（　　）。
A. 远红外线干燥
B. 吸湿（干燥剂）干燥
C. 喷雾干燥
D. 烘干
E. 沸腾干燥

（9）颗粒剂成型工序包括（　　）。
A. 干燥
B. 制软材
C. 药材提取
D. 浓缩
E. 制粒

（10）下列有关块状冲剂制法的叙述，正确的是（　　）。
A. 压制前需加入崩解剂
B. 模压法应严格控制颗粒的水分含量
C. 在用机械压制前应该向干颗粒中加入水溶性润滑剂
D. 机压法应采用压力较大的设备冲压
E. 压制前需制成颗粒

（11）下列有关颗粒剂特点的叙述，正确的是（　　）。
A. 适合大规模生产
B. 吸收快、奏效迅速
C. 易吸湿
D. 服用剂量小
E. 服用、携带方便

（12）颗粒剂按分散状态可分为（　　）。
A. 水溶性颗粒
B. 酒溶性颗粒
C. 泡腾性颗粒
D. 混悬性颗粒
E. 块状冲剂

（13）常用的颗粒剂辅料有（　　）。
A. 枸橼酸
B. 碳酸氢钠
C. 蔗糖

D. 糊精　　　　　　　E. 滑石粉

二、填空题

（1）按其溶解性能和溶解状态，颗粒剂可分为可溶性颗粒、______和泡腾性颗粒。

（2）泡腾性颗粒剂一般采用的崩解剂为________、酒石酸等有机酸和________或碳酸钠等弱碱。

（3）制备颗粒剂，可根据稠膏的密度、黏性来调整赋形剂用量，其总用量一般不宜超过稠膏量的______倍。

（4）颗粒剂的质量检查项目有粒度、水分、______、装量差异装量和__________等。

（5）水溶性颗粒剂的辅料主要是______和______。

（6）制备水溶性颗粒剂时，稠膏与糖粉的比例，应视膏中所含药物成分的性质及膏中含水量而定，比例一般为______，为了减少糖粉的用量，可酌用部分______。

（7）在颗粒剂制备过程中制得的湿颗粒应______置烘箱或烘房内干燥。干燥温度一般以______为宜。

（8）颗粒剂制备过程中的整粒是指用______筛去粗颗粒，再通过______筛去细小颗粒和细粉。

（9）制备酒溶性颗粒剂时，要求提取所用的乙醇含醇量应与______含醇量相同。

（10）泡腾性颗粒剂的制备，必须将提取的稠膏或干浸膏粉______制成酸性和碱性干颗粒后再______。

三、简答题

（1）简述水溶性颗粒剂的制备工艺流程。

（2）泡腾性颗粒剂是如何制备的？

（3）混悬性颗粒剂是如何制备的？

（4）酒溶性颗粒剂是如何制备的？

项目二　任务四巩固练习答案

任务五　维 C 银翘片的制备

一、干燥的定义

【处方】山银花 180 g　连翘 180 g　荆芥 72 g　淡豆豉 90 g
淡竹叶 72 g　牛蒡子 108 g　芦根 108 g　桔梗 108 g

甘草 90 g　　马来酸氯苯那敏 1.05 g　　维生素 C 49.5 g

对乙酰氨基酚 105 g　　薄荷素油 1.08 mL

【制法】以上十三味，连翘、荆芥、山银花提取挥发油，药渣与淡竹叶、淡豆豉、芦根、桔梗、甘草加水煎煮二次，每次 2 小时，滤过，合并滤液；牛蒡子用 60%乙醇加热回流提取二次，每次 4 小时，滤过，合并滤液，回收乙醇，加入石蜡使溶解，冷却至石蜡浮于液面，除去石蜡层。合并上述药液，浓缩至适量，干燥成干膏粉，与适量的辅料制成颗粒，加入上述挥发油及薄荷素油混匀；对乙酰氨基酚、马来酸氯苯那敏和维生素 C 与适量的辅料混匀，制成颗粒，与上述颗粒压制成 1 000 片（双层片），包薄膜衣。或合并上述药液，浓缩成稠膏，加入适量的辅料，干燥，粉碎，干浸膏粉与对乙酰氨基酚和马来酸氯苯那敏混匀，制成颗粒，加入上述挥发油及薄荷素油，混匀，与维生素 C 压制成 1 000 片（夹心片或多层片，包糖衣或薄膜衣）；或干浸膏粉与对乙酰氨基酚和用辅料包膜制成的维生素 C 微粒混匀，制成颗粒，干燥，加入马来酸氯苯那敏混匀，加入上述挥发油及薄荷素油，压制成 1 000 片，包糖衣或薄膜衣，即得。

第一部分　理论知识

片剂是指药物与辅料均匀混合后压制而成的片状制剂，可供内服和外用。

一、片剂的特点

1. 片剂的优点

（1）以片数作为剂量单位，剂量准确，含量均匀。

（2）化学稳定性较好。因体积较小、致密，受外界空气、光线、水分等因素的影响较少，必要时可通过包衣加以保护。

（3）服用、携带、生产、运输及贮藏等都比较方便。

（4）可机械化生产，自动化程度较高，产量大，成本低。

（5）可以制成不同类型的各种片剂，如分散（速效）片、缓控释（长效）片、肠溶包衣片、咀嚼片和口含片等，以满足不同临床医疗的需要。

2. 片剂的缺点

（1）片剂生产过程中需加入若干辅料，并经过压缩成型，溶出度和生物利用度较差。

（2）幼儿及昏迷病人不易吞服。

（3）如含有挥发性成分，久储后含量有所下降。

二、片剂的分类

片剂按给药途径，并结合制备方法与作用特点，可分为以下几类。

1. 口服片剂

（1）普通压制片（素片）：药物与赋形剂混合，经压制而成的片剂。普通压制片应用广泛，如葛根芩连片、安胃片。

（2）包衣片：在片心（压制片）外包有衣膜的片剂，如元胡止痛片、三七伤药片等。

（3）咀嚼片：在口腔内咀嚼的片剂，适用于小儿或胃部疾病。生产时一般用湿法制粒，不需加入崩解剂，口感与外观均应良好，硬度小于普通片剂。药片嚼碎后便于吞服，并能加速药物溶出，提高疗效，如干酵母片、乐得胃片等。

（4）泡腾片：含有碳酸氢钠和有机酸，遇水可产生气体而呈泡腾状的片剂。泡腾片中的药物应是易溶性的，加水产生气泡后应能崩解。这种片剂特别适用于儿童、老年人和不能吞服固体制剂的患者。又因可以溶液形式服用，药物奏效迅速，生物利用度高，且与液体制剂相比携带更方便，如大山楂泡腾片、活血通脉泡腾片（内服）、百花泡腾片（阴道用）等。

（5）分散片：在水中能迅速崩解并均匀分散的片剂。

2. 口腔用片剂

（1）口含片：含于口腔中，缓慢溶化产生局部或全身作用的片剂。含片中的药物应是易溶性的，主要起局部消炎、杀菌、收敛、止痛或局部麻醉作用。口含片比一般内服片大而硬，味道适口，如四季青消炎喉片、银黄含片等。

（2）舌下片：置于舌下能迅速溶化，药物经舌下黏膜吸收而发挥全身作用的片剂。舌下片中的药物与辅料应是易溶性的，主要用于急症的治疗。舌下片不仅吸收迅速显效快，而且可避免胃肠液 pH 及酶对药物的不良影响和肝脏的首过效应，如硝酸甘油片、异丙肾上腺素片等。

（3）口腔贴片：黏贴于口腔，经黏膜吸收后起局部或全身作用的片剂，如冰硼贴片。口腔贴片应进行溶出度或释放度的检查。

3. 外用片

（1）阴道用片：置于阴道内应用的片剂，如鱼腥草素泡腾片。

（2）可溶片：临用前能溶解于水的非包衣片或薄膜包衣片剂，可溶片应溶解于水中，溶液可呈轻微乳光。可溶片主要供外用、含漱等。

4. 其他片剂

（1）缓释片：在水中或规定的释放介质中缓慢地非恒速释放药物的片剂。缓释片应符合缓释制剂的有关要求。

（2）控释片：在水中或规定的释放介质中缓慢地恒速或接近恒速释放药物的片剂。控释片应符合控释制剂的有关要求。

（3）肠溶片：用肠溶性包衣材料进行包衣的片剂。

三、片剂辅料

片剂辅料分为稀释剂与吸收剂、润湿剂与黏合剂、崩解剂、润滑剂四类。

1. 片剂的稀释剂与吸收剂

稀释剂与吸收剂常统称为填充剂。前者适用于主药剂量小于 0.1 g，或含浸膏量多，或浸膏黏性太大而制片成型困难者。后者适用于原料药中含有较多挥发油、脂肪油或其他液体而需预先吸收者。常用的填充剂有以下品种，有些兼有黏合和崩解作用。

1）淀　粉

淀粉的种类较多，为白色细粉末；以玉米淀粉最为常用，马铃薯淀粉亦可选用，性质稳定，能与大多数药物配伍；不溶于冷水和乙醇，在水中加热到 62 ~ 72 °C 可糊化；遇水膨胀，但遇酸或碱在潮湿状态及加热时逐渐水解而失去膨胀作用；能吸收 12% ~ 15%的水分而不潮解。淀粉价廉易得，是片剂最常用的稀释剂、吸收剂、崩解剂。

淀粉的可压性差，使用量不宜太多，以免压成的药片松散，必要时可与黏合力强的糊精、蔗糖等合用以增加其黏合性。中药片剂处方中若有天花粉、贝母山药等含淀粉较多的药材，可直接粉碎成细粉加入，尽量少加或不加其他辅料。

2）糊　精

为淀粉水解的中间产物，白色或微带黄色的粉末，微溶于水，能溶于沸水成粘胶状溶液，不溶于乙醇，因水解的程度不同而有若干规格。糊精常与淀粉合用作填充剂兼有黏合作用。应用时应严格控制用量，当用量超过 50%时，可用 40% ~ 50%的乙醇为湿润剂，否则会使颗粒过硬而造成片面出现麻点等现象，并影响片剂的崩解。应注意糊精对某些药物的含量测定有干扰，也不宜用作速溶片的填充剂。

3）可压性淀粉

可压性淀粉又称预胶化淀粉，为白色或类白色粉末；微溶于冷水，不溶于有机溶剂，有良好的可压性、流动性和润滑性，制成的片剂硬度-崩解性均较好，尤适于粉末直接压片。

4）糖　粉

糖粉为结晶性蔗糖经低温干燥后粉碎成的白色粉末，味甜，能溶于水，易吸潮结块。糖粉为可溶性片剂的优良稀释剂，并兼有矫味与黏合作用。常用在口含片和咀嚼片中。中药处方中若含有质地疏松或纤维性较强的药物，也常选糖粉作稀释剂，可减少药片的松散现象，并能使片剂表面光洁，增加硬度。但因其有引湿性，用量过多会使制粒、压片困难，久贮使片剂硬度增加。处方中有酸性或碱性较强的药物时因能导致蔗糖转化而增加其引湿性，故不宜选用。

5）乳　糖

乳糖为白色结晶性粉末，多从动物乳中提取制得，略带甜味，能溶于水，难溶于醇，无吸湿性；具良好的流动性、可压性；性质稳定，可与大多数药物配伍。乳糖是一种优良填充剂，制成的片剂光洁、美观，硬度适宜，释放药物较快，较少影响主药的含量测定，久贮不延长片剂的崩解时限，尤其适用于引湿性药物。乳糖有数种规格，如普通乳糖、喷雾干燥乳糖、无水乳糖等，普通乳糖是由结晶法制成，结晶多呈楔形；喷雾干燥乳糖的粒子多呈球形，其流动性较好，但含杂质较多，易变色，可选作粉末直接压片的辅料。

乳糖因国内产量较少，价格高，现多用淀粉、糊精、糖粉三者以不同比例的混合物代替（常用 7∶1∶1）。其可压性较好，但片剂的外观、药物的溶出不如用乳糖好。

6）硫酸钙二水物

此品为白色或微黄色粉末，不溶于水，无引湿性，性质稳定，具有较好的抗潮性能，制成的片剂外观光洁，硬度、崩解度较好。

此品对油类有较强的吸收能力，并能降低药物的引湿性，常作为稀释剂和挥发油吸收剂。但二水物若失去一分子的结晶水后，遇水易固化硬结，所以使用此品为填充剂并用湿法制粒时，应控制干燥温度在 70 °C 以下。

7）甘露醇

甘露醇为白色结晶性粉末，易溶于水；无引湿性，是咀嚼片、口含片的主要稀释剂和矫味剂，常与糖粉配合使用，在口腔中有凉爽和甜味感。

8）磷酸氢钙

磷酸氢钙为白色细微粉末或晶体，呈微碱性，具良好的稳定性和流动性，无引湿性。磷酸钙与其性状相似，两者均为中药浸出物、油类及含油浸膏的良好吸收剂，并有减轻药物引湿性的作用。

9）其　他

氧化镁、碳酸镁、碳酸钙、氢氧化铝和微粉硅胶等，都可作为吸收剂，尤适用于含挥发油和脂肪油较多的中药制片。其用量应视药料中含油量而定，一般为 10%左右。应注意酸性药物不适用。

γ-山梨醇可压性好，亦可作为咀嚼片的填充剂和黏合剂。经提取成分后的中药药渣，根据需要也可干燥后粉碎成细粉作为片剂的填充剂。

2. 片剂的润湿剂与黏合剂

润湿剂与黏合剂在制片中具有使固体粉末黏结成型的作用。本身无黏性，但可润湿药粉，诱发药自身黏性的液体称为润湿剂。本身具有黏性，能使药物黏结成颗粒便于制粒和压片的辅料称为黏合剂。若药物自身具有黏性，如中药浸膏粉及含有黏性成分的药材细粉等，则只需加入润湿剂即可制粒，若药物自身没有黏性或黏性不足，则需加入黏合剂才可制粒、压片。黏合剂可以是液体也可以是固体。一般来讲，液体的黏合作用较大，容易混匀；固体黏合剂往往也兼有稀释剂和崩解剂的作用。润湿剂与黏合剂的合理选用及其用量的恰当控制关系到片剂的成型，影响到有效成分的溶出及片剂的生物利用度。常用的润湿剂与黏合剂有以下几种。

1）水

水常作为润湿剂。凡药物本身具有一定黏性，如中药半浸膏粉或其他黏性物质，则常将水以雾状喷入，即可产生黏性，但应注意使水分散均匀，以免产生结块现象。一般多用蒸馏水或去离子水。不耐热、易溶于水或易水解的药物则不宜采用。

2）乙　醇

乙醇常作为润湿剂。凡具有较强黏性的药物，如某些中药浸膏粉遇水润湿时黏性太强不易制粒；或遇水受热易变质；或药物易溶于水难以制粒；或易结块而造成润湿不匀等现象，使制粒操作困难，或颗粒干燥后太硬，压成片后出现片面花斑、崩解时间超限等，均应采用乙醇为润湿剂。中药浸膏粉、半浸膏粉等制粒常采用乙醇作润湿剂，用大量淀粉、糊精或糖粉作赋形剂者亦常用乙醇作润湿剂。

作润湿剂的乙醇浓度一般 30%～70%，当药物水溶性大、黏性大、气温高时浓度应高些；反之，浓度可稍低。乙醇浓度越高，药料被润湿后黏性越小。另外，用乙醇作润湿剂时应迅速搅拌，并立即制粒，迅速干燥，以免乙醇挥发而使软材结团或使已制得的颗粒变形结团。

3）淀粉浆（糊）

淀粉浆（糊）为最常用的黏合剂。系由淀粉与水在 70 °C 左右糊化而成的稠厚胶体液，放冷后呈胶冻样，使用浓度为 5%～30%，以 10%最为常用。为提高黏性，此品可与糊精浆、糖浆或胶浆配合使用。

淀粉浆（糊）适用于对湿热较稳定而且药物本身又不太松散的品种，尤其适用于可溶性药物较多的处方。此品能均匀地润湿片剂物料，因为胶冻中含有大量水分，遇粉料后水逐渐扩散到药粉中，分布均匀，润湿一致。制出的片剂崩解性能好，对药物溶出的不良影响小。

淀粉浆的制法有煮浆法和冲浆法两种。煮浆法系将淀粉加全量冷水搅匀，置夹层容器内加热搅拌使糊化而成；冲浆法系取淀粉加少量冷水混悬后，冲入一定量沸水（或蒸汽），并不断搅拌使糊化而成。前者因淀粉粒糊化完全，故黏性较后者强。

4）糊　精

糊精主要作为干燥黏合剂，亦有配成10%糊精浆与10%淀粉浆合用。糊精浆黏性介于淀粉浆与糖浆之间，因其主要使粉粒表面黏合，故纤维性大及弹性强的中药片剂不很适用。

5）糖浆、饴糖、炼蜜、液状葡萄糖

这四种液体黏性都很强，适用于纤维性很强、质地疏松的或弹性较大的中药药物。

（1）糖浆。常用浓度为50%～70%（g/g）。此品不宜用于酸性或碱性较强的药物，因为在酸、碱作用下易产生转化糖，增加颗粒的引湿性，不利于压片。

（2）饴糖。常用浓度为25%或75%。此品呈浅棕色稠厚液体，不宜用于白色片剂，制成的颗粒不易干燥，压成的片剂易吸潮。

（3）炼蜜。经炼制后的蜂蜜其性质与饴糖相似。

（4）液状葡萄糖。液状葡萄糖系淀粉不完全水解的产物，常用浓度为25%或50%。此品有引湿性，制成的颗粒不易干燥，压成的片剂易吸潮。

6）胶浆类

胶浆具有强黏合性，多用于可压性差的松散性药物或作为硬度要求大的口含片的黏合剂。使用时应注意浓度和用量，若浓度过高、用量过大，会影响片剂的崩解和药物的溶出。此类中的阿拉伯胶浆和明胶浆主要用于口含片及轻质或易失去结晶水的药物。常用浓度为10%～20%。

7）其他黏合剂

（1）微晶纤维素：纤维素部分水解而成的聚合度较小的白色针状微晶，不溶于水、稀酸及有机溶剂中；具吸水膨胀性；可压性好，可作黏合剂、崩解剂、助流剂和稀释剂，可用于粉末直接压片。微晶纤维素为常用的干燥黏合剂，压成的片剂有较大的硬度。微晶纤维素价格较淀粉、糊精、糖粉等高，故不单独用作稀释剂，而作为稀释-黏合-崩解多功能的赋形剂使用。因其具吸湿性，故不适用于包衣片及某些对水敏感的药物。

（2）纤维素衍生物。羧甲基纤维素钠（CMC-Na）、羟丙基甲基纤维素（HPMC）和低取代羟丙基纤维素（L-HPC）均可作黏合剂，且都兼有崩解作用。可用其溶液，也可用其干燥粉末加水润湿后制粒。纤维素衍生物溶液常用浓度为5%左右，配方中加入量一般为1%～4%。这类化合物的聚合度和取代度不同，其黏度等性质亦不同，应恰当选择。乙基纤维素不溶于水，其醇液可用作对水敏感药物的黏合剂，亦可作缓释制剂的辅料。

（3）聚维酮（PVP）。聚维酮可溶于醇和水，其水溶液尤适用于咀嚼片黏合剂；其干粉为直接压片的干燥黏合剂，能增加疏水性药物的亲水性，有利片剂崩解；其无水乙醇溶液可用于泡腾片的酸、碱粉末混合制粒，不会发生酸、碱反应；其乙醇溶液适用于对湿热敏感的药物制粒；而5%～10% PVP水溶液是喷雾干燥制粒时的良好黏合剂。

（4）聚乙二醇（PEG）。PEG4000为新型黏合剂，具有水溶性。PEG6000可在干燥状态下直接与药物混合，加入崩解剂、润滑剂后即可压片。

（5）中药稠膏。中药稠膏既有治疗作用，又有黏性，可起黏合剂的作用。

此外，海藻酸钠、硅酸镁铝、白及胶等也可选作黏合剂。而改良淀粉速流乳糖、高纯度糊精等也可作为干燥黏合剂。

3. 崩解剂

崩解剂系指能使药片在胃肠道中迅速溶解或崩解，从而发挥药效的一类物质，除口含片、舌下片、长效片要求缓缓溶解外，一般都要求迅速崩解，故多需加入崩解剂。中药片剂因大多含有药材细粉或浸膏，其本身遇水后能缓缓崩解，故一般不另加崩解剂。

（1）干燥淀粉。干燥淀粉为最常用的崩解剂，用量一般为配方总量的 5% ~ 20%。用前应于 100 ~ 105 °C 先行活化，使含水量在 8% ~ 10%。此品适用于不溶性或微溶性药物的片剂，对易溶性药物的片剂作用较差。因淀粉的可压性较差，遇湿受热易糊化，若用量过多、湿粒干燥温度过高，将影响成品的硬度和崩解度。

（2）羧甲基淀粉钠（CMS-Na）。CMS-Na 为白色无定形粉末，用量一般为片重的 2% ~ 6%。其具良好的流动性和可压性；吸水后体积可膨胀 200 ~ 300 倍，是优良的崩解剂；适用于可溶性和不溶性药物，亦可作为直接压片的干燥黏合剂。

（3）低取代羟丙基纤维素（L-HPC）。L-HPC 为白色或类白色结晶性粉末，在水中不易溶解，有较好的吸水性，比表面和孔隙率大，吸水膨胀度达 500% ~ 700%。用量一般为 2% ~ 5%。此品具有崩解和黏结双重作用，对崩解差的片剂可加速其崩解，对不易成形的药物可使其黏性增大，改善可压性，提高片剂的硬度和光洁度。

（4）泡腾崩解剂。该崩解剂为碳酸氢钠与酒石酸或枸橼酸组成的崩解剂，遇水产生二氧化碳气体而使片剂崩解，此品可用于溶液片、外用避孕片等。应注意妥善包装制成的片剂，防止吸潮。

（5）表面活性剂。表面活性剂作为崩解辅助剂，能增加药物的润湿性，促进水分向片内渗透，而加速疏水性或不溶性药物片剂崩解。常用品种有聚山梨酯 80、月桂硫酸钠等。表面活性剂单独用作崩解剂使用时效果不好，常与干燥淀粉等混合使用。

此外，羟丙基淀粉、微晶纤维素、海藻酸钠等也都是良好的崩解剂。

4. 润滑剂

压片前，物料中应加入一定量的润滑剂，润滑剂一般应具有润滑性（系指能降低颗粒或片剂与模孔壁间的摩擦力，可使压片力分布及片剂密度分布均匀，使压成之片由模孔中推出时所需的力减少，同时减低冲模的磨损）、抗黏附性（系指能防止压片物料黏着在冲头表面或模孔壁上，使片剂表面光洁美观）、助流性（系指能减少颗粒间的摩擦力，增加颗粒流动性，使能顺利流入模孔，保证片重差异合格）。常用的润滑剂有以下几种。

1）水不溶性润滑剂

（1）硬脂酸镁。该品为白色细腻粉末，有良好的附着性，与颗粒混合后分布均匀而不易分离，为最常用的润滑剂，用量为 0.25% ~ 1%。此品润滑性强，抗黏附性好，助流性差。若与其他润滑剂混合使用，效果更佳。但其为疏水性物质，用量过多会延长片剂的崩解时间或产生裂片，适用于易吸湿的颗粒，用量为干颗粒的 0.25% ~ 1%。硬脂酸镁有弱碱性，遇碱不稳定的药物不宜使用。

此外，硬脂酸锌和硬脂酸钙也可用作润滑剂，其中硬脂酸锌多用于粉末直接压片。

（2）滑石粉。滑石粉为白色至灰白色结晶性粉末，不溶于水；助流性、抗黏着性良好，润滑性及附着性较差；用量一般为干颗粒重的 3%~6%。

（3）硬脂酸。此品常用浓度为 1%~5%，润滑性好，抗黏附性不好，无助流性。

（4）液体石蜡。液体石蜡常与滑石粉同用以增加滑石粉的润滑作用。此品润滑性很好，但抗黏附性不好，无助流性。适用于颜色较深的中药片剂。

（5）微粉硅胶（白炭黑）。微粉硅胶为轻质白色无定形粉末，不溶于水，具强亲水性；有良好的流动性、可压性、附着性。其为粉末直接压片优良的辅料，用量为 0.15%~3%。微粉硅胶亲水性较强，用量在 1%以上时可加速片剂的崩解，且使片剂崩解得极细，故有利于药物的吸收。但因其价贵，尚不能普遍使用。

2）水溶性润滑剂

由于疏水性润滑剂对片剂的崩解及药物的溶出有一定的影响，同时为了满足制备水溶性片剂如口含片、泡腾片等的要求，需选用水溶性或亲水性的润滑剂。

四、片剂崩解剂的加入方法

1. 内加法

内加法是指将崩解剂与处方粉料混合在一起制成颗粒的方法。此法崩解作用起自颗粒内部，一经崩解便成粉粒，有利药物成分溶出。但由于崩解剂在制粒过程中已接触湿和热，并且包于颗粒内，与水接触较迟缓，因此崩解作用较弱。

2. 外加法

此法是指将崩解剂与已干燥的颗粒混合后压片的方法。此法崩解作用起自颗粒之间，崩解迅速。但因颗粒内无崩解剂，故不易崩解成粉粒，溶出稍差。同时，因增加了干颗粒的细粉量，用量大时可导致压片困难，片重差异大。为此，有时将淀粉制成空白颗粒与药物颗粒混匀后压片。

3. 内外加法

该法综合内加法和外加法，即将崩解剂用量的 50%~75%与药物混合制颗粒，其余加在干颗粒中，当片剂遇水时首先崩解成颗粒，颗粒继续崩解成细粉，药物成分溶出较快。此种方法可克服以上两种方法的缺点，是较为理想的方法。

4. 特殊加入法

（1）泡腾崩解剂与酸、碱组分一般应分别与处方药料或其他赋形剂制成干颗粒，压片时混匀。在生产和贮存过程中，要严格控制水分，避免与潮气接触。

（2）表面活性剂的加入，一般制成醇溶液喷于干颗粒上，密闭渗吸；或制粒时溶解于黏合剂内；或与崩解剂混匀后加于干颗粒中。

五、片剂的质量要求及检查

压片前的颗粒应控制水分，以适应制片工艺的需求，并防止成品在贮存期间发霉，变质。除另有规定外，片剂应密封贮存。除另有规定外，片剂应进行以下项目的检查：

1. 外　观

片剂外观应完整光洁，色泽均匀，有适宜的硬度，以免在包装、贮运过程中发生磨损或破碎。

2. 重量差异

照下述方法检查，应符合规定。

检查法：取供试品 20 片，精密称定总重量，求得平均片重后，再分别精密称定每片的重量，每片重量与平均片重比较（凡无含量测定的片剂或有标示片重的中药片剂，每片重量应与标示片重比较），按表（表 2-21）中的规定，超出重量差异限度的不得多于 2 片，并不得有 1 片超出限度 1 倍。

表 2-21　片剂重量差异限度

平均片重或标示片重	重量差异限度
0.30 g 以下	±7.5%
0.30 g 及 0.30 g 以上	±5%

糖衣片的片芯应检查重量差异并符合规定，包糖衣后不再检查重量差异。薄膜衣片应在包薄膜衣后检查重量差异并符合规定。

凡规定检查含量均匀度的片剂，一般不再进行重量差异检查。

3. 崩解时限

除另有规定外，照崩解时限检查法（通则 0921）检查，应符合规定。

含片的溶化性照崩解时限检查法（通则 0921）检查，应符合规定。

舌下片照崩解时限检查法（通则 0921）检查，应符合规定。

阴道片照融变时限检查法（通则 0922）检查，应符合规定。

口崩片照崩解时限检查法（通则 0921）检查，应符合规定。

咀嚼片不进行崩解时限检查。

凡规定检查溶出度、释放度的片剂，一般不再进行崩解时限检查。

4. 发泡量

阴道泡腾片照下述方法检查，应符合规定。

检查法：除另有规定外，取 25 mL 具塞刻度试管（内径 1.5 cm，若片剂直径较大，可改为内径 2.0 cm）10 支，按表（见表 2-22）中规定加水一定量，置 37 °C±1 °C 水浴中 5 分钟，各管中分别投入供试品 1 片，20 分钟内观察最大发泡量的体积，平均发泡体积不得少于 6 mL，且少于 4 mL 的不得超过 2 片。

表 2-22　平均片重与加水量关系

平均片重	加水量
1.5 g 及 1.5 g 以下	2.0mL
1.5 g 以上	4.0mL

5. 分散均匀性

分散片照下述方法检查，应符合规定。

检查法：照崩解时限检查法（通则 0921）检查，不锈钢丝网的筛孔内径为 710 μm，水温为 15 ~ 25 °C；取供试品 6 片，应在 3 分钟内全部崩解并通过筛网。

6. 微生物限度

以动物、植物、矿物来源的非单体成分制成的片剂，生物制品片剂，以及黏膜或皮肤炎症或腔道等局部用片剂（如口腔贴片、外用可溶片、阴道片、阴道泡腾片等），照非无菌产品微生物限度检查：微生物计数法（通则 1105）和控制菌检查法（通则 1106）及非无菌药品微生物限度标准（通则 1107）检查，应符合规定。规定检查杂菌的生物制品片剂，可不进行微生物限度检查。

六、压片常见问题及其解决措施

1. 黏　冲

（1）原因：

① 颗粒含水量过高、黏性过强或易吸湿。

② 生产环境温度、湿度过高。

③ 润滑剂用量不够或分布不均。

④ 颗粒中细粉多，与冲头摩擦作用增强。

⑤ 冲头表面粗糙或刻字冲头刻字太深。

⑥ 冲头表面不干净，有油渍或水渍。

（2）解决措施：

① 颗粒进一步干燥，使含水量合适。

② 控制生产操作间的相对湿度、温度。

③ 更换润滑剂，分布不均者重新混合。

④ 筛除过多细粉或重新制粒。

⑤ 用极细砂纸擦光或更换冲头。

⑥ 擦拭冲头保持干净。

2. 裂　片

（1）原因：

① 颗粒黏性不足，压力解除后弹性复原。

② 细粉过多或颗粒粒径差异过大。

③ 颗粒含水量过低或含结晶水药物失去结晶水引起顶裂。

④ 油类成分多，减弱了颗粒间的黏合力。

⑤ 弹性较强的纤维性药物含量较大。

⑥ 压力过大或车速过快，空气不能逸出。

⑦ 冲模磨损，上冲与模圈不够吻合。

（2）解决措施：

① 调整黏合剂或润滑剂的品种或用量。

② 筛去部分细粉或对粗颗粒粉碎后压片。
③ 颗粒搅拌并加入稀乙醇增加含水量后再压片。
④ 替换或增加吸收剂，如磷酸氢钙等。
⑤ 药材提取后制粒压片，或制粒时加入糖粉或淀粉浆并趁热使用。
⑥ 适当调低压片时压力，减慢车速。
⑦ 检查冲模是否受损变形，若有问题则更换冲模。

3. 叠　片

（1）原因：
① 黏冲或上冲卷边致片剂黏着在上冲。
② 出片时下冲上升的位置太低，未将片剂送出。
（2）解决措施：
① 解决黏冲问题或更换冲头。
② 及时排除下轨道磨损严重或缺损或安装有误等故障，调整或检修出片调节器。

4. 蹦　片

（1）原因：
① 下冲出片调节太低，下轨道严重磨损。
② 前挡板安装太高或松动。
③ 模圈安装不到位或模圈孔内有杂物。
④ 下冲短、飞边太大、黏冲或车速太快。
（2）解决措施：
① 更换下轨道或重新安装并调整其高度。
② 调整前挡板与转盘距离。
③ 模圈按标准重新安装到位，与转盘齐平。
④ 更换标准冲头，或解决黏冲问题，或放慢车速。

5. 毛　边

（1）原因：
① 颗粒太硬、太粗或细粉过多。
② 冲头边太毛。
③ 润滑剂用量不够或搅拌不均匀。
（2）解决措施：
① 改善颗粒性质，控制颗粒和细粉比例。
② 更换新冲模。
③ 增加润滑剂用量或延长搅拌时间。

6. 松　片

（1）原因：
① 药物粉碎细度不够，纤维性或富有弹性药物或油类成分含量较多而混合不均匀。
② 黏合剂或润湿剂用量不足或选择不当，使颗粒质地疏松或颗粒粗细分布不匀。

③ 颗粒含水量太少、含结晶水药物干燥过程中失去较多结晶水，使颗粒松脆。

④ 颗粒流动性差，刮粒器及下料口堵塞。

⑤ 压力过小，多冲压片机冲头长短不齐，车速过快或加料斗中颗粒时多时少。

⑥ 片剂成型后长时间暴露，吸水膨胀。

（2）解决措施：

① 调整粉碎压力和调整黏合剂品种或增加用量，使颗粒混合均匀。

② 选用黏性较强的黏合剂或增加润湿剂用量，适当增加压片时压力。

③ 选用适当黏合剂或增加用量，改进制粒工艺，多搅拌软材以及混匀颗粒等。

④ 改善颗粒流动性。

⑤ 调节压片压力，检查冲模是否配套，调整车速，使料斗内保持一定存量颗粒。

⑥ 生产出的片剂及时防潮保存。

7. 硬度不合

（1）原因：

① 原辅料弹性太强，压力解除后片剂的结合力瓦解。

② 压片时压力不够或加压速度过快。

③ 原料粒径大，比表面积小。

④ 润滑剂用量过大，削弱颗粒间结合力。

⑤ 黏合剂选择不当或黏合剂的黏合力不够。

⑥ 颗粒水分偏低。

（2）解决措施：

① 加入易发生塑性形变的辅料，或换用黏性更强的辅料或增加辅料用量。

② 增大压片的压力，或延长压片时间。

③ 减小原料粒径，增大比表面积。

④ 减少润滑剂用量或减少混合时间。

⑤ 增加黏合剂用量或更换黏合剂品种。

⑥ 增加颗粒含水量。

8. 片重差异超限

（1）原因：

① 颗粒粗细相差悬殊，流速不一。

② 下冲运行不灵活，下降高度不够，致使颗粒填充量不够。

③ 颗粒结块，堵塞料斗及刮粒器。

④ 颗粒过细、过湿，流动性差。

⑤ 润滑剂用量不足或混合不匀。

⑥ 双流程压片机两加料斗加颗粒速度不一致，颗粒填充不均。

⑦ 加料器内颗粒过多或过少。

⑧ 冲模磨损，或模圈安装过低。

（2）解决措施：

① 筛去过多细粉或将粗颗粒粉碎。

② 检查冲模，清洗拉冲的冲杆、冲杆孔及模圈。
③ 结块颗粒重新过筛。
④ 重新制粒或加入助流剂。
⑤ 适量增加润滑剂用量，并混合均匀。
⑥ 调整加料器。
⑦ 调整加料器内颗粒量至合适。
⑧ 更换或重新安装冲模。

9. 崩解时限超限

（1）原因：
① 颗粒较硬，特别是浸膏类片剂。
② 崩解剂品种、用量选择不当或加入方法不当。
③ 黏合剂黏性太强，用量过多。
④ 疏水性润滑剂用量过多。
⑤ 压片的压力过大，片剂过于坚硬。
⑥ 含胶类、糖类、浸膏的片剂贮存温度过高或吸潮。
⑦ 片剂中含油类成分较多，疏水性较强。
⑧ 制粒工艺选择不当。
（2）解决措施：
① 增加崩解剂用量，将粗颗粒粉碎，选择适宜黏合剂制粒。
② 调整崩解剂品种或用量，改进加入方法，如采用内外加法。
③ 减少黏合剂用量或更换品种。
④ 减少疏水性润滑剂用量，或改用亲水性润滑剂。
⑤ 在片剂硬度合格前提下降低压片的压力。
⑥ 注意片剂贮存温度，采用防潮措施。
⑦ 制备工艺中加入吸油剂。
⑧ 更改制粒工艺或设备。

知识拓展三十二

片剂脆碎度检查法

本法用于检查非包衣片的脆碎情况及其他物理强度，如压碎强度等。

仪器装置：内径约为 286 mm，深度为 39 mm，内壁抛光，一边可打开的透明耐磨塑料圆筒。筒内有一自中心轴套向外壁延伸的弧形隔片（内径为 80 mm±1 mm，内弧表面与轴套外壁相切），使圆筒转动时，片剂产生滚动（如图 2-12）。圆筒固定于同轴的水平转轴上，转轴与电动机相连，转速为每分钟 25 转±1 转。每转动一圈，片剂滚动或滑动至筒壁或其他片剂上。

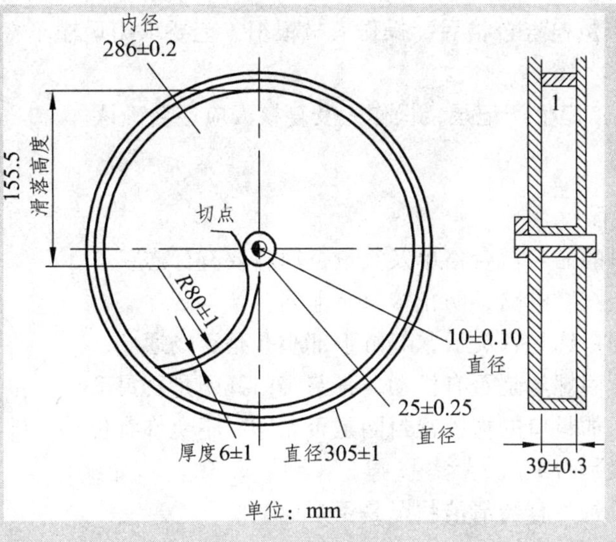

图 2-12　片剂脆碎度检查仪

检查法：片重为 0.65 g 或以下者取若干片，使其总重约为 6.5 g；片重大于 0.65 g 者取 10 片。用吹风机吹去片剂脱落的粉末，精密称重，置圆筒中，转动 100 次。取出，同法除去粉末，精密称重，减失重量不得过 1%，且不得检出断裂、龟裂及粉碎的片。本试验一般仅作 1 次。如减失重量超过 1%时，应复测 2 次，3 次的平均减失重量不得过 1%，并不得检出断裂、龟裂及粉碎的片。

如供试品的形状或大小使片剂在圆筒中形成不规则滚动时，可调节圆筒的底座，使与桌面成约 10°的角，试验时片剂不再聚集，能顺利下落。

对于形状或大小在圆筒中形成严重不规则滚动或特殊工艺生产的片剂，不适于本法检查，可不进行脆碎度检查。

对易吸水的制剂，操作时应注意防止吸湿（通常控制相对湿度小于 40%）。

第二部分　生产操作

第 1 步　提取挥发油

1. 配　料

（1）阅读批生产指令，按维 C 银翘指令处方到物料库领取药材。

（2）仔细核对药材的品名和重量，核对实物与标签一致。

（3）操作人员依据指令处方将各种净药材分别精确称量，分别放入符合物料洁净要求的设备中，工序班长分别进行复核；填写称量记录，拴挂标签，各项内容填写完全。

（4）由 QA 检查员检查合格后，操作人员根据工艺要求用运输车将配好的药材推到提取工序。

（5）填写批配料工序生产记录，操作人及复核人应签名确认。

2. 提取挥发油

（1）操作准备过程：

① 核对所有原料的品名、合格单及数量，原料要有标志。

② 检查全部水、汽、电路，防止接错及泄漏。

③ 检查出渣门的搭钩是否灵活，气缸下部小孔是否畅通。

④ 检查各处的紧固螺丝是否有松动，各路阀门开闭是否灵活。

⑤ 检查出渣门、加料口的橡胶密封圈是否完整，不允许有位移、破损。

⑥ 检查附件仪表是否灵敏、完整。

⑦ 检查工房、设备、容器清洁状况是否达标。

⑧ 检查"清场合格证"，核对有效期，取下标示牌，挂生产标示牌于指定位置，按生产指令填写工作状态。

（2）操作过程：

① 关闭并锁紧出渣门。

② 按生产指令将连翘、荆芥、金银花药材投入提取罐内，加入药材量 8 倍的水。

③ 加热煎煮，打开蒸汽阀进行加热，安装好收取挥发油装置，开启冷却水。

④ 沸腾后开始计时，沸腾 4 小时后，停止加热，待温度降低到 40 °C 左右，关闭冷却水，接收挥发油，备用。

⑤ 及时填写提取批生产记录。

（3）注意事项：

① 关闭加料口时，必须使定位手柄的定位销进入钩槽内。

② 当设备带压操作内尚有残余压力，严禁启动加料口手柄。

③ 加热提取时夹套内工作压力应控制在 0.15 MPa 以内。

④ 注意挥发油接收装置中冷却水的流量及温度。

（4）异常情况处理和报告：

生产过程中如发生漏汽、漏液等异常情况应及时处理，不得"带病操作"，不能及时处理的应立即停止操作并及时向生产部及设备部汇报，恢复正常后才能继续进行操作。

第 2 步　水提取

（1）按生产指令要求将淡竹叶、淡豆豉、芦根、桔梗和甘草投入装有提取挥发油后的药渣的提取罐中。

（2）加入药材量 8 倍的水。

（3）开启加热，沸腾后开始计时，煮沸 2 小时，提取完成后关闭蒸汽阀，将提取液用料泵经过滤器过滤后通过管道送入贮罐。将药液打入贮罐之前，要认真检查贮罐各阀门启闭是否正确，并打开所用贮罐的排空阀，然后在检查下料时是否有人，并将门窗打开，当压缩罐内的压力指到 0.6 MPa 时方可按配电柜的按钮，开始放料。

（4）第二次提取，向提取罐内加入药材量 6 倍的水，煮沸 2 小时，放出提取液与第一次提取液合并。

（5）及时填写提取批生产记录。

（6）待提取罐温度降到室温时，放出药渣，清洗提取罐，清场，及时填写清场记录。

第3步 醇提、浓缩

（1）将牛蒡子药材投入提取罐内，加入药材量 8 倍的 60%乙醇。

（2）提取罐加热，并开启冷却水。

（3）沸腾后开始计时，回流 4 小时后，停止加热，放出提取液。

（4）第二次提取，罐内加入药材量 6 倍的 60%乙醇，加热回流 4 小时，放出提取液。

（5）两次提取液过滤，合并滤液，回收乙醇，加入石蜡使其溶解，冷却至石蜡浮于液面，除去石蜡层，药液备用。

（6）合并上述各药液，浓缩成相对密度为 1.38（60 °C）的稠膏。

（7）收取稠膏，清场，及时填写清场记录。

（8）及时填写提取批生产记录。

第4步 干燥、粉碎

（1）按生产指令，领取原料稠膏、辅料，并按物料进入洁净车间操作规程将上述物料传入洁净车间。

（2）将上述稠膏放入烘盘中，厚度约 2 ~ 3 cm，将烘盘放入推车上，再将推车推入烘箱中，关闭烘箱门。

（3）于 70 °C 干燥至浸膏含水量 5%左右，停止加热，待烘箱内温度降到室温时，取出干膏。

（4）粉碎干膏，过 80 目筛，备用。

（5）及时填写批生产记录。

（6）清场和清洁：

① 生产结束后，按《清场标准操作程序》及各所用设备清洁标准操作程序进行清场和清洁。

② 填写清场清洁记录，经 QA 检查员检查合格后在清场记录上签字，挂上清场合格状态标志，并签发“清场合格证”，将本次“清场合格证”（正本）附入批生产记录。

第5步 湿法制粒、总混

1. 混　合

同项目一混合操作，将干膏粉与乙酰氨基酚和用辅料包膜制成的维生素 C 微粒在槽形混合机中混匀。

2. 制软材

将润湿剂加入上述混合物中，开启槽形混合机 15 分钟，使之“握之成团，触之即散”即可。

3. 制　粒

将制好的软材投入装 18 目筛网的摇摆式制粒机中制湿颗粒。

4. 干　燥

将湿颗粒铺放在烘盘中，厚约 2 ~ 3 cm，将烘盘放入推车中，将推车推入烘箱，关闭烘箱门，于 60 ~ 80 °C 干燥至颗粒含水量 5%。

5. 整　粒

将干燥颗粒投入装有 18 目筛的摇摆式制粒机整粒，即得。

6. 总　混

将上述颗粒喷入提取的挥发油以及薄荷素油，加处方量马来酸氯苯那敏混匀。

第6步　压　片

1. 开工前检查

（1）检查上次清场情况，设备清洁度和运转情况；检查领取的盛装容器是否清洁，容器外应无原有的任何标记；检查计量器具（磅秤和天平）的计量范围应与称量相符，计量器具上应有设备合格证及周检合格证，并在规定的有效期内；检查按照批生产指令领取的物料是否与指令相符。

（2）QA 检查员同意开工后，将“清场合格证”附入批记录，挂上“生产运行证”。

2. 安装机器

（1）到模具室领用模具，填写模具发放记录（领用品种、规格、数量和领用人）。

（2）模具安装前须将模具全部用 95%乙醇依次清洗干净，然后用纱布擦干。清洗时注意检查上下冲的冲尾、冲头和中模孔处是否完好，有无磨损，若有应及时更换。

（3）中模的安装。在压片机转台模孔内装入中模，然后通过插入上冲孔的中模打棒，轻轻打入至转台模孔底部，再用 6 号内六角扳手拧紧顶丝，安装后应保证上冲进入中模孔灵活自如。

（4）上冲的安装。翻起上轨道嵌舌，将上冲插入上冲孔，使其与上轨道接触即可，转动手轮安装下一个冲，直至全部安装完毕，当安装最后一个上冲时，应把嵌舌一起盖上。

（5）下冲的安装。打开围罩，拆下下轨道垫片，把下冲装入下冲孔，保证下冲进入中模孔上下灵活；转动手轮安装下一个冲，直至全部安装完毕。应及时把垫片装上，拧紧螺钉。

（6）安装刮料器。调整支撑螺钉的高低，使刮料器底面与转台工作平面的间隙为 0.05 ~ 0.10 mm（可用塞尺测量，相当于一张打印纸的厚度）；挡片板与转台工作平面应有间隙，以不磨转台、不磕片为准；刮粉板紧贴住转台工作面，以保证充填准确。

（7）转动充填和片厚调节手轮，使充填量调到较小位置，片厚调到较大位置，转速调到较低位置，转动手轮盘车，使转台旋转 1 ~ 2 周，观察冲模及运动情况，应灵活无干涉现象。

（8）安装加料斗、筛片机及吸尘器。

3. 压　片

（1）开机前检查模具型号，应符合片重要求，上料前复核品名、批号。检查各润滑点的润滑油脂是否充足。

（2）检查原料湿度、颗粒度情况（16 ~ 20 目筛网筛出的粉粒）。检查加料器底面与冲盘的间距（应为 0.05 mm），检查刮粉器与冲盘的间距不得漏药。确认出料器与加料器安装齐全、贴合良好。

（3）将压力调节、速度调节、充填调节、片厚调节等调节装置调至零，启动主机，开机并启动吸尘器、筛分器，空转 2 ~ 3 min 设备运转正常无杂音，速度调至低速运行，进行压力、充填量和片厚调节，调至与生产指令相符的片重，检查崩解时限、片重差异、脆碎度及外观等项目，各项指标均符合内控标准后，调整压片机速度进行压片操作。填写记录。

（4）操作过程中，随时检查基片的外观质量，每 15 min 取样 10 片，检查一次片重，每班必须检查脆碎度和崩解时限 3 次以上。根据实际情况进行压力、片厚、充填量速度的调节。检测并记录片重。当片重靠近上下限时，应及时调整设备，调整后应连续 3 次取样称重，均合格后，继续压片并记录。

（5）将压好的基片装入有塑料袋的桶内，密封。填写标签并贴在桶上。

（6）压片结束后，挂上“待清洁”标志，把药片运到中转站，称料，填写结料记录、素片进出站记录、再制品记录、台秤使用记录、完成物料平衡计算等（见表 2-23）。

表 2-23　压片工序生产记录

品名				规格			批号		
1、压片工序开工检查：（QA 检查员填写）							年　月　日		
上批清场合格证	上批文件标志	上批物料	环境清洁	设备正常	计量器具合格	工具容器清洁	本批物料正确	是否批准开工	QA 检查员签字
有　无	有　无	有　无	有　无	有　无	有　无	有　无	有　无	有　无	
2、压片记录：　装量差异：合格（　）　　不合格（　）									
领用物料重量/kg		领用人		应压片重/mg			班次		
操作间		冲模规格		片重差异/%			压片工		
重量测定									
3、结料记录							年　月　日		
桶号									
皮重/kg									
毛重/kg									
净重/kg									
操作人									
总桶数		总重量/kg		合格袋数			备注		
残退量/kg		废品量/kg		成品率/%					

续表

4、压片清场记录：　　　　年　　月　　日

项目	清走物料文件	工具容器	设备	四壁顶棚、地面、门	配电箱灯罩	操作台工具柜	送风口回风口
清理结果							
操作人			班长			QA 检查员	

5、素片放行记录（QA 检查员填写）　　　　年　　月　　日

外观	合格（ ）不合格（ ）	脆碎度	合格（ ）不合格（ ）	
崩解时限/min		合格（ ）不合格（ ）	溶出度	合格（ ）不合格（ ）
含量	为标示量的　　%	合格（ ）不合格（ ）	含量均匀度	合格（ ）不合格（ ）
是否放行	是（ ）否（ ）	QA 检查员		

第7步 包衣

1. 开工前检查

（1）查上次清场情况，设备清洁度和运转情况；检查领取的盛装容器是否清洁，容器外应无原有的任何标记；检查计量器具（磅秤和天平）的计量范围应与称量相符，计量器具上有无设备合格证及周检合格证，并在规定的有效期内。

（2）QA 检查员同意开工后，将“清场合格证”附入批记录，挂上“生产运行证”。

2. 生产准备

操作人员依据日计划生产量，到中转站领取物料。注意在领取物料前应首先确认素片是否为“放行”状态标志，同时索取本批次物料的中间品检验合格证，无检验合格证的物料应拒绝领取。

3. 化　糖

在夹层罐中加入蔗糖和水，制糖浆，每 100 kg 蔗糖用水 45 kg。打开蒸汽阀门加热并不断搅拌至沸腾，趁热用纱布过滤到不锈钢桶内，填写并挂上标签。

4. 化　胶

在化胶锅内按每 1 kg 桃胶加水 1.5 kg 的比例加入桃胶和水，在电磁炉上加热并不断搅拌。至桃胶完全融化后，用纱布过滤到另一锅内，填写并挂上标签。

5. 包　衣

基片质量不好，出现破片可使糖衣片杂点增多，遇到此类情况应挑出破片后再进行包衣。

（1）包隔离层。每罐投基片 50 ~ 60 kg，一般包 4 ~ 5 层，根据工艺要求，用桃胶浆[V（桃胶）∶V（水）=1∶1.5]、密度为 1.313 的糖浆（约需糖 2 kg）和滑石粉 2.5 ~ 3 kg 包隔离层。每层约需 1 h。

开动糖衣机，称取 50 ~ 60 kg 基片放入糖衣机，加入桃胶浆和糖浆适量，待均匀湿润后，均匀撒入滑石粉，关掉冷热风，待滑石粉完全均匀地吸附在基片上时再开冷热风，如此

反复操作。要求层层干燥。包第一层隔离层后应出罐过筛。操作过程中如发现基片松片，应缩短包隔离层时间。填写记录。

（2）包粉衣层。加入适量糖浆使药片均匀湿润，撒入滑石粉，转动至干燥。如此反复操作。要求层层干燥。一般包 14 ~ 16 层，视基片质量可多包或少包几层，温度掌握在 50 °C 左右。每层约需 40 min，用糖浆 800 ~ 1 000 mL，滑石粉用量逐层减少，共约需 2 kg。填写记录。

（3）包糖衣层。在包粉衣层后，此时应先烤两层糖，每次加入糖浆 800 ~ 1 000 mL，烤糖每层时间约 50 min，第一层比第二层时间稍长。烤糖后上糖层，关掉电炉后开热风，第一层用 800 mL，以后用量逐层减少，每层耗时 15 ~ 20 min。包糖衣 4 ~ 5 层时关掉热风，再包 7 ~ 8 层，包完糖衣后片面应光滑平整。要求层层干燥。用糖浆量约 5 000 mL。一般包 13 ~ 15 层。

（4）包色衣层。分别配制不同颜色的有色糖浆，有色糖浆应随用随配。将工艺规定量色素，置于不锈钢盆中，加入 30 ~ 40 mL 水溶解，溶解后加糖浆 1 000 ~ 1 200 mL，放在电磁炉上加热至沸腾后用纱布过滤，备用。

包色衣过程应由浅色至深色操作，每层耗时 8 ~ 10 min，包 14 ~ 16 层，一般耗时 3 h 左右。若包色衣时出现花斑现象，应用糖浆包几层后重新包色衣。

（5）打光。打光辅料用蜡粉和硅油。以少量多次的原则分次加入蜡粉至旋转的糖衣机中，待药片光亮、滑利时加入硅油定型，时间 30 min 左右。打光后，用不锈钢簸箕将药片放到三角车上的不锈钢药盘内，填写标签。将糖衣片放在指定的房间内打开红外线灯。晾 12 ~ 16 h。填写记录（见表 2-24）。

（6）选粒。将晾好的糖衣片，倒入挑片盘中，挑片。将合格品放入内有洁净布袋的桶内，填写并挂上标签。填写记录。将产品运往中转站，与中转站负责人进行复核交接，双方在中转站进出站台账上签字。

表 2-24　包衣工序生产记录

品名									规格					批号		
1、包糖衣工序生产记录														年	月	日
领用素片重量/kg		万片数				片心平均片重/g						温湿度			℃	%
包衣材料												预计包衣增重/%				
领料量/kg												领料人				
胶浆配制	m(阿拉伯胶)∶m(纯化水)=					有色糖浆配制			m(色素)∶m(糖浆)=						配制人:	
糖浆配制	m(蔗糖)∶m(纯化水)=					胶糖浆配制			m(胶浆)∶m(糖浆)=						配制人:	
次数	1	2	3	4	5	6	7	8	9	10	11	12	13	14	15	16
时间																
包衣阶段																
浆液名称																
浆液用量/kg																
次数	17	18	19	20	21	22	23	24	25	26	27	28	29	30	31	32
时间																
包衣阶段																

续表

浆液名称																
浆液用量/kg																
次数	33	34	35	36	37	38	39	40	41	42	43	44	45	46	47	48
时间																
包衣阶段																
浆液名称																
浆液用量/kg																

包衣片最终片重/g		增重/%		包衣操作人	
注意	层层干燥	备注			

2、晾片记录 年 月 日

晾片室温度/°C		入室时间		收片时间		合计晾片时间	
相对湿度/%		干燥后平均片重/g				收片人	

3、接料记录 年 月 日

桶号							
皮重/kg							
毛重/kg							
净重/kg							
操作人							

总桶数		总重量/kg		合片数/万片	
退残量/kg		废品量/kg		成品率	
备注					

第8步 包装

1. 铝塑包装

（1）领料。操作人员依据包装指令及日计划生产量，到车间物料间领取相应的 PVC 和铝箔，到中间站领取物料。

（2）开动机器。开机前检查模具型号，应符合包装要求。打开压缩空气阀门、水和总电源开关。按启动按钮、加热按钮，检查机器各部分是否正常，并保养设备。观察温度控制仪，各加热部位温度是否达到所设定的温度值。将 PVC 和铝箔安装至固定工位，按运行启动钮。启动热封离合，振动、搅拌电源，机器开始运行，检查 PVC 与铝箔运行是否正常。上料前应复核品名、批号。

（3）加料。当机器空运转正常后，用物料铲把药片送至料斗。调整振动调频钮，使药片入泡率达到最佳状态。将包装后的产品装入规定的容器内，准确称取重量，认真填写周转卡片，并挂于物料容器上。将产品运往中间站，与中转站负责人进行复核交接，双方在中转站进出站台账上签字。

（4）关机。铝塑包装完毕，按总停开关，关闭振动电源、加热、热封离合，打开加热板，关闭压缩空气阀门、水和总电源，将剩余的残料装在塑料袋内称重，贴好标签封口后，交中转站管理人员，存放在残料区。操作人员对剩余的内包装材料进行称重，贴退料封口签，交材料员依据《物料结料、退料工作程序》办理退料手续。

（5）生产结束。

操作人员对操作间、设备、容器、工具以及地面依据相应《清洁标准操作规程》及《清场管理规程》进行清场，清场后，首先由班组长对操作间、设备、容器等进行检查，检查认可后通知 QA 检查员检查，合格后发放“清场合格证”代替“待清洁”状态标志。操作人员整个生产过程中及时认真填写“铝塑包装生产记录”（见表 2-25），同时应依据不同情况选择“设备状态卡”标志。

表 2-25　铝塑包装生产记录

品名				规格			批号		
1、包装工序开工检查：（QA 填写）									年　月　日
上批清场合格证	上批文件标志	上批物料	环境清洁	设备正常	计量器具合格	工具容器清洁	本批物料正确	是否批准开工	QA 签字
有　无	有　无	有　无	有　无	有　无	有　无	有　无	有　无	有　无	
2、包装记录									年　月　日
领用物料重量	kg	万片/粒	领料人		复核人				
包装材料名称	PVC	PTP	吹泡温度/°C	热合温度/°C	批号安装人	批号复核人			
数量/kg									
日期：	班次：	本班生产量：　kg；合　板	操作人						
箱号									
皮重/kg									
毛重/kg									
净重/kg									
3、包装清场记录：									年　月　日
项目	清走物料文件	工具容器	设备	四壁顶棚、地面、门	配电箱灯罩	操作台工具柜	送风口回风口		
清理结果									
操作人			班长			QA			
内包装放行记录（QA 填写）									年　月　日
网纹	合格（　）不合格（　）	批号	合格（　）不合格（　）						
密封	合格（　）不合格（　）	装量	合格（　）不合格（　）						
是否放行	是（　）　否（　）	QA							

2. 外包装

（1）工序班长依据包装指令到中转站从上一工序领取待包装品，并填写交接单，经核对无误后，双方签字。工序班长组织本工序操作人员将待包装品定置存放好，并做好标记。包装时，用运输车将待包装品运至包装室，核对品种、数量无误后，准备包装。

（2）包材的发放。工序班长将标签取出发放给操作人员，双方核对品名、数量，填写车间标签包装材料发放记录（见表 2-26），发放人、使用人签字。

表 2-26　标签、说明书发放记录

标签、说明书名称							单位：		
年		批号/编号	领用数量	使用数量	报废数量	剩余数量	发放人	领用人	备注
月	日								

（3）打印批号、有效流水号、生产日期卡号。操作人员依据包装指令分别将打印批号、生产日期、有效期、流水号的字头按反版排放，按照《打码机使用标准操作规程》安装在打码机相应位置上，在小盒、中盒相应位置上试打印批号，由 QA 检查员核对无误后填写批号打印复核记录，正式打印；调节卡号器数字顺序与包装指令一致，蘸黑色印油在大箱相应位置上试打印批号、生产日期、有效期、流水号，由 QA 检查员核对无误后填写批号打印复核记录，正式打印。打印的批号、生产日期、有效期、流水号要数字排列正确，印字端正、清晰。将打印好批号、生产日期、有效期、流水号的小盒和中盒按流水号用皮套捆住，并按次序摆放到不锈钢方盘中，打码中出现的废品放到废料箱内并做好标志，及时将缺损的数量补齐。

（4）工序班长根据每人生产定额，将待包装品发放给包装人员。包装人员将领回的待包装品放于工作台上，将工艺规定数量的待包装品按工艺规定的排列方式、方向装入防潮袋内，同时将防潮袋开口朝上，按次序整齐地摆放到不锈钢方盘中。每一方盘摆放规定数量的待封口的防潮袋。装袋时注意检查待包装品质量，捡出不合格品放入废料箱内，做好标记，标明品名、批号、数量及流水号。工序班长将挑出的所有不合格品装入无毒塑料袋内，密封，贴好尾料盛装单，各项内容应填写完全。

（5）封口操作人员将装满待封口防潮袋的方盘放在封口机旁，按照薄膜封口机使用标准操作规程启动设备，预热。温度达到工艺要求后进行封口，封好的防潮袋装入周转箱，贴好标签，标明品名、批号、数量和流水号。

（6）折叠说明书。手工将说明书横向对折一次，再竖向对折一次。说明书折叠要整齐，无褶皱。

（7）装小盒。一手取小盒，沿折痕折成盒状后，将一端封口，在盒盖中部贴严圆封签；一手持盒，另一手取热封好的规定数量的防潮袋及折叠好的说明书一张，装入折好的小盒内，盖好小盒，用圆封签封口，圆封签应端正，将装好的小盒顺同一方向排列整齐。

（8）装中盒。取中盒，沿折痕折成盒状后，将装好的小盒整齐地装入折好的中盒内，盖上中盒，用圆封签封好，圆封签应端正。

（9）塑封。根据工艺要求，将中盒装入收缩膜内，按照热收缩机使用标准操作规程进行塑封。塑封应平整。

（10）装箱。工序班长按照流水号填写合格证内容，由 QA 检查员检查合格后，按照流水号发给包装人员，双方在车间标签包装材料发放记录上签字。

封箱底：包装人员根据自己的流水号领取打印好的大箱，下面朝上倒置拉开成长方体状，先将箱底两宽侧边沿压痕向内折平，然后将两侧长边沿压痕向内折平，盖住两宽边，左手按箱，右手持封口机从大箱一侧箱头 10 cm 起，沿两侧边的接缝，一直封至大箱另一侧箱头的 10 cm 处，封好箱底，两手持大箱的两箱头，使箱底朝下将大箱翻转放好备用，同时应注意，封箱胶带纵向中线要对准大箱两长侧边的接缝，不能太偏；封箱胶带不得过短或过长。

装中盒：往封好箱底的大箱中放入一个塑料袋，然后按包装规格、规定数量，顺一方向装入中盒。

放合格证：往装好中盒的大箱中放入一张填写好的合格证。

封箱面：将箱面两宽侧边沿压痕向内折平，然后按封箱底的操作方法及要求封好箱面。

批不足一箱的，需合箱时，按《药品生产合箱管理规程》进行操作，填写合箱记录，由工序班长送至包材贮存室内存放，工序班长复核后，在批包装记录上签字。不足一中盒的小盒作为样品留作取样。生产过程中由工序班长填写请验单，通知质量保证部取样员取样。

（11）生产结束后，对标签、说明书及包装材料按照《标签、说明书使用管理规程》进行操作。说明书、标签、中盒、小盒的使用量、结余量、损坏量的总和应与领用量一致。

（12）大箱的捆扎。将封好的大箱放到捆扎机上，按捆扎机使用标准操作规程进行大箱的捆扎操作，横向打两道。

（13）每批包装结束后，工序班长通知车间核算员，由核算员填写成品交接单，内容包括：品名、批号、车间、规格、数量、交接日期，一式两份，通知仓库保管员接收成品。仓库保管员同核算员核对无误后，双方在成品交接单上签字，成品交接单一份附在批包装记录上，一份交仓库保管员留存。包装人员将捆扎好的成品装到运输车上，运至成品库待验区存放。

（14）填写“批生产记录（见表 2-27）”“设备运行记录”。

表 2-27　外包装批生产记录

<table>
<tr><td>产品名称</td><td></td><td>批号</td><td></td><td>包装规格</td><td></td><td>批量</td><td></td><td>包装班次</td><td></td></tr>
<tr><td>待包装品领用量</td><td></td><td>实际完成量</td><td></td><td>收率</td><td></td><td>包装起始日期</td><td colspan="3"></td></tr>
<tr><td>包装材料名称</td><td>领用量</td><td>实际用量</td><td>损耗量</td><td>结余量</td><td>退库量</td><td colspan="4">经手人</td></tr>
<tr><td></td><td></td><td></td><td></td><td></td><td></td><td colspan="4"></td></tr>
<tr><td></td><td></td><td></td><td></td><td></td><td></td><td colspan="4"></td></tr>
<tr><td></td><td></td><td></td><td></td><td></td><td></td><td colspan="4"></td></tr>
<tr><td colspan="10">外包装清场记录：　　　年　月　日</td></tr>
<tr><td>项目</td><td>清走物料文件</td><td>工具容器</td><td>设备</td><td>四壁顶棚、地面、门</td><td>配电箱灯罩</td><td>操作台工具柜</td><td colspan="3">送风口回风口</td></tr>
<tr><td>清理结果</td><td></td><td></td><td></td><td></td><td></td><td></td><td colspan="3"></td></tr>
<tr><td>操作人</td><td colspan="2"></td><td>班长</td><td colspan="2"></td><td>QA 检查员</td><td colspan="3"></td></tr>
<tr><td colspan="10">小结：

（标签、说明书实样黏贴在背面）
小组质检员：　　班组长：　　专职质检员：</td></tr>
</table>

（15）生产结束后，操作人员将使用后的工具按《一般生产区工具清洁规程》进行清洁。工序班长检查合格后，取下“待清场”标志，挂上“已清场”标志，并注明有效期，由操作人员填写清场记录。由 QA 检查员检查清场情况，确认合格后签发“清场合格证”正副本，操作人员填写清场记录，由 QA 检查员签字，并将清场记录及清场合格证（正本）纳入本次批生产记录。清场合格证（副本）插入操作间“已清场”标志牌上，留在生产现场，作为下次生产前检查凭证，并纳入下次批生产记录。

知识拓展三十三

ZP35A 旋转式压片机标准操作规程

（1）开机前的检查工作：

① 检查机台上是否有异物，如有应及时取出。

② 检查配件及模具是否齐全。

③ 准备好接料容器。

（2）操作步骤：

① 打开左侧门，装上手轮。

② 装配好冲模、加料器、加料斗。

③ 转动手轮，空载运行 1~3 圈，检查冲模运动是否灵活自如、正常。

④ 合上操作左侧的电源开关，面板上电源指示灯点亮，压力表显示压片压力，转速表应显示“0”，其余各故障指示灯应无指示。

⑤ 转动手轮，检查充填量大小和片剂成型情况。

⑥ 拆下手轮，合上侧门。

⑦ 准备工作就绪后开机，按增压点动钮，将压力显示调整至所需压力，按无级调速键调整频率至所需转速。

⑧ 充填量的调整：机器前面中间两只调节手轮控制片重。中右调节手轮控制前压轮压制的片重，中左调节手轮控制后压轮压制的片重。当调节手轮按顺时针方向旋转时，充填量减少，反之增加。

⑨ 片厚度的调节：片剂的厚度是由机器前面两端的两只调节手轮控制。左端的调节手轮控制前压轮压制的片厚，右端的调节手轮控制后压轮压制的片厚。当调节手轮按顺时针方向旋转时，片厚增大，反之片厚减少。

⑩输粉量的调整：当充填量调妥后，调整颗粒的流量。首先松开斗架侧面的滚花螺钉，再旋转斗架顶部的滚花螺钉，调节料斗口与转台工作面的距离或料斗上提粉插板的开启距离，从而控制颗粒的流量。调整完毕后，拧紧滚花螺钉。

⑪ 所有调试完毕后，即可正式生产。

⑫ 停机前先降低转速，关闭启动开关，关闭电源。

（3）填写设备运行记录。

知识拓展三十四

ZP35A 型旋转式压片机清洁标准操作规程

（1）压片机的清洁：

① 将机台零部件小心卸下，平放在清洁车上，再运送至洗涤间，用海绵块和纯净水对零部件彻底清洗干净，然后存放在生产用具存放室，晾干备用。

② 卸下冲模、模圈，用 75%乙醇湿润的洁净海绵块擦拭冲模与模圈，将擦净后的冲模与模圈存放于冲模房指定的位置。

③ 用毛刷与不锈钢铲刀对机台旋转台、轨道等部件轻轻清扫，防止粉尘飞扬。

④ 用纯净水湿润的洁净海绵块将机台玻璃外罩擦拭干净。

⑤ 打开压片机下面的侧门，将内部全面清洁。

⑥ 用 75%乙醇湿润的洁净海绵块将机台外表面擦拭一遍。

（2）清洁完的压片机挂上“已清洁”卫生状态标志。

（3）填写“设备清洁记录”。

（4）对压片机操作间的清洁，按《洁净室清洁标准操作规程》进行。

知识拓展三十五

BGB-150B 高效包衣机标准操作规程

（1）操作前的准备：

① 检查包衣锅内有无异物。

② 检查喷雾系统是否正常，准备好薄膜包衣液。

（2）操作步骤：

① 打开电气柜电源开关。

② 按手动键和连续两次按动匀浆键，短暂开启主机，检查转动系统运转是否正常。

③ 依次按总停→置数→温度→数字→输入键，按要求设置热风温度。

④ 打开热风柜蒸汽，开旁路排水开关，排除冷凝水后，关闭旁路排水开关，打开进汽阀和排汽阀。

⑤ 打开包衣锅前门盖，盖紧出料孔盖。

⑥ 将片芯放入锅内，按手动键及热风键，将药片预热，在预热过程中经常短暂起动主机搅拌药片，使预热温度均匀。

⑦ 启动主机，开启排风键，抽除细粉。

⑧ 将包衣液加入保温桶，装好喷雾系统，预热达到要求后，打开压缩空气开关，按匀浆键、排风键、喷浆键，调整喷雾角度和大小，调整好后，进行包衣操作。

⑨ 在喷浆过程中根据工艺要求，通过加速键或减速键调整主机转速，通过温度键、数字键调整热风温度。

⑩ 包衣操作完成后，关机的顺序为停止喷雾，关热风、喷浆及压缩空气和蒸汽各键和阀门，将喷枪连同支架移出包衣锅；关闭主机，装上卸料器后，再启动主机，将药片取出盛于洁净容器中，关闭所有电源。

（3）按《BGB-150B 型高效包衣机标准清洁标准操作规程》进行清洁，填写“主要设备运行记录”及“设备清洗记录”。

（4）注意事项：

① 包衣操作时，应将室门关好，注意排气口密封性。

② 操作中禁止动火。

知识拓展三十六

BGB-150B 高效包衣机清洁标准操作规程

（1）清洁前准备：

① 检查生产品是否已送至中转站。

② 将洁具、清洁剂、消毒剂运至操作间，包括：海绵地拖、抹布、塑料桶、1%洗洁精液、75%乙醇、0.2%新洁尔灭液等。

③ 准备清场记录。

（2）清洁程序：

① 清除包衣滚筒中可能残存的药片。

② 启动蠕动泵抽入 75%乙醇，启动喷枪将管路内残液排除干净，提起抽液管使管内乙醇尽量排出；用纯化水代替乙醇重复上述操作，并擦洗喷枪外周及相关管路。

③ 用洁净湿布将搅拌保温罐清洗干净，并抹拭至无可见水珠。

④ 用洁净湿布擦拭干净拆卸下的进料斗。

⑤ 打开包衣机清洗盘进水阀，加水至 2/3。用洁净湿布擦拭洗包衣滚筒壁、搅拌器至洁净，再用毛刷将滚筒上小孔刷洗洁净；最后抹干滚筒搅拌器上的水珠。

⑥ 卸下排风机检查门，用刷子清刷扁布袋上的积尘。取出集灰抽屉，清去集灰。

⑦ 用洁净湿布擦拭机器外部和各操作台面。

⑧ 用清洁拧干的湿布擦去操作间的墙和门的污迹，并用清洁剂清洗地面，拖干。

⑨ 卸下主机两侧门，取下进风斗、出风斗并清洁干净，把清洗盘、滚筒外侧箱体、两侧门擦拭洁净。

⑩ 安装好机器，启动热风机，加热主机至干燥。

⑪ 用消毒剂擦洗操作间进风口、回风口、灯具及门，并用干净抹布抹干。

⑫ 用消毒剂清洗操作间墙面、地面、天花板以及窗。

⑬ 清洗地漏，并用消毒液消毒地漏口。

（3）将洁具运至洁具间，清洗洁具。

（4）经质检员检查合格并发给“清场合格证”，换上“已清洁”状态标志牌。

（5）作好清场记录。

知识拓展三十七

PL2000Ⅰ型自动理瓶机标准操作规程

（1）检查设备是否洁净、无异物。

（2）接上 6 kg/cm^2 压力的气源。

（3）在贮瓶斗内放入塑料瓶。

（4）按启动键，转动定位转盘，使塑料瓶自动进入包装生产线。

（5）吹瓶装置的气压应按塑料瓶的大小做适当调整，以保证瓶子能顺利通过。

（6）生产完毕，清理设备，保持洁净，并填写“主要设备运行记录”。

知识拓展三十八

PA2000Ⅰ数片机标准操作规程

（1）操作前准备：

① 检查设备内有无异物。

② 检查数片机是否正常。

③ 准备好合适规格的药瓶及药片置于数片盘内。

④ 药瓶太少时，可调整两导轨挡板的间距、调瓶闸门位置及落片斗的高低，使药瓶顺利通过。

（2）生产操作：

① 合上电源开关。

② 按下皮带启动按钮，调节皮带调速旋钮，使之适当。

③ 当药瓶进入输送带机并被送至落片漏斗下时，按动工作启动按钮。

④ 数片开始时，可根据产品性质、种类调节数片筛动频率，调节适当的振荡，一般糖衣片或丸剂不须振荡。

（3）生产结束后，做好设备的清场工作并填写“主要设备运行记录”。

知识拓展三十九

PA2000 I 型数片机清洁标准操作规程

（1）准备好清洁用具海绵块、尼龙刷。

（2）按《清洁剂配制标准操作规程》配制好 1%洗洁精液或 1%洗衣粉液。

（3）按《消毒剂配制标准操作规程》配制好 75%乙醇和 0.1%～0.2%新洁尔灭溶液。

（4）清洁方法与程序：

① 生产前清洁。

a. 关闭电源开关。

b. 用干净的海绵块蘸 75%乙醇将取下的数片盘及固定数片盘的不锈钢外圈擦拭消毒。

c. 用 75%乙醇擦拭送瓶不锈钢转盘及其周边。

d. 用 75%乙醇擦拭数片机、塞纸机、旋盖机、封口机的送料皮带及台面。

e. 用 75%乙醇擦拭数片机转盘及漏斗。

f. 用 75%乙醇擦拭塞纸机的纸圈支架、送纸荆轮、切刀、插纸杆及插纸滑孔。

g. 用 75%乙醇擦拭盛瓶盖容器以及相应的轨道。

h. 用 75%乙醇擦拭旋盖机的旋盖头及输送瓶盖的活动支架。

消毒剂须每月交替使用，如果用新洁尔灭液消毒，消毒后需用干净海绵块蘸纯化水擦拭去消毒剂，乙醇消毒不需纯水擦去。

② 待 15 分钟后，乙醇挥发完，将数片盘装到数片机上，此时合上电源，开始生产。

③ 生产结束后清洁。

a. 生产结束后，关闭电源，将数片板拆下，拿到水池用饮用水冲洗，再用纯化水冲洗，最后用经消毒的洁净海绵块擦拭。

b. 用饮用水擦拭机台台面、输送带。注意不可用太多水冲洗，以防水渗入电器部分。

c. 用海绵地拖将操作间地面拖干净。

d. 待地面及机台表面干燥后，再用干净的海绵块蘸 75%乙醇按“①生产前清洁”进行消毒。

④ 清洁程序为“先内后外，先上后下，先拆后洗，先零后整”。

⑤ 清洁完毕后，用洁净篷布盖好数片机，在数片机上挂上“已清洁”卫生状态标志牌，并填写好“设备清洁记录”。

知识拓展四十

PB2000 Ⅰ型变频式塞纸机标准操作规程

（1）操作前准备：

① 检查设备内有无异物。

② 根据药瓶大小及余隙空间，将一卷或二卷纸安装好，使纸卷中心与压轮中心成一直线。

③ 按瓶口大小和药瓶高低选择大号或小号塞纸导管，装上导管后，一般应距离瓶口 3 ~ 5 mm。

④ 按瓶子直径调节前后两挡板，使两挡板之间距离一般大于瓶子直径 1 ~ 2 mm，并使后挡板必须距离导管的中心距离为瓶子半径。

⑤ 调整夹瓶闸门前后位置，把闸门月亮口压紧在瓶身上，相吻合后再锁紧闸门螺钉。

⑥ 调节挡瓶闸门位置，将闸门推出或推后，使其顶碰到瓶子外壁上，再锁紧挡瓶闸门螺钉。

⑦ 调节塞纸杆的高低，使塞纸杆头部于最低位置时进入瓶内 5 ~ 15 mm，使纸既全部塞入瓶中，又不撞伤药片。

（2）生产操作：

① 转动指令开关及输送带开关，开始工作。

② 选择自动或人工控制开停车，如采用自动控制，则将旋钮转到自动位置上，再按起动按钮，便可自动工作。

③ 生产完毕后，做好设备的清场工作并填写“主要设备运行记录”。

知识拓展四十一

PB2000 Ⅰ变频塞纸机清洁标准操作规程

（1）按《清洁剂配制标准操作规程》配制好 1%洗衣粉液或者 1%洗洁精液；按《消毒剂配制标准操作规程》配制好 0.2%新洁尔灭液或 75%乙醇；准备好清洁用具：尼龙刷、海绵块。

（2）每班完成生产后，关闭电源，用尼龙刷扫去机台表面的粉尘。

（3）打开塞纸机的下面板将盛油污的容器取出，清除所盛的油污后，将容器放回原处。关上面板。

（4）用海绵块蘸取饮用水擦洗纸滚筒、切刀、插纸杆、轨道、台面以及机台下面板等。

（5）用海绵块蘸取清洁液（1%洗衣粉液或 1%洗洁精液）擦拭上述部位。

（6）用海绵块蘸取饮用水擦拭上述部位，洗净清洁剂。

（7）用海绵块蘸取消毒剂（75%乙醇或 0.2%新洁尔灭液）擦拭上述部位。

（8）采用 0.2%新洁尔灭液消毒部件 10 分钟后，再用海绵块蘸取纯化水擦拭上述部位，洗净消毒剂（如用 75%乙醇消毒，则不需用纯化水清洗）。

（9）消毒剂 75%乙醇与 0.2%新洁尔灭液应每周更换 1 次。

（10）挂上“已清洁”状态标志牌，并晾干机台。

（11）做好“设备清洁记录”。

知识拓展四十二

PC2000 Ⅱ型变频式自动旋盖机标准操作规程

（1）开机前准备：

① 检查机台上是否有异物。

② 检查爪头是否安装好，螺丝是否松脱。

③ 于各部位油孔、传动机构添加适量润滑油。

④ 开机前用几只按生产要求的药瓶先调节机头高低，再调节机头前后，使爪头中心与瓶盖中心一致后，固定螺钉保证机头工作时不松动，再调试药瓶在输送带前后两挡板之间的通过距离。

（2）操作步骤：

① 在理盖震荡斗放入适量的瓶盖。

② 打开电源开关及主令开关，输送带和理盖盘开始运行。

③ 调节理盖盘的旋转速度，使盖迅速滑入导盖路轨。

④ 待输送带上有一定量药瓶及导盖路轨内有一定量的瓶盖后，按开关控制箱上的开动按钮进行开机生产。

⑤ 把旋钮开关转到“自动”的位置上，使来瓶起动，缺瓶停机，实现自动控制。

（3）生产完毕后，对旋盖机进行清洁，并填写“主要设备运行记录”。

知识拓展四十三

PD1000 Ⅱ型晶体管感应式铝箔封口机标准操作规程

（1）药瓶从输送带上从右向左移，若瓶盖与接近开关距离太大或发生碰撞，则需拧动接近开关固定螺母，使瓶盖与接近开关两者间隙调至 1～1.5 mm，同时调节手柄螺母，使瓶盖与感应板之间距离为 0.5～1 mm。

（2）调节输送带上的两块护栏之间的距离，使药瓶能顺畅通过。

（3）在控制箱面板上将时钟式调节电位器调至 5 或 6，并设置水温。

（4）先通水，后合上电源，启动冷却水泵，注意各个接头的密封是否良好，如漏水应立即修复。将工作状态开关拨向“工作”。

（5）调节皮带调速开关，将感应量电流调至 1～1.5 A（药瓶如为小口径瓶，电流需偏大，皮带速需偏慢），使输送机速度与电流感应量匹配恰当。若瓶盖铝箔封得不牢，可适当调大感应电流或将药瓶输送速度调慢；若封口过热，可调小感应电流或加快药瓶输送速度。

（6）输送带上的药瓶先经过剔除器，瓶盖内含有铝箔复合材料的被传感探头检测后记数并继续向前，直至进入感应板被封口；若瓶盖内无铝箔复合材料的，经传感探头检测后不作记数并被剔除到料斗中等待处理。

（7）在封口的过程中，若水温过高或高频电源有故障时，输送机会自动停止运转，水温或电源正常后，输送机才能重新运转。

（8）生产结束后对封口机进行清洁。填写“主要设备运行记录”。

知识拓展四十四

PD100 Ⅱ晶体管感应复合铝箔封口机清洁标准操作规程

（1）按《清洁剂配制标准操作规程》配制好 1%洗衣粉液或 1%洗洁精液；按《消毒剂配制标准操作规程》配制好 0.2%新洁尔灭液或 75%乙醇；准备好清洁用具尼龙刷和海绵块。

（2）每班完成生产后，关闭机器电源，用尼龙刷扫去封口机外表面、输送带机、机架上面的粉尘。

（3）用海绵块蘸取饮用水擦拭上述部位（严禁水渗入晶体管）。

（4）由上到下、先内后外的顺序，用海绵块蘸取清洁剂（1%洗衣粉液或 1%洗洁精液）擦拭上述部位。

（5）用海绵块蘸取饮用水擦拭上述部位，洗净清洁剂。

（6）用海绵块蘸取 75%乙醇或 0.2%新洁尔灭液擦拭上述部位。消毒剂 75%乙醇与 0.2%新洁尔灭液每月需更换 1 次。

（7）用 0.2%新洁尔灭液消毒 10 分钟后，用海绵块蘸取纯化水擦拭上述部位，除去消毒剂（如用 75%乙醇消毒，则不需用纯化水擦拭）。

（8）挂上“已清洁”状态标志牌，晾干机台内外。

（9）做好“设备清洁记录”。

巩固练习

一、选择题

1.【A 型题】(单项选择题)

(1)片剂生产中制颗粒目的是(　　)。

A. 减少片重差异　B. 避免复方制剂中各成分间的配伍变化
C. 避免片剂硬度不合格　D. 改善药物崩解度
E. 改善药物溶出度

(2)片剂辅料中常用的崩解剂有(　　)。

A. 低取代羟丙基纤维素　B. 乙基纤维素　C. 滑石粉
D. 硬脂酸镁　E. 淀粉浆

(3)下列物质中属黏合剂的有(　　)。

A. 氯仿　B. 水　C. 乙醇　D. 胶浆　E. 有色糖浆

(4)按崩解时限检查法检查，普通片剂应在多长时间内崩解?(　　)

A. 60 min　B. 40 min　C. 30 min　D. 15 min　E. 10 min

(5)按崩解时限检查法检查，薄膜衣片应在多长时间内崩解?(　　)

A. 20 min　B. 30 min　C. 50 min　D. 60 min　E. 70 min

(6)按崩解时限检查法检查，浸膏片应在多长时间内崩解?(　　)

A. 30 min　B. 60 min　C. 120 min　D. 90 min　E. 80 min

(7)片剂辅料中，既能作填充剂，又能作黏合剂及崩解剂的是(　　)。

A. 淀粉　B. 淀粉浆　C. 糖粉　D. 微晶纤维素　E. 乙醇

(8)下列关于造成片剂崩解迟缓的原因叙述，哪点不正确?(　　)

A. 黏合剂用量过多　B. 黏合剂选用不当
C. 疏水性润滑剂用量过多　D. 崩解剂加入方法不当
E. 崩解剂选用不当

(9)不宜用粉末直接压片的药材是(　　)。

A. 贵重药材　B. 含毒性成分的药材
C. 含挥发性成分较多的药材　D. 含淀粉较多的药材
E. 含纤维较多的药材

(10)片剂包衣目的不正确的是(　　)。

A. 增加药物稳定性　B. 改善片剂外观
C. 掩盖药物不良臭味　D. 减少服药次数
E. 便于识别

(11)片剂包糖衣的工序中，不加糖浆或胶浆的是(　　)。

A. 隔离层　B. 粉衣层　C. 糖衣层　D. 有色糖衣层　E. 打光

(12)在片剂中，乳糖可作为下列哪类辅料?(　　)

A. 润滑剂　B. 黏合剂　C. 稀释剂

D. 干燥黏合剂　　E. 崩解剂

（13）单冲压片机调节药片硬度时应调节（　　）。

A. 下压力盘的高度　　B. 上压力盘的位置　　C. 上冲下降的位置

D. 下冲上升的位置　　E. 上下冲同时调节

（14）单冲压片机调节药片片重时应调节（　　）。

A. 下压力盘的高度　　B. 上压力盘的位置　　C. 上冲下降的位置

D. 下冲下降的位置　　E. 上下冲同时调节

（15）湿法制粒压片时，润滑剂加入的时间是（　　）。

A. 药物粉碎时　　B. 加黏合剂或润湿剂时　　C. 颗粒整粒时

D. 颗粒干燥时　　E. 制颗粒时

（16）含有大量挥发油药物片剂的制备，应选用的吸收剂是（　　）。

A. 碳酸钙　　B. 糖粉　　C. 微晶纤维素　　D. 淀粉　　E. 糊精

（17）用羧甲基淀粉钠作片剂的崩解剂，其作用机制主要是（　　）。

A. 润湿作用　　B. 膨胀作用　　C. 溶解作用

D. 毛细管作用　　E. 产气作用

（18）泡腾崩解剂作用原理是（　　）。

A. 润湿作用　　B. 膨胀作用　　C. 溶解作用

D. 毛细管作用　　E. 产气作用

（19）交联羧甲基纤维素钠作崩解剂的作用原理是（　　）。

A. 润湿作用　　B. 膨胀作用　　C. 溶解作用

D. 毛细管作用　　E. 产气作用

（20）下列属于水溶性润滑剂的是（　　）。

A. 水　　B. 乙醇　　C. 聚乙二醇　　D. 淀粉　　E. 滑石粉

（21）下列属于疏水性润滑剂的是（　　）。

A. 水　　B. 乙醇　　C. 聚乙二醇　　D. 淀粉　　E. 滑石粉

（22）下列属于水溶性润滑剂的是（　　）。

A. 水　　B. 乙醇　　C. 十二烷基硫酸镁

D. 淀粉　　E. 硬脂酸镁

（23）下列可用作片剂肠溶衣物料的是（　　）。

A. 淀粉　　B. 乙醇　　C. 羧甲基纤维素钠

D. 丙烯酸树脂Ⅳ号　　E. 丙烯酸树脂Ⅲ号

（24）银翘解毒片属于（　　）。

A. 提纯片　　B. 全粉末片　　C. 全浸膏片　　D. 半浸膏片

E. 以上均非

（25）淫羊藿片（心神宁片）属于（　　）。

A. 提纯片　　B. 全粉末片　　C. 全浸膏片　　D. 半浸膏片

E. 以上均非

二、名词解释

1. 崩解时限

2. 粘冲

3. 裂片

4. 粉末直接压片

三、填空题

（1）中药片剂按原料特性分为四种类型______、______、______、______。

（2）片剂常用的填充剂有______、______、______、______、______、______、______。

（3）常用的润湿剂与黏合剂有______、______、______、______、______、______、______。

（4）常用的崩解剂有______、______、______、______、______、______。

（5）常用的水溶性润滑剂有______、______常用的疏水性润滑剂有______、______、______；常用的助流剂有______。

（6）包衣锅一般与水平成______，一般大小的锅常用转速为每分钟______转；包衣锅的鼓风装置有两种，一种吹______，另一种吹______；包衣锅还可用于______制备丸剂。

（7）用包衣机包糖衣的步骤一般包括______、______、______、______、______。

（8）糖浆的浓度一般为______。

（9）对于______、______、______等类药物，包衣时应先包隔离层。

（10）口服片剂主要分为______、______、______、______、______、______、______。

（11）口腔用片剂主要包括______、______、______。

（12）片剂辅料一般包括______、______、______、______。

（13）常用的崩解剂有______、______、______、______、______、______。

（14）对______药物，宜选用干法制粒压片，主要包括______、______、______。

四、简答题

（1）制备维生素 B_1 片，每片应含维生素 B_1 0.01 g，但经测定干颗粒中含维生素 B_1为13.36%，则每片的片重应为多少？

（2）简述湿法制粒压片的工艺流程。

（3）简述松片产生的原因及防止方法。

五、论述题

（1）填充剂、崩解剂、润滑剂在片剂生产中各起什么作用？

（2）哪些情况下片剂需要包衣？有哪几种包衣方法？

（3）详述滚转包衣法包衣的工艺过程。

项目二　任务五巩固练习答案

任务六 银翘双解栓的制备

银翘双解栓

【处方】连翘 1 860.46 g　金银花 930.23 g　黄芩 1 023.26 g　丁香叶 465.12 g

【制法】以上四味，连翘、金银花加水煎煮二次，每次 40 分钟，合并煎液，滤过，滤液浓缩成相对密度 1.20 ~ 1.25（60 °C）的清膏，放冷，加入乙醇使含醇量达 70%，静置 12 小时，滤过，滤液备用；丁香叶加水煎煮二次，每次 40 分钟，合并煎液，滤过，滤液浓缩成相对密度为 1.20 ~ 1.25（60 °C）的清膏，放冷，加入乙醇使含醇量达 70%，静置 12 小时，滤过，滤液与上述滤液合并，回收乙醇，浓缩至相对密度为 1.32 ~ 1.42（60 °C）的稠膏；黄芩粉碎成粗粉（过 20 目筛），加水煎煮三次，第一次 2 小时，第二次、第三次各 1 小时，煎液分次滤过，合并滤液，浓缩成相对密度为 1.0 ~ 1.05（80 °C）的清膏，于 80 °C 时用 2 mol/L 盐酸调节 pH 至 1.0 ~ 2.0，保温 1 小时，静置 12 小时，滤过，药渣加 6 ~ 8 倍量水，用 40%氢氧化钠溶液调节 pH 至 7.0 ~ 7.5，并使其溶解，加入等量乙醇，搅拌，滤过，滤液于 80 °C 时用 2 mol/L 盐酸调节 pH 至 1.0 ~ 2.0，保温 1 小时，静置 12 小时，滤过，药渣用水洗至 pH 为 5.0，继用 50%乙醇洗至 pH 为 7.0，再用乙醇精制，得黄芩提取物。将黄芩提取物加入上述稠膏中，用 40%氢氧化钠溶液调节 pH 至 7，在水浴中加热，缓缓加入 14.54 mL 聚山梨酯 80、羊毛脂 58.15g、山梨醇单棕榈酸酯 46.52 g、半合成脂肪酸甘油酯 774.19 g，溶解后混匀，注入栓剂模中，冷却制成 1 000 粒（1.5 g/粒）或 1 500 粒（1.0 g/粒），即得。

第一部分 理论知识

一、栓剂的定义及分类

栓剂系指原料药物与适宜基质制成供腔道给药的固体制剂。

栓剂因施用腔道的不同，分为直肠栓、阴道栓和尿道栓。直肠栓为鱼雷形、圆锥形或圆柱形等；阴道栓为鸭嘴形、球形或卵形等；尿道栓一般为棒状。

二、栓剂的特点

栓剂是腔道给药的优良剂型，其作用可分为局部作用和全身作用两种。肛门栓既可起局部治疗作用，又可起全身治疗作用；阴道栓则主要起局部作用。

1. 局部作用

起局部作用的栓剂用于腔道中，可使其中的药物分散于黏膜表面而发挥局部治疗作用，如润滑、收敛、止痛止痒、抗菌消炎、杀虫、局麻等作用。该种栓剂只在腔道局部起作用，应尽量减少吸收，故应选择融化或溶解释药速度慢的基质。水溶性基质制成的栓剂因腔道中的液体量有限，使其溶解速度受限，释放药物缓慢，较脂肪性基质更有利于发挥局部药效。

2. 全身作用

起全身作用的栓剂药物能通过黏膜表面吸收至血液起全身作用，如解热镇痛药、抗生素类药、肾上腺皮质激素类药、抗恶性肿瘤治疗剂等。一般要求能迅速释放药物，特别是解热镇痛类药物宜迅速释放、吸收。栓剂给药后的吸收途径主要有三条。通过直肠上静脉进入肝脏，进行代谢后再由肝脏进入血液循环；通过直肠下静脉和肛门静脉，绕过肝脏进入下腔静脉直接进入血液循环。因此，栓剂在应用时塞入不宜太深，距肛门口约 2 cm 处为宜，这样可使一半以上的药物不经过肝脏代谢而通过直肠黏膜进入淋巴系统，淋巴系统对直肠药物的吸收几乎与血液处于相同地位。

3. 栓剂的优点

（1）药物不受胃肠 pH 或酶的破坏而失去活性。

（2）对胃黏膜有刺激性的药物可经直肠给药，可免受刺激。

（3）药物通过直肠吸收，不像口服药物受肝脏首过作用而破坏，还可减少药物对肝脏的毒性和副作用。

（4）直肠吸收比口服的干扰因素少。

（5）对不能或者不愿吞服片、丸及胶囊的病人，尤其是婴儿和儿童可用此法给药。

（6）对伴有呕吐的患者的治疗采用栓剂给药为一有效途径。

4. 栓剂的缺点

（1）使用不如口服方便；

（2）栓剂生产成本比片剂、胶囊剂高；

（3）生产效率低。

三、栓剂处方的组成

栓剂处方的组成包括药物、基质和附加剂。

（一）药　物

制备栓剂用的固体药物可以溶于基质中，也可以混悬于基质中。对于难溶性的固体药物，除另有规定外，溶于或混悬于基质中，须预先粉碎成细粉，过六号筛。

（二）基　质

1. 对基质的要求

（1）室温时具适宜硬度，在体温下易软化、融化，能与体液混合或溶于体液。

（2）具有润湿或乳化能力，能混入较多的水。

（3）不因晶形的软化而影响栓剂的成型。

（4）基质的熔点与凝固点的间距不宜过大，油脂性基质的酸价应小于 0.2，皂化值应为 200～245，碘价低于 7。

（5）应用于冷压法及热熔法制备栓剂，易于脱模。

（6）性质稳定，不妨碍主药作用，其释药速度能符合医疗要求；对黏膜无刺激、无毒性、无过敏性等。

2. 基质分类

栓剂基质分为油脂性基质和水溶性基质两大类。

1）油脂性基质

油脂性基质的熔点是重要的参数，单独使用时，应高于室温而与体温接近。常用的有可可豆脂、半合成或全合成脂肪酸甘油酯。

（1）可可豆脂。本品是由可可树的种仁经烘烤、压榨得到的固体脂肪。常温下为白色或淡黄色的脆性蜡状固体，可塑性好，无刺激性。溶程 29 ~ 34 °C，加热至 25 °C 时开始软化，在体温下能迅速熔化，但在 10 ~ 20 °C 时性脆，易粉碎成粉末。

可可豆脂具有同质多晶的性质，其中 β 型结晶最稳定，熔点为 34 °C。为得到稳定结晶，制备时，应缓缓升温加热，待熔化至 2/3 时，停止加热，让余热使其全部熔化。可可豆脂能与多种药物混合制成可塑性团块，若含 10%以下羊毛脂时能增加其可塑性，本品 100 g 可吸收 20 ~ 30 g 水，若加 5% ~ 10%聚山梨酯，可增加吸水量，且有助于药物混悬于基质中。

（2）半合成脂肪酸甘油酯。系天然植物油经过水解、分馏所得的 C_{12} ~ C_{18} 游离脂肪酸，部分氢化后再与甘油酯化得到的甘油一酯、甘油二酯、甘油三酯的混合物。本品有适宜的熔点，不易酸败，是目前取代天然油脂的理想栓剂基质。主要包括椰油脂、棕榈酸酯和山苍子油脂等。

（3）合成脂肪酸酯。主要是硬脂酸丙二醇酯，是由硬脂酸与 1,2-丙二醇经酯化而成，是丙二醇单酯和双酯的混合物，为乳白色或微黄色蜡状固体，不溶于水，遇热水可膨胀，熔程 36 ~ 38 °C，对腔道黏膜无明显刺激性，安全、无毒。

2）水溶性基质

（1）甘油明胶。本品是明胶、甘油、水三者按照一定比例（如 7∶2∶1）加热融合，放冷凝固而成，特点是有弹性、不易折断，在体温下不熔化，塞入腔道后可缓慢溶于分泌液中，使药效缓和而持久。其溶解速率与明胶、甘油和水三者的比例有关，甘油与水的比例越高越易溶解，且甘油能防止栓剂干燥。多用作阴道栓基质，起局部作用。

（2）聚乙二醇类（PEG）。本品为乙二醇的高分子聚合物，无生理作用，在体温下不熔化，但能缓缓溶于体液中而释放药物。通常选择将两种或两种以上的不同分子质量的 PEG 加热熔融，混匀制得聚乙二醇类基质。

聚乙二醇类基质对黏膜有一定刺激性，可加入约 20%的水，或使用前先用水浸润，也可在栓剂表面涂一层鲸蜡醇或硬脂醇薄膜，可降低刺激性。本品吸湿性强，受潮易变形，应储存于干燥处。本品不能与银盐、鞣酸奎宁、水杨酸、阿司匹林、磺胺类等配伍。例如，高浓度的水杨酸能使聚乙二醇软化为软膏，乙酰水杨酸能与聚乙二醇生成复合物。

（3）聚氧乙烯（40）单硬脂酸酯类。本品是聚乙二醇的单硬脂酸酯和二硬脂酸酯的混合物，并含有游离的乙二醇。本品为白色至微黄色的蜡状固体，熔程为 39 ~ 45 °C。可溶于水、乙醇和丙酮等，不溶于液状石蜡。与 PEG 混合使用，可制得性质较稳定、崩解释放较好的栓剂。本品可用于制作肛门栓和阴道栓。

（三）附加剂

栓剂的处方中，根据使用目的不同需要可加入如下一些附加剂。

1. 表面活性剂

在基质中加入适量表面活性剂，能增加药物的亲水性，尤其对覆盖在直肠黏膜壁上的连续的水性黏液层有胶溶洗涤作用并造成有孔隙的表面，从而增加药物的穿透性。

2. 硬化剂

若制得的栓剂在贮藏或使用时过软，可加入适量的硬化剂，如白蜡、硬脂酸、鲸蜡醇、巴西棕榈蜡等调节，但效果有限。

3. 抗氧剂

当主药易氧化时应加入抗氧剂，如没食子酸酯类、叔丁基羟基茴香醚（BHA）、叔丁基对甲酚（BHT）等，可延缓主药的氧化速度。

4. 增稠剂

当药物与基质混合时，因机械搅拌情况混合不良或生理上需要时，栓剂制品中可以酌加增稠剂，常用的增稠剂有氢化蓖麻油、单硬脂酸甘油酯、硬脂酸铝等。

5. 防腐剂

当栓剂中含有植物浸膏或水性溶液时，可使用防腐剂和抗氧剂，如对羟基苯甲酸酯类。使用防腐剂时应验证其溶解度、有效剂量、配伍禁忌以及直肠对它的耐受性等。

6. 乳化剂

当栓剂处方中含有与基质不能相混合的液相时，特别是在此相含量较高时（大于 5%），可加入适量的乳化剂。

7. 着色剂

可以选用脂溶性着色剂，也可选用水溶性着色剂，但加入水溶性着色剂时，必须注意加水后对 pH 和乳化剂乳化效果的影响，还应注意控制脂肪的水解和栓剂中的色移现象。

8. 吸收促进剂

起全身治疗作用的栓剂，为促进吸收，可加入吸收促进剂。特别是大分子药物在直肠黏膜中吸收相对困难，加入吸收促进剂后，可提高药物的生物利用度。

四、栓剂的制备

栓剂的制备方法主要有搓捏法、冷压法和热熔法。可按基质的不同和制备的数量来选择制法。用脂肪性基质制栓可采用任何一种方法，用水溶性基质制栓则多采用热熔法。

1. 搓捏法

取药物细粉置研钵中，加入约等量基质研匀后，再缓缓加入余下的基质制成均匀的可塑性软材，必要时可加入适量的植物油或羊毛脂以增加可塑性。然后隔纸搓揉，轻轻加压转动滚成圆柱体，再将之分割成若干等份，搓捏成适宜形状。此法适用于少量临时制备，所得制品外形较差。

2. 冷压法

此法用制栓机制备。将基质磨碎或锉成粉末，置于容器内与主药混合均匀，然后装于制栓机的圆筒内，通过栓模挤压成一定的形状。冷压法主要用于油脂性基质栓剂。冷压法可避免加热对主药或基质稳定性的影响，不溶性药物也不会在基质中沉降，缺点是生产效率低，成品中往往夹带空气，对主药和基质有氧化作用，而且不易控制栓重。故现在生产上很少采用此法。

3. 热熔法

热熔法是应用最广泛的一种方法。将基质粉末置于水浴或蒸汽浴中加热熔融，温度不宜过高，然后将药物按药物的不同性质以不同的方法加入，混合均匀后，倒入冷却并涂有润滑剂的栓模中，至稍溢出模口。工厂生产一般均已采用机械自动化操作来完成。

油脂性基质既可采用冷压法，也可采用热熔法制备，而水溶性或亲水性基质多采用热熔法。

五、置换价的计算

置换价（DV）系指药物的重量与同体积基质重量的比值，可用下法测定。空白栓称得平均重量 G，含药栓的平均重量为 M，每粒栓剂中药物的平均重量为 W，则用下式计算置换价。

$$DV=\frac{W}{G-(M-W)}$$

式中　G——纯基质平均栓重；

M——含药栓的平均重量；

W——每粒栓剂的平均含药重量。

六、栓剂的质量要求

除另有规定外，栓剂应进行以下相应检查。

1. 重量差异

照下述方法检查，应符合规定。

检查法：取供试品 10 粒，精密称定总重量，求得平均粒重后，再分别精密称定每粒的重量。每粒重量与平均粒重相比较（有标示粒重的中药栓剂，每粒重量应与标示粒重比较），按表（见表 2-28）中的规定，超出重量差异限度的不得多于 1 粒，并不得超出限度 1 倍。

表 2-28　栓剂重量差异限度

平均粒重或标示粒重	重量差异限度
1.0 g 及 1.0 g 以下	±10%
1.0 g 以上至 3.0 g	±7.5%
3.0 g 以上	±5%

凡规定检查含量均匀度的栓剂，一般不再进行重量差异检查。

2. 融变时限

除另有规定外，照融变时限检查法（通则 0922）检查，应符合规定。

3. 微生物限度

除另有规定外，照非无菌产品微生物限度检查：微生物计数法（通则 1105）和控制菌检查法（通则 1106）及非无菌药品微生物限度标准（通则 1107）检查，应符合规定。

知识拓展四十五

0922 融变时限检查法

本法系用于检查栓剂、阴道片等固体制剂在规定条件下的融化、软化或溶散情况。

一、栓 剂

仪器装置：由透明的套筒与金属架组成（图 2-13a）。

（1）透明套筒为玻璃或适宜的塑料材料制成，高为 60 mm，内径为 52 mm，及适当的壁厚。

（2）金属架由两片不锈钢的金属圆板及 3 个金属挂钩焊接而成。每个圆板直径为 50 mm，具 39 个孔径为 4 mm 的圆孔（图 2-13b）；两板相距 30 mm，通过 3 个等距的挂钩焊接在一起。

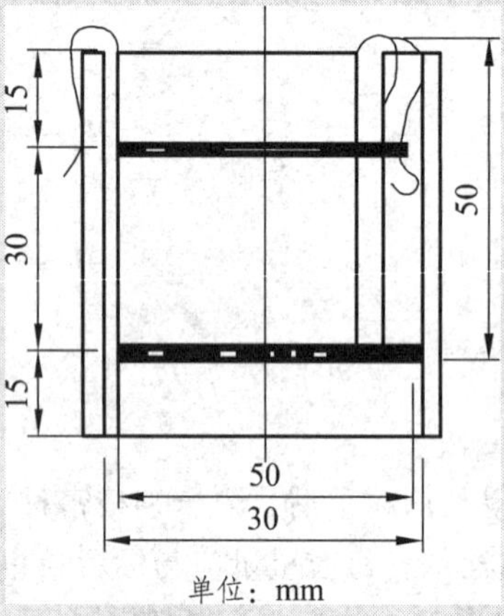

（a）透明套筒与金属架

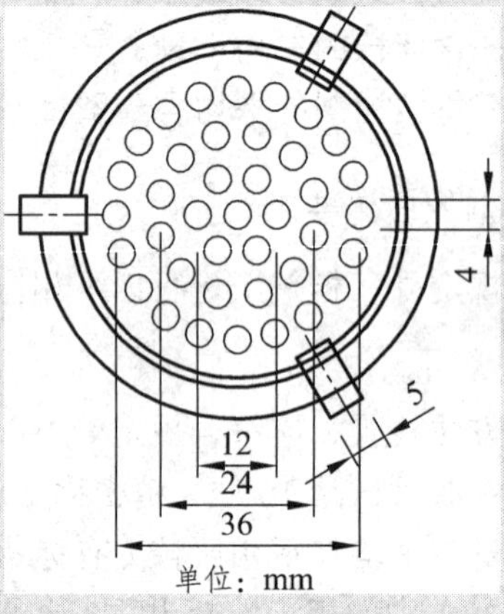

（b）金属架结构

图 2-13 栓剂检查仪器装置

检查法：取供试品 3 粒，在室温放置 1 小时后，分别放在 3 个金属架的下层圆板上，装入各自的套筒内，并用挂钩固定。除另有规定外，将上述装置分别垂直浸入盛有不少于 4 L 的 37.0 °C±0.5 °C 水的容器中，其上端位置应在水面下 90 mm 处。容器中装一转动器，每隔 10 分钟在溶液中翻转该装置一次。

结果判定：除另有规定外，脂肪性基质的栓剂 3 粒均应在 30 分钟内全部融化、软化或触压时无硬心；水溶性基质的栓剂 3 粒均应在 60 分钟内全部溶解。如有 1 粒不符合规定，应另取 3 粒复试，均应符合规定。

二、阴道片

仪器装置：同上述栓剂的检查装置，但应将金属架挂钩的钩端向下，倒置于容器内，如图 2-14 所示。

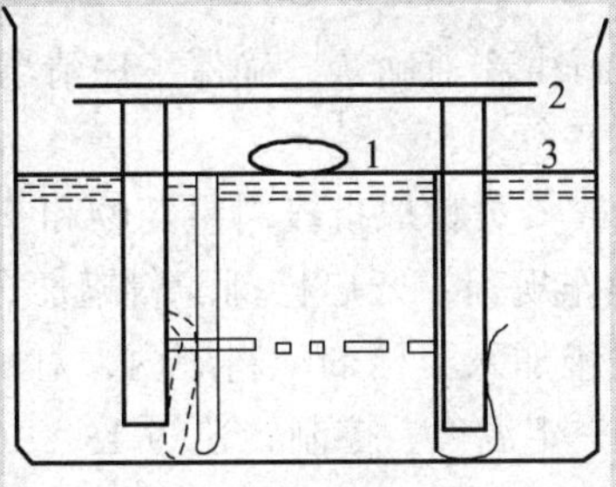

单位：mm

1—阴道片；2—玻璃板；3—水面。

图 2-14　阴道片检查仪器装置

检查法：调节水液面至上层金属圆盘的孔恰为均匀的一层水覆盖。取供试品 3 片，分别置于上面的金属圆盘上，装置上盖一玻璃板，以保证空气潮湿。

结果判定：除另有规定外，阴道片 3 片，均应在 30 分钟内全部溶化或崩解溶散并通过开孔金属圆盘，或仅残留无硬心的软性团块。如有 1 片不符合规定，应另取 3 片复试，均应符合规定。

第二部分　生产操作

第 1 步　称量、配料

按“制剂前处理称量、配料”操作，称量实验所需物料。

第 2 步　水提取

参考“板蓝根颗粒制备水提取”操作，结合银翘双解栓制法中的相关要求进行水提取。

第 3 步　浓　缩

参考“板蓝根颗粒制备浓缩”操作，结合银翘双解栓制法中的相关要求浓缩至相应密度。

第 4 步　醇　沉

参考“板蓝根颗粒制备醇沉”操作，结合银翘双解栓制法中的相关要求进行醇沉。

第5步 制栓配料

（1）按《清场管理规程》进行生产前确认，确保工序清场合格，设备运转正常，水、电、气供应正常，容器及生产用工具齐备。

（2）根据批生产指令单，操作人员称取批投料量药物和基质。

（3）按《栓剂配料罐标准操作规程》开启栓剂配料罐加热和搅拌，对照批生产指令单，核对无误后将银翘双解栓浸膏缓慢加入至栓剂配料罐内，对照批生产指令单，核对无误后将基质依次缓缓加入浸膏中，控制一定温度，控制转速为 15 ~ 30 r/min；完全熔融后，继续搅拌 40 min 以上，至目测色泽均匀一致后，控制栓液温度，恒温搅拌，备用。

（4）搅拌的实际最高转速以不使药液溅出为宜。

（5）对栓剂配料罐按《生产区清洁消毒管理规程》选择一般清洗或彻底清洗，并根据各自的清洁规程进行清洁；容器及生产用工具按《生产用工具、器具清洁消毒程序》进行清洁消毒；对生产现场按《清场管理规程》清场至合格。

（6）及时填写生产记录。

第6步 制 栓

（1）按《清场管理规程》进行生产前确认，确保工序清场合格，设备运转正常，水、电、气供应正常，容器及生产用工具齐备。

（2）操作人员根据批生产指令单从配料间领取配制好的栓液，并对栓液的品名、批号及质量情况进行核实；按《车间中间站管理规程》从内包材暂存间领取药用包装材料。

（3）先按《栓剂灌封机标准操作规程》对灌封机进行参数设置：制带预热温度、制带焊接温度、制带吹泡温度、制带刻线温度、恒温罐温度、灌注温度、封口预热温度、封口温度、冷却温度。

（4）根据生产指令单并按《栓剂灌封机标准操作规程》设置好模具上的品名及批号。

（5）灌注前先按《栓剂灌封机标准操作规程》进行空运行，检查药用包装材料的热封情况，热封合格后方可进行下一步操作。

（6）根据设备能力，将栓液分次移入栓剂灌封机的恒温罐内，然后按《栓剂灌封机标准操作规程》进行制栓，在制栓起始，及时检查，控制栓重，待重量差异达到要求后开始正式生产，每隔 20 min 检查栓重一次，并随时观察栓板质量情况，做好相应记录。

（7）生产过程中，操作人员应在每次操作后及时填写生产记录，制完栓后应填写请验单。

（8）每批生产结束后，对灌封机进行清洁；容器及生产用工具按《生产用工具、器具清洁消毒程序》进行清洁消毒；对生产现场按《清场管理规程》清场至合格。

（9）填写生产操作记录。

巩固练习

一、选择题

1.【A 型题】(单项选择题)

(1)除另有规定外,油脂性基质栓剂的融变时限为( )。

A. 15 min B. 30 min C. 45 min D. 60 min E. 75 min

(2)除另有规定外,水溶性基质栓剂的融变时限为( )。

A. 15 min B. 30 min C. 45 min D. 60 min E. 75 min

(3)标示粒重为 2 g 的栓剂,其重量差异限度为( )。

A. ±4.5% B. ±5.5% C. ±6.5% D. ±7.5% E. ±8.5%

(4)为避免或减弱肝脏的首过效应,肛门栓应塞入距肛门处( )。

A. 1 cm B. 2 cm C. 3 cm D. 4 cm E. 5 cm

(5)以下栓剂基质中不是油脂性基质的是( )。

A. 乌桕脂 B. 半合成椰子油酯 C. 香果脂
D. 可可豆酯 E. 聚氧乙烯(40)硬脂酸酯类

(6)下列有关栓剂的叙述,不正确的是( )。

A. 栓剂是由药物与基质混合制成的供腔道给药的半固体制剂

B. 栓剂常温条件下为固体,纳入人体腔道后,在体温下能迅速软化、熔融或溶解于分泌液

C. 栓剂既可用于局部治疗,也可发挥全身作用

D. 栓剂基质有油脂性基质和水溶性基质两类

E. 肛门栓一般为圆锥形、圆柱形、鱼雷形,阴道栓一般为球形、卵形、鸭嘴形

(7)下列热熔法制备栓剂的工艺流程,正确的是( )。

A. 熔融基质→注模→混入药物→冷却→刮削→取出→成品

B. 熔融基质→混入药物→注模→冷却→刮削→取出→成品

C. 熔融基质→混入药物→冷却→注模→刮削→取出→成品

D. 熔融基质→注模→冷却→刮削→取出→成品

E. 熔融基质→冷却→注模→混入药物→刮削→取出→成品

(8)下列熔点在 31 ~ 34 °C 的栓剂基质是( )。

A. 半合成椰油酯 B. 半合成山苍子油酯 C. 可可豆脂
D. 半合成棕榈酸油酯 E. 氢化花生油

(9)下列有关栓剂的说法,不正确的是( )。

A. 冷压法不适于栓剂的大量生产

B. 将药物与基质混合均匀,用人工搓捏或装入制栓模型机内压制成栓叫冷压法

C. 制栓模具内壁应涂布少许润滑油

D. 热熔法制栓应先将基质锉末,于水浴上加热熔融

E. 热熔法制栓时,药物与基质混匀,注入模具,冷却至半固体后取出

（10）在制备与贮藏过程中，能发生晶型转变的是（　　）。

A. 可可豆脂　B. 香果脂　C. 氢化椰子油

D. 半合成椰油酯　E. 聚乙二醇

（11）下列不能与鞣质、重金属盐等配合使用的基质是（　　）。

A. 可可豆脂　B. 香果脂　C. 甘油明胶

D. 半合成椰油酯　E. 聚乙二醇

（12）下列不属于栓剂基质的是（　　）。

A. 凡士林　B. 香果脂　C. 甘油明胶

D. 半合成椰油酯　E. 聚乙二醇

（13）下列具有同质多晶性的栓剂基质是（　　）。

A. 可可豆脂　B. 香果脂　C. 甘油明胶

D. 半合成椰油酯　E. 聚乙二醇

（14）用于阴道的栓剂，最常见的形状是（　　）。

A. 圆锥形　B. 圆柱形　C. 鱼雷形　D. 球形　E. 鸭嘴形

（15）用于肛门的栓剂，最常见的形状是（　　）。

A. 圆锥形　B. 圆柱形　C. 鱼雷形　D. 球形　E. 鸭嘴形

（16）下列有关栓剂制备的叙述，不正确的是（　　）。

A. 药物与基质的投入量应按比例

B. 中药提取物应精制

C. 栓剂的基质无论是脂肪性的还是水溶性的，均可用热熔法制备

D. 挥发油不可直接溶于油脂性基质中

E. 模具内壁涂布少许润滑油

（17）栓剂的置换价是指（　　）。

A. 同体积的药物与基质的重量比　B. 药物与基质的重量比

C. 同重量的药物与基质的体积比　D. 药物与基质的密度比

E. 药物与基质的溶解度比

（18）制备栓剂用甘油明胶作基质时，通常选用的润滑剂是（　　）。

A. 水　B. 甘油　C. 75%乙醇　D. 90%乙醇　E. 液体石蜡

（19）栓剂生产过程中，注模前的温度一般宜控制在（　　）。

A. 20 ~ 30 °C　B. 30 ~ 40 °C　C. 40 ~ 50 °C

D. 60 °C 左右　E. 80 °C 以下

（20）栓剂生产过程中，基质如为半合成脂肪酸酯类，在加热熔融至基质量的 2/3 或 3/4 时，停止加热，让余热使其完全熔融，一般温度应控制在（　　）。

A. 20 ~ 30 °C　B. 30 ~ 40 °C　C. 40 ~ 50 °C

D. 60 °C 左右　E. 80 °C 以下

2.【B 型题】（匹配题）

[（1）~（4）]

A. 可可豆脂　B. 半合成棕榈油脂　C. 液状石蜡　D. 甘油明胶　E. PEG

（1）常用作阴道栓基质的是（　　）。

（2）对直肠黏膜有刺激性的是（　　）。
（3）为天然油脂性栓剂基质的是（　　）。
（4）由游离脂肪酸经部分氢化再经甘油酯化而来的是（　　）。
[（5）~（8）]
A. 乌桕脂　B. 泊洛沙姆　C. MC　D. 甘油　E. 羊毛脂
（5）作栓剂水溶性基质的是（　　）。
（6）作栓剂油脂性基质的是（　　）。
（7）作软膏剂水溶性基质的是（　　）。
（8）作软膏剂油脂性基质的是（　　）。
3.【X 型题】（多项选择题）
（1）影响栓剂中药物吸收的因素有（　　）。
A. 药物溶解度　B. 直肠 pH 值　C. 药物粒径
D. pka　E. 基质性质
（2）既可作软膏剂基质又可作栓剂基质的是（　　）。
A. 凡士林　B. 氢化椰子油　C. PEG
D. 甘油明胶　E. 可可豆脂
（3）栓剂中药物吸收的途径有（　　）。
A. 通过直肠上静脉，经门静脉进入肝脏代谢后，进入大循环
B. 通过直肠下静脉，经髂内静脉绕过肝脏进入下腔大静脉，进入大循环
C. 通过肛门静脉，直接进入大循环
D. 通过直肠淋巴系统吸收
E. 通过阴道附近的血管吸收，不经过肝脏，直接进入大循环
（4）栓剂必须检查的项目有（　　）。
A. 稳定性　B. 重量差异　C. 刺激性
D. 融变时限　E. 微生物限度
（5）下列有关可可豆脂的叙述，正确的是（　　）。
A. 可塑性好，无刺激性
B. 可与多种药物配伍使用
C. 常温下为黄白色固体
D. 在 10 ~ 12 °C 时，性脆而容易粉碎成粉末
E. 具有 α、β、γ 三种晶型，其中 β 晶型较稳定
（6）下列有关甘油明胶的叙述，正确的是（　　）。
A. 由明胶、甘油、蒸馏水制成　B. 有弹性，不易折断
C. 作用缓和持久　D. 适合与蛋白质有配伍禁忌的药物
E. 多用于肛门栓的基质
（7）栓剂的制备方法有（　　）。
A. 压制法　B. 冷压法　C. 挤压法
D. 搓捏法　E. 热熔法
（8）下列属于栓剂基质的是（　　）。

A. 可可豆脂　　B. 香果脂　　C. 半合成脂肪酸甘油酯类
D. 花生油　　E. 甘油明胶

（9）下列有关栓剂制备药物加入方法的叙述，正确的是（　　）。
A. 油溶性药物可直接混入已熔化的油脂性基质中使之溶解
B. 水溶性药物可直接加入已熔化的水溶性基质中
C. 水溶性药物可先加少量水制成浓溶液，再用适量羊毛脂吸收后与油脂性基质混合
D. 难溶性药物先制成最细粉，再用等量递增法与基质混匀
E. 中药挥发油可直接混入已熔化的油脂性基质中

（10）在栓剂制备过程中，药物的一般处理方法有（　　）。
A. 一般药材应制成浸膏　　B. 难溶性药物粉碎成细粉
C. 含有挥发油的药材应先提取挥发油　　D. 鲜品需要干燥
E. 含油脂量大的药材应压榨取油

（11）常用于栓剂的渗透促进剂有（　　）。
A. 氮酮　　B. 聚乙二醇　　C. 脂肪酸　　D. 胆酸类　　E. 枸橼酸

（12）用于肛门的栓剂，常见的形状有（　　）。
A. 圆锥形　　B. 圆柱形　　C. 鱼雷形　　D. 球形　　E. 卵形

（13）用于阴道的栓剂，常见的形状有（　　）。
A. 鸭嘴形　　B. 圆柱形　　C. 鱼雷形　　D. 球形　　E. 卵形

（14）在直肠中容易吸收的药物有（　　）。
A. 内脂溶性药物　　B. 非解离型药物
C. pKa 大于 4.3 的弱酸性药物　　D. pKa 小于 8.5 的弱碱药物
E. 粒径小的药物

（15）作为栓剂，下列情况释药速度快的有（　　）。
A. 油脂性基质中的水溶性药物　　B. 油脂性基质中的脂溶性药物
C. 水溶性基质中的脂溶性药物　　D. 水溶性基质中的水溶性药物
E. 以上均是

（16）栓剂基质应具备的基本性质有（　　）。
A. 具备引药入经的功能　　B. 在室温下应有适当的硬度
C. 在体温下易软化、熔化或溶解　　D. 塞入腔道时不变形亦不碎裂
E. 必须能溶解药物

（17）栓剂生产过程中的质量控制项目有（　　）。
A. 基质如为半合成脂肪酸酯类，在加热时熔融温度控制在 60 °C 左右为宜
B. 注模前的温度一般宜控制在 40 ~ 50 °C
C. 药物与基质注模前使模具温度保持在 10 °C 左右
D. 刮刀应先在热水中温热后进行刮削
E. 包装时的温度一般宜控制在 25 °C 左右

（18）栓剂基质的选择原则是（　　）。
A. 发挥全身治疗作用，水溶性药物选用脂溶性基质
B. 发挥全身治疗作用，脂溶性药物选用水溶性基质

C. 发挥全身治疗作用，水溶性药物选用水溶性基质

D. 发挥局部治疗作用，则选用水溶性基质

E. 发挥局部治疗作用，则选用脂溶性基质

（19）有关栓剂包装贮存的叙述，正确的是（　　）。

A. 有色玻璃容器包装效果最好　　B. 置于 30 °C 以下密闭贮存

C. 可用塑料泡罩包装　　D. 应避免栓剂相互粘连和挤压

E. 可用蜡纸或锡箔纸包装

（20）水溶性或亲水性基质的栓剂，常用的润滑剂有（　　）。

A. 水　　B. 甘油　　C. 75%乙醇　　D. 植物油　　E. 液体石蜡

（21）下列有关栓剂基质，在制栓时无须使用润滑剂的有（　　）。

A. 甘油明胶　　B. 可可豆油　　C. 氢化油类

D. 聚乙二醇类　　E. 半合成椰油酯

（22）制备栓剂时，挥发油的混入方法有（　　）。

A. 量小可直接混入已熔化的油脂性基质中

B. 趁热加入熔化的基质中

C. 用适量羊毛脂吸收后与油脂性基质混合

D. 用适宜方法包合后混入

E. 量大时，加入适宜乳化剂制成乳剂型基质后加入

二、填空题

（1）栓剂在常温条件下为_______，纳入人体腔道后，在体温下能迅速________、熔融或______于分泌液，逐渐释放药物而产生局部或全身治疗作用。

（2）药物由直肠吸收，不仅可避免口服时______作用的破坏，还可减少药物对______的毒副作用。

（3）置换价系指药物的______与同体积______重量的比值。

（4）影响栓剂中药物吸收的主要因素有______、______、______。

（5）采用油脂性基质制备栓剂，常用的润滑剂为由______、______各一份与______%乙醇五份制成的醇溶液。

（6）在制备栓剂药物与基质注模前，应先将栓模______，使模具温度保持在______左右。灌好的栓剂应冷却约 30 min，刮去溢出部分，然后______。

（7）栓剂的基质应对黏膜无刺激性，无毒，无______，其______符合治疗要求。

（8）油脂性基质要求______在 0.2 以下，______约 200 ~ 245，______低于 7。

（9）制备栓剂时，应根据临床______和______，选择适宜的基质。

（10）栓剂所能容纳的药物量很______，因此制备栓剂用的应是经过提取、纯化等______处理后的药物。

三、计算题

若制备红霉素栓 1 000 粒，红霉素含量为 0.4 g/粒，采用半合成脂肪酸甘油酯为基质，空白栓的重量为 2.0g，含药栓的重量为 2.06g/粒，求红霉素对半合成脂肪酸甘油酯的置换价？需基质共多少克？

项目二 任务六巩固练习答案

项目实施

劳动组织形式：本项目实施中，对学生进行分组，每 8～10 名学生组成一个工作组。各小组制定出工作计划及实施方案，组长协助教师参与指导组织本组学生学习，检查项目实施进程和质量，制定改进措施，共同完成项目任务。

项目评价：按时间、质量、安全、文明和环保要求进行考核。学生按照表 2-29 进行项目考核评分，先自评，在自评的基础上，由本组的同学互评，最后由教师进行总结评分。

表 2-29 项目考核评价表

姓名： 总分：

序号	考核项目	考核内容及要求	评分标准	配分	学生自评	学生互评	教师考评	得分
1	时间要求	8 小时	不按时完成无分	10				
2	质量要求	提取浓缩	1. 提取溶剂的加入量是否符合要求，不符合扣 5 分 2. 提取时间是否符合要求，不符合扣 5 分 3. 浓缩密度是否符合要求，不符合扣 5 分	15				
		干燥	1. 干燥温度 60～80 °C，不符合扣 2 分 2. 水分 5%，不符合扣 3 分	5				
		粉碎	1. 粉碎粒度 100 目，不符合扣 3 分 2. 物料收率 90%～95%，不符合扣 2 分	5				
		制粒	1. 混合均匀性，不符合扣 5 分 2. 制软材是否得当，不符合要求扣 5 分 3. 制粒过程是否符合要求，不符合扣 5 分 4. 湿颗粒干燥过程是否符合要求，不符扣 5 分	20				
		总混	1. 混合均匀性，不符合扣 3 分 2. 混合收率 95%～100%，不符合扣 2 分	5				
		制剂成型	1. 片重是否符合要求，不符合扣 5 分 2. 压片压力是否符合要求，不符合扣 5 分 3. 模具选择是否符合要求，不符合扣 5 分	15				

续表

序号	考核项目	考核内容及要求	评分标准	配分	学生自评	学生互评	教师考评	得分
2	质量要求	包装	1. 模具选择是否符合要求，不符合扣3分 2. 包装过程设备操作是否符合要求，不符合扣7分	10				
3	安全要求	遵守安全操作规程	一次不遵守，酌情扣5分	5				
4	文明要求	遵守文明生产规则	一次不遵守，酌情扣5分	5				
5	环保要求	遵守环保生产规则	一次不遵守，酌情扣5分	5				

注：如出现重大安全、文明、环保事故，本项目考核记为0分。

项目作业

复方丹参片

【处方】丹参 450 g　三七 141 g　冰片 8 g

【制法】以上三味，丹参提取三次，第一次加乙醇加热回流1.5小时，提取液滤过，滤液回收乙醇并浓缩至适量，备用；第二次加50%乙醇加热回流1.5小时，提取液滤过，滤液回收乙醇并浓缩至适量，备用；第三次加水煎煮2小时，煎液滤过，滤液浓缩至适量。三七粉碎成细粉，与上述浓缩液和适量的辅料制成颗粒，干燥。将冰片研细，与上述颗粒混匀，压制成333片，包薄膜衣；或压制成1 000片，包糖衣或薄膜衣，即得。

按上述要求，学生按先分好的组制备复方丹参片，做好相关的生产记录。

项目拓展

请结合制剂的相关知识，按制药企业生产的相关要求生产克咳胶囊和妇科再造丸，并做好相应的生产记录。

（一）克咳胶囊

【处方】

麻黄 240 g　罂粟壳 240 g　甘草 240 g　苦杏仁 240 g

莱菔子 75 g　桔梗 75 g　石膏 75 g

【制法】以上七味，麻黄和罂粟壳粉碎成细粉，过筛，留细粉110 g备用，剩余粗粉用酸性水溶液（10%盐酸调pH至5左右）煎煮二次，每次2小时，滤过，滤液用10%氢氧化钠溶液调pH至7，药液备用；其余甘草等五味加水煎煮二次，每次1小时，滤过，滤液与上述溶液合并，浓缩至稠膏状，加入麻黄和罂粟壳细粉，混匀，在60～70 °C干燥，粉碎成细粉，装入胶囊，制成1 000粒，即得。

（二）妇科再造丸

【处方】

当归（酒炙）65.14 g	香附（醋炙）65.14 g	白芍 43.43 g
熟地黄 21.71 g	阿胶 10.86 g	茯苓 65.14 g
党参 21.71 g	黄芪 21.71 g	山药 32.57 g
白术 16.28 g	女贞子（酒蒸）43.43 g	龟板（醋炙）32.57 g
山茱萸 21.71 g	续断 21.71 g	杜仲（盐炙）21.71 g
肉苁蓉 10.86 g	覆盆子 16.28 g	鹿角霜 5.43 g
川芎 43.43 g	丹参 21.71 g	牛膝 16.28 g
益母草 21.71 g	延胡索 16.28 g	三七（油酥）5.43 g
艾叶（醋炙）43.43 g	小茴香 21.71 g	藁本 21.71 g
海螵蛸 32.57 g	地榆（酒炙）32.57 g	益智 10.86 g
泽泻 21.71 g	荷叶（醋炙）16.28 g	秦艽 21.71 g
地骨皮 21.71 g	白薇 43.43 g	椿皮 32.57 g
琥珀 5.43 g	黄芩（酒炙）32.57 g	酸枣仁 10.86 g
远志（制）16.28 g	陈皮 32.57 g	甘草 21.71 g
制成	1 000 g	

【制法】以上四十二味，黄芪、杜仲、熟地黄、续断、秦艽、肉苁蓉、牛膝、地骨皮加水煎煮 2 次，每次 2 小时，合并煎液，滤过，滤液浓缩；另取阿胶加适量水烊化与上述浓缩液合并，浓缩至相对密度为 1.10（80 °C）的清膏。其余当归等三十三味粉碎成细粉，过筛，混匀；用上述清膏泛丸，制成浓缩丸，60～80 °C 干燥，包糖衣，打光，即得。

项目三 半固体制剂的制备

项目要求

- 时间要求：教学学时 36 课时；
- 质量要求：符合国家药品生产的相关标准要求；
- 安全要求：严格按照半固体制剂生产操作规程进行项目作业；
- 文明要求：自觉按照文明生产规程进行项目作业；
- 环保要求：按照环境保护要求进行项目作业。

项目分析

半固体制剂是系指药物与适宜基质混合制成的半固体状态的制剂，主要包括软膏剂、乳膏剂、凝胶剂等。软膏剂、乳膏剂主要用于涂布于皮肤黏膜或创面表面，为外用制剂。凝胶剂不仅可以外用，还包括可内服的凝胶制剂。

本项目通过对老鹳草软膏剂、按摩乳剂、吡罗昔康凝胶剂相关制备方法及理论知识的讲解，使学生进一步掌握软膏剂、乳膏剂、凝胶剂等常用半固体制剂的制备方法。

项目实施路径与步骤

【项目实施路径】

- 任务一　老鹳草软膏剂
- 任务二　按摩乳剂
- 任务三　吡罗昔康凝胶剂

【项目实施步骤】

任务一　老鹳草软膏的制备

老鹳草软膏

【处方】老鹳草 1 000 g

【制法】取老鹳草，加水煎煮二次，每次 1 小时，煎液合并，过滤，浓缩至相对密度为 1.05 ~ 1.10（80 ~ 85 °C），加等量的乙醇使沉淀，静置 9 小时，滤取上清液，浓缩至适量，加入羟苯乙酯 0.3 g、羊毛脂 50 g 与凡士林适量，混匀，制成 1 000 mL，即得。

第一部分 理论知识

一、软膏剂的定义与分类

软膏剂系指原料药物与油脂性或水溶性基质混合制成的均匀的半固体外用制剂。

因原料药物在基质中分散状态不同，分为溶液型软膏剂和混悬型软膏剂。溶液型软膏剂为原料药物溶解（或共熔）于基质或基质组分中制成的软膏剂；混悬型软膏剂为原料药物细粉均匀分散于基质中制成的软膏剂。

二、基质的要求

基质是软膏剂的赋形剂，是药物的载体，是软膏剂形成和发挥药效的重要组成部分。基质对药物的理化性质、释放、穿透、吸收等有重要影响。理想的基质应符合下列要求：

（1）具有适宜的黏稠度、黏着性和涂展性，无刺激性；

（2）能与药物的水溶液或油溶液互相混合；

（3）能作为药物的良好载体，有利于药物的释放和吸收；

（4）性质稳定，不与药物发生配伍禁忌；

（5）不妨碍皮肤的正常功能与伤口的愈合；

（6）易清洗，不污染衣物。

三、基质的分类

目前常用的基质可分为油脂性基质和水溶性基质。

（一）油脂性基质

油脂性基质包括动植物的油脂类、类脂类及烃类等疏水性物质。此类基质的特点：① 润滑、无刺激性，不易霉变。② 涂于皮肤能形成封闭性油膜，减少水分蒸发，促进皮肤水合作用，对皮肤的保护及软化作用强。③ 能与大多数药物配伍。④ 油腻性及疏水性大，不易清洗，不易与分泌液混合，释药性差，不宜用于急性且有多量渗出液的皮肤疾病。油脂性基质在称量前应先加热熔融，趁热滤过，除去杂质，再加热到 150 °C，保持此温度 1 小时灭菌并除去水分。

1. 烃　类

烃类系指从石油中得到的各种烃的混合物，其中大部分属于饱和烃。其性质稳定，很少与主药发生作用，不易被皮肤吸收，适用于保护性软膏。常用的有以下品种：

（1）凡士林。凡士林有黄、白两种，后者为前者漂白而得。其熔程 38 ~ 60 °C，化学性质稳定，能与多数药物配伍，具有适宜的稠度和涂展性，无刺激性，但油腻性大，吸水能力差，故不适用于有多量渗出液的伤患处。可与适量的羊毛脂合用，以增加其吸水性。

（2）固体石蜡。本品为无臭、无味、半透明、无色或白色固体，熔程 50 ~ 65 °C，化学性质稳定，用于调节软膏剂的稠度。

（3）液状石蜡。液状石蜡为透明、无色、黏性油状液体，能与多数的脂肪油或挥发油混合。主要用于调节软膏的稠度，或用其研磨药粉使成糊状，有利于药物与基质混匀。

（4）硅酮类。本品对皮肤无刺激性，润滑而易于涂布，不污染衣物，具防水功能，对氧和热稳定，常与油脂型基质合用制成防护性软膏。本品对眼有刺激性，不宜作为眼膏剂基质。

2. 类脂类

类脂类系指高级脂肪酸与高级脂肪醇化合而成的酯及其混合物，有类似脂肪的物理性质，但化学性质较脂肪稳定，具一定的表面活性作用，有一定的吸水性能。常用的有羊毛脂、蜂蜡与鲸蜡等。

（1）羊毛脂：淡黄色黏稠微具特臭的半固体，是羊毛上的脂肪性物质的混合物，主要成分是胆固醇类的棕榈酸酯及游离的胆固醇类，熔程 36 ~ 42 °C，具有良好的吸水性，羊毛脂可吸收自身重量 2 倍左右的水而形成 W/O 型乳剂基质。由于本品黏性太大而很少单用做基质，常与凡士林合用，以改善凡士林的吸水性与渗透性。

（2）蜂蜡与鲸蜡。蜂蜡的主要成分为棕榈酸蜂蜡醇酯，鲸蜡的主要成分为棕榈酸鲸蜡醇酯，两者均含有少量游离高级脂肪醇而具有一定的表面活性作用，属较弱的 W/O 型乳化剂，在 O/W 型乳剂型基质中起稳定作用。蜂蜡的熔程为 62 ~ 67 °C，鲸蜡的熔程为 42 ~ 50 °C。

3. 油脂类

油脂类系从动物或植物得到的高级脂肪酸甘油酯及其混合物，易氧化酸败，可加入抗氧剂和防腐剂改善，此类基质常用的有豚脂、植物油、氢化植物油等。

（1）动物油。常用豚脂，熔程 36 ~ 42 °C，贮存过程中容易酸败，可加入 1% ~ 2%苯甲酸或 0.1%没食子酸丙酯防止酸败。

（2）植物油。常用麻油、花生油、菜籽油等植物油，在常温下多为液体，常与熔点较高的蜡类基质熔合而得到适宜稠度的基质，中药油膏常用麻油与蜂蜡的熔合物为基质。

（3）氢化植物油。氢化植物油为植物油与氢起加成反应而成的饱和或部分饱和的脂肪酸甘油酯，完全氢化的植物油呈蜡状固体，不易酸败，熔点较高。不完全氢化的植物油呈半固体状，较植物油稳定，但仍能被氧化而酸败。

（4）硅酮类。硅酮类又称聚硅酮硅油或二甲基硅油，是一系列不同分子量的聚二甲硅氧烷的总称。本品为一种无色或淡黄色的透明油状液体，无臭，无味，黏度随分子量的增加而增大，对大多数化合物稳定，但可在强酸强碱中降解。本品对皮肤无毒、无刺激、易涂布，也常与其他油脂性原料合用制成防护性软膏。

（二）水溶性基质

水溶性基质是由天然或合成的水溶性高分子物质所组成。此类基质的特点：能吸收组织渗出液，易清洗；不适用于遇水不稳定的药物；需加保湿剂、防腐剂；有刺激性，对皮肤的润滑、软化作用较差。目前常见的水溶性基质主要有以下几类。

1. 聚乙二醇类（PEG）

PEG 是环氧乙烷与水或乙二醇逐步加成聚合而得到的水溶性聚合物。药剂中常用的 PEG 平均分子量在 300 ~ 6 000，随分子量的增大，其物理状态由液体逐渐过渡到固体，一般 PEG 700 以下均是液体，PEG 1000、PEG 1500 及 PEG 1540 是半固体，PEG 2000 至 PEG 6000 是固体，常将不同分子量的聚乙二醇按适当比例混合以得到稠度适宜的基质。此类基质易溶于水，能与渗出液混合且易清洗，能耐高温，不易霉败。

2. 甘油明胶

本品由 10% ~ 30%的甘油、10% ~ 30%的明胶与水加热制成。

3. 淀粉甘油

本品一般是用淀粉 10%、甘油 70%及水 20%加热而制成。

4. 纤维素衍生物

常用有甲基纤维素及羧甲基纤维素钠两种，前者溶于冷水，后者冷、热水中均溶，浓度较高时呈凝胶状。竣甲基纤维素钠是阴离子型化合物，遇强酸时与汞、铁、锌等重金属离子可生成不溶物。甲基纤维素能与尼泊金类形成复合物，故选用苯甲醇或三氯叔丁醇作防腐剂。

5. 卡波姆

本品为白色疏松粉末，引湿性强，水溶液黏度低，呈酸性，加碱中和后呈稠厚凝胶。本品无毒、耐热，但对眼黏膜有严重刺激性，故不能用来做眼膏。

四、软膏剂基质的处理

油脂性基质应先加热，熔融后，趁热通过数层纱布或 80 目铜筛过滤，为了除去基质中的水分和微生物，应将基质加热到 150 °C 左右，保持 1 小时。如用直火加热应注意防火；若用蒸汽加热需用耐高压的夹层锅，蒸汽压力为 490 kPa 时锅内温度才能达到 150 °C。

五、药物的处理及加入基质中的方法

（1）不溶性固体药物应先磨成细粉，过六 ~ 七号筛，然后先与少量基质研匀，再逐渐递加其余基质研匀；或将药物的极细粉末加液体基质研磨均匀后，然后递加其余基质研至均匀；或在不断搅拌下，将药物细粉加到熔融的基质中，继续搅拌至冷凝即得。

（2）可溶性药物，应先用适宜的溶剂溶解，然后再与基质混匀。若药物能溶于基质者，可用熔化的基质溶解。

（3）半固体黏稠性药物、流浸膏等，可先浓缩至糖浆状后再与基质混匀。浸膏应先加溶剂使之软化或研成糊状后，再加入基质中。

（4）中药水煎液常含有多量水分，易生霉，应进行适当的浓缩后，加入 0.1% ~ 0.3%新洁尔灭或 0.3% ~ 0.5%苯酚防腐，并加少量羊毛脂或吐温、司盘等混匀后，再与其他基质混匀。

（5）某些中药先用植物油加热提取，去渣后再与基质混匀。或用油与基质共同加热提取，去渣后冷凝即得（如烧烫伤膏、紫云膏等）。

（6）处方中有共熔组分（如樟脑、冰片等）时，可先将其共熔后再与冷至 40 °C 以下的基质混匀。

（7）对热敏感的药物或挥发性药物加入时，基质温度应控制 60 °C 以下。

六、软膏剂的制备方法

1. 研合法

软膏基质由半固体和液体组分组成或主药不宜加热，且在常温下通过研磨即能均匀混合时，可用此法。

小量配制可采用乳钵，大量生产时用电动研钵，配制时先取药物与部分基质或适宜液体研磨成细糊状，再递加其余基质研匀。

2. 熔合法

软膏基质的熔点不同，在常温下不能均匀混合时可采用此法。

大量生产时可用电动搅拌机或三滚筒软膏机。配制时先将熔点较高的基质熔化后，再加入其他低熔点的组分，最后加入液体组分。

3. 乳化法

将油溶性组分混合加热（水浴或夹层锅）熔融；另将水溶性组分溶于水，加热至与油相温度相近时（80 °C 左右）逐渐加入油相中，边加边搅，待乳化完全后，加入药物搅拌至冷凝。大量生产时常用真空均质乳化机进行。乳化法中油、水两相的混合有三种方法：① 分散相加到连续相中，适用于较小体积分散相的乳剂。② 两相同时掺和，适用于大批量或连续的操作。③ 连续相加到分散相中，适用于实际生产中的多数乳剂。

七、软膏剂的质量要求

除另有规定外，软膏剂应进行以下相应检查。

1. 粒　度

除另有规定外，混悬型软膏剂、含饮片细粉的软膏剂照下述方法检查，应符合规定。

检查法：取供试品适量，置于载玻片上涂成薄层，薄层面积相当于盖玻片面积，共涂 3 片，照粒度和粒度分布测定法（通则 0982 第一法）测定，均不得检出大于 180 μm 的粒子。

2. 装　量

照最低装量检查法（通则 0942）检查，应符合规定。

3. 无　菌

用于烧伤[除程度较轻的烧伤（Ⅰ°或浅Ⅱ°外）]或严重创伤的软膏剂，照无菌检查法（通则 1101）检查，应符合规定。

4. 微生物限度

除另有规定外，照非无菌产品微生物限度检查：微生物计数法（通则 1105）和控制菌检查法（通则 1106）及非无菌药品微生物限度标准（通则 1107）检查，应符合规定。

第二部分 生产操作

第1步 配料

按“制剂前处理称量配料生产操作”进行，并做好生产记录。

第2步 水提取

结合老鹳草软膏水提取要求，参考“板蓝根颗粒制备水提取”操作。

第3步 浓缩

结合老鹳草软膏水提液浓缩要求，参考“板蓝根颗粒制备浓缩”操作。

第4步 醇沉

结合老鹳草软膏醇沉要求，参考“板蓝根颗粒制备醇沉”操作。

第5步 配制

（1）人员经“一更”“二更”更衣程序后进入配制间，按生产任务要求进行操作。

（2）将灭菌过滤后的凡士林、羊毛脂和羟苯乙脂，泵入配料缸中，开动搅拌器，同时打开循环水，边搅拌边冷却至45 °C。

（3）将老鹳草浸膏置于电动研钵中，开启机器，将其充分研匀，倒入上述凡士林、羊毛脂和羟苯乙脂混合物中。

（4）配制缸继续不断地搅拌，保温45 °C，搅拌至均匀无颗粒状时，将药液泵入贮药缸，直至冷凝，即得。密闭保存。

（5）及时填写生产记录（见表3-1）并进行清场工作。

第6步 灌装

（1）人员经“一更”“二更”更衣程序后进入灌装间，按生产任务要求进行操作。

表 3-1　软膏配制生产记录

产品名称		批号		规格	
班次		日期			
执行工艺规程					
设备名称及型号					
基质熔化					
基质名称					
基质用量/kg					
蒸汽压力		加热温度			
开始时间		结束时间			
操作人		复核人			
搅拌混合					
加热温度		物料搅拌时间			
操作人		复核人			
乳化均质					
乳化温度		乳化时间			
操作人		复核人			
备注					
工序班长		QA 检查员			

（2）将冷却后检验合格的半成品再次加热至 35 °C 左右，然后用周转锅将膏体加到软膏灌装封口机的上料斗中，保温 34 °C 左右，待灌装。

（3）将软膏灌装机空转几分钟，试运转正常后，插入软膏管调试装量，待装量确定后即可灌装。

（4）灌装过程中应及时抽查装量，并随时检查铝塑管的外观、热封处有无渗漏、拧盖配合是否紧密等，同时做好检查记录。

（5）做好生产记录（见表 3-2）的填写及生产结束后的清场。

第 7 步　包　装

（1）人员经“一更”更衣程序后进入包装间，按生产任务要求进行操作。

（2）将待包装的软膏管倒在包装工作台上，检查其外观质量，用剪刀将尾部修剪整齐，将漏药的软管及时挑出。

（3）操作人员按包装指令在小盒上打印产品批号、生产日期及有效期。

（4）将合格的软膏管置于全自动装盒机中，调节装盒速度，试运转正常后开始包装，每小盒内装 1 管及 1 张说明书。按同样的要求，将装小盒的软膏再进行装中盒、装箱、入库等操作。

（5）做好生产记录的填写及生产结束后的清场。

表 3-2　软膏剂灌装生产记录

产品名称		规格		批号	
日期		班次			
待封装品领用量		包材领用量			
灌装上线		灌装下线			
开始分装时间		分装结束时间			
生产过程中检查情况					
时间	每袋平均装量/g	外观是否符合要求标准	装量差异是否符合要求标准	密封是否符合要求标准	
		是□否□	是□否□	是□否□	
		是□否□	是□否□	是□否□	
		是□否□	是□否□	是□否□	
理论装量			实际装量		
理论灌装数			实际灌装数		
收率			合格范围		
物料平衡			合格范围		
备注	收率=实际产量/理论产量×100% 物料平衡=（实际产出量+余料量+收集不合格品量+取样量）/理论产量×100%				
操作人			复核人		

任务二　按摩乳的制备

【处方】芸香浸膏 1.0 g　　颠茄流浸膏 1.0 g
乳香 0.51 g　　没药 0.51 g
乌药 0.51 g　　川芎 0.51 g
郁金 0.51 g　　水杨酸甲酯 100 g
薄荷油 107 g　　肉桂油 2.0 g
丁香油 2.0 g　　樟脑 5 g

【制法】以上十二味，乳香、没药、乌药、川芎、郁金加 70%乙醇，浸渍提取二次，每次 7 天，合并浸提液，加入芸香浸膏、颠茄流浸膏，搅匀，滤过，滤液调整相对密度为 0.83 ~ 0.87（20 °C）。其余薄荷油等五味与硬脂酸 30 g、单硬脂酸甘油酯 60 g、十八醇 40 g、甘油 30 g、十二烷基硫酸钠 12 g、三乙醇胺 1 g 混匀，加至滤液中，加水至 1 000 g，加热，搅拌，乳化，即得。

第一部分 理论知识

一、乳膏剂的定义与分类

乳膏剂系指原料药物溶解或分散于乳状液型基质中形成的均匀半固体制剂。乳膏剂基质是由水相、油相和乳化剂的作用在一定温度下乳化而成的半固体基质，可分为水包油型（O/W）和油包水型（W/O）两类。

1. O/W 型乳剂基质

呈雪花膏状，常用一价皂（如硬脂酸钾、硬脂酸三乙醇胺等）、十二烷基硫酸钠、吐温类等为乳化剂。其特点是：

（1）含水量大，能与水混合，无油腻感，易用水洗除，亦称可洗性 或亲水性基质；

（2）药物的释放和穿透较其他基质快；

（3）由于外相含水量多，在贮存中可能霉坏，也易因水分蒸发失散而使软苻变硬，常须加防腐剂和保湿剂；

（4）可与分泌物一同重新进入皮肤而使炎症恶化，故不宜用于分泌物较多的皮肤病。

2. W/O 型乳剂基质

W/O 型乳剂基质俗称冷霜，此类基质常用羊毛脂、胆固醇、司盘类、多价皂做乳化剂。其特点是：

（1）能吸收少量水，但不能与水混合；

（2）较油脂性基质易于涂布，油腻性较小；

（3）水分从皮肤表面蒸发时有缓和的冷却作用；

（4）润滑作用和稳定性比 O/W 型乳剂基质好。

二、乳膏剂的基质

乳膏剂的基质是将含固体的油相加热熔化后与水相混合，借乳化剂的作用在一定温度下混合乳化，在室温下形成半固体的基质。此类基质的特点是：稠度适中，易涂布；对油、水都有一定的亲和力，药物的释放、透皮吸收较快，不影响皮肤的正常功能；需加防腐剂、保湿剂；适用于多数药物，不适用于遇水不稳定的药物，适用于亚急性、慢性、无渗出液的皮损和皮肤瘙痒症，不适用于糜烂、溃疡、水疱及脓疱症。

乳膏剂基质的类型及原理与乳剂相似，分为水包油型与油包水型两类，其组成为油相、水相和乳化剂。常用的油相多数为固体，主要有硬脂酸、蜂蜡、石蜡、高级脂肪醇等。有时为调节稠度加入液体石蜡、凡士林或植物油等。水相则为水及溶于水的其他一些成分，如 O/W 型基质外相含多量水，在储存过程中可能霉变，常须加入防腐剂，同时水分也易蒸发失散而使软膏变硬，故常需加入甘油、丙二醇等作保湿剂，一般用量为 5% ~ 20%。乳化剂对形成乳剂基质的类型起主要作用，乳剂型基质常用的乳化剂有以下几种。

1. 肥皂类

（1）一价皂：常为一价金属离子钠、钾、铵的氢氧化物硼酸盐或三乙醇胺、三异丙胺等的有机碱与脂肪酸作用生成的新生皂，亲水亲油平衡值（HLB）一般为 15 ~ 18，通常为 O/W 型的乳剂型基质，但若处方中含过多的油相时亦能转相为 W/O 型的乳剂型基质。常用的有新生钠皂、新生钾皂、新生有机铵皂等。其中以钠皂为乳化剂制成的乳剂型基质较硬，以钾皂为乳化剂制成的乳剂型基质较软，以有机铵皂为乳化剂制成的乳剂型基质较为细腻、光亮美观。

（2）多价皂：系由二、三价的金属（钙、镁、锌、铝）氧化物与脂肪酸作用形成的多价皂，为 W/O 型乳剂型基质。新生多价皂较易形成，且油相的比例大，黏滞度较水相高，因此，形成的乳剂型基质较一价皂为乳化剂形成的乳剂型基质稳定。

2. 高级脂肪醇及多元醇酯类

（1）十六醇及十八醇。十六醇，即鲸蜡醇，熔程 45 ~ 50 °C；十八醇，即硬脂醇，熔程 56 ~ 60 °C。二者均不溶于水，但有一定的吸水能力，吸水后可形成 W/O 型乳剂型基质的油相，可增加乳剂的黏稠度和稳定性。

（2）硬脂酸甘油酯：单双硬脂酸甘油酯的混合物，不溶于水，溶于热乙醇及乳剂型基质的油相中。常用的单硬脂酸甘油酯，是一种较弱的 W/O 型辅助乳化剂，与一价皂等主要乳化剂合用，可制得较稳定的 O/W 型乳剂基质，且产品细腻润滑，用量为 15%左右。

（3）脂肪酸山梨坦与聚山梨酯类。二者均为非离子型表面活性剂。脂肪酸山梨坦，即司盘类，HLB 值 4.3 ~ 8.6，为 W/O 型乳化剂；聚山梨酯，即吐温类，HLB 值 10.5 ~ 16.7，为 0/W 型乳化剂。各种非离子型乳化剂均可单独制成乳剂型基质，但为调节 HLB 值而常与其他乳化剂合用，在其基质中常加入的防腐剂有：山梨酸、氯甲酚、洗必泰碘等，用量约 0.2%。

3. 脂肪醇硫酸（酯）钠类

常用的有十二烷基硫酸（酯）钠，是阴离子型表面活性剂，常与其他 W/O 型乳化剂合用，调整适当 HLB 值，以达到油相所需范围。常用的辅助 W/0 型乳化剂有十六醇或十八醇、硬脂酸甘油酯、脂肪酸山梨坦类等。

4. 聚氯乙烯醚的衍生物类

① 平平加 O：即以十八（烯）醇聚乙二醇 800 醚为主要成分的混合物，为非离子型表面活性剂，其 HLB 值为 15.9，属 O/W 型乳化剂。一般单用本品不能制成乳剂型基质，常和不同辅助乳化剂一起按不同配比制成乳剂型基质。

② 乳化剂 OP：即以聚氧乙烯（20）月桂醚为主的烷基聚氧乙烯醚的混合物，亦为非离子 O/W 型乳化剂。本品耐酸、碱、还原剂及氧化剂，性质稳定，用量一般为油相重量的 5% ~ 10%，常与其他乳化剂合用。本品不宜与酚羟基类化合物，如苯酚、间苯二酚、水杨酸等配伍，以免形成络合物，破坏乳剂型基质。

第二部分 生产操作

第1步 称量配料

结合生产指令，按“制剂前处理称量配料生产操作”进行，并做好生产记录。

第2步 渗 漉

（1）检查药材粗粉的外观及重量。将渗漉用药材粗粉分别置于有盖不锈钢桶内，用粗粉的0.8倍量的70%乙醇，搅拌均匀，湿润密闭放置1小时以上，使粗粉充分膨胀。

（2）将渗漉筒底部花板用纱布袋包裹铺平。检查出渣门是否密闭，防止渗漏。

（3）将湿润膨胀后的粗粉拌松弄散，然后用不锈钢勺盛粉，均匀地装入渗漉筒，约装10厘米厚，用T型棒压匀，再按上述操作，一层一层地装入，适当加压，药粉装量不得超过渗漉筒的2/3。

（4）药粉面上盖不锈钢孔板压牢，打开渗漉筒下面的放料阀，并放一容器，然后将筒内药粉上的空处缓缓加入70%乙醇液。

（5）待排出药粉间的空气，并有乙醇流出约20 L左右时，关闭放料阀，盖上漉筒、浸渍24小时。

（6）至浸渍工艺规定时间后，开放料阀进行渗漉，控制渗漉速度为每分钟2～3 mL/kg，滤液放入贮液缸内，并将排空时的乙醇倒入贮液缸。

（7）在渗漉过程中，必须始终保持乙醇液面高于药材面，以防止药材干涸开裂，要及时向筒内补充乙醇，定时检查渗漉速度，及时真实填写记录。

（8）配制提取溶剂70%乙醇时，乙醇含量应控制在70%±1%。

（9）溶剂渗漉完后，检查渗漉液总量，将渗漉液交减压蒸馏岗位回收乙醇。

（10）用70%乙醇适量洗涤药渣、洗涤液交减压蒸馏岗位回收乙醇。

（11）及时清除药渣，洗净纱布、花板、漉筒，以备下次再用，并打扫室内清洁工作。

（12）真实及时填写操作记录，要求字迹清晰，不得撕毁或任意涂改。

第3步 配 制

（1）配制前将配制罐、容器具用注射用水冲洗干净。

（2）将处方中的浸膏加入乳罐中，备用。

（3）将水杨酸甲酯、薄荷油、肉桂油、丁香油、樟脑等五味与硬脂酸、单硬脂酸甘油酯、十八醇、甘油、十二烷基硫酸钠和三乙醇胺混匀，倒入上述乳罐中。

（4）加热至 60 °C 后，保温并继续搅拌 30 min，制成初乳。乳化搅拌 1 h 后降温制成乳膏。

第4步　铝管灭菌

（1）用双扉式臭氧灭菌柜将铝管灭菌，时间 90 min，结束后由灌装工序从出料口取出铝管。

（2）灭菌结束后及时进行清场，认真核对铝管数量，并做好记录。

第5步　灌　装

（1）灌装前，核对配制工序转入膏体的品名、规格、批号、数量，目检膏体颜色，核对半成品检验报告书。

（2）按企业内控标准确定指定装量，每支装量不得低于标示装量的 95%。

（3）正式灌装前先试调节装量，操作人、复核人确认装量合格后开始灌装。

（4）将乳膏加入灌装机的进料斗中，打开压缩空气阀门，再开启总电源开关，继续开主机电源开关，使灌装机开始正常工作。

（5）往灌装机转盘上模标中送放灭菌后的铝管，铝管经转盘运动至灌装位置，灌装阀打开，进行灌装。

（6）灌装过程中，操作人每 30 min 检验一次装量、折边、封尾及批号。QA 检查员随时监控灌装质量。

（7）灌装结束后，确认灌装支数，送入暂存室。

第6步　目　检

（1）对灌装后的铝管的折边、封尾、批号以及外观等进行目检。

（2）将目检后的合格品转交包装工序，不合格品送不合格品室。

第7步　外包装

（1）领取包装用的小盒、说明书及大箱。按批包装指令领取合格的小盒、说明书及大箱，核对当日待包装品是否与领取的小盒、说明书及大箱相符。

（2）外包装。复查外包装室清场情况，确认清场合格后方可进行本批产品外包装。

在同一包装室内，不得同时进行不同品种或同一品种不同批号规格产品的外包装。由专人负责在小盒、大箱上打印批号、生产日期，应与所领取的待包装品相符。

将待包品卷上说明书后放入小盒中，每 10 小盒装入 1 中包，再按包装规格装入大箱，放入装箱单，封箱。

药品零头包装只限两个批号为一个合箱，合箱外应标明全部批号，并填写合箱记录。如近期没有计划生产本产品，零头入库。

（3）QA 检查员检查包装外观质量和包装数量。

（4）包装结束后应确认标签与说明书的领取数、实用数、剩余数、残损数是否相符。确认好成品数后及时入库。包装结束后，破损的小盒、说明书及印有批号的剩余的小盒、说明书由专人负责计数，在 QA 检查员现场监督下及时销毁，并做好销毁记录。

任务三 吡罗昔康凝胶的制备

吡罗昔康凝胶

【处方】吡罗昔康 5 g　　聚乙二醇 4000　80 g
苯扎溴铵 8 g　　交联型聚丙烯酸钠 10 g
甘油 100 g　　加纯化水至 1 000 g

【制法】将交联型聚丙烯酸钠及处方总量 4/5 的纯化水充分研匀，备用；取聚乙二醇 4000、甘油加热，不断搅拌至完全溶解，加入吡罗昔康搅拌混匀，将上述交联型聚丙烯酸钠液倒入吡罗昔康的聚乙二醇 4000、甘油液中，加纯化水至 1 000 g，搅拌至冷凝，即得。

第一部分 理论知识

凝胶剂系指原料药物与能形成凝胶的辅料制成的具凝胶特性的稠厚液体或半固体制剂。除另有规定外，凝胶剂限局部用于皮肤及体腔，如鼻腔、阴道和直肠。

乳状液型凝胶剂又称为乳胶剂。由高分子基质如西黄蓍胶制成的凝胶剂也可称为胶浆剂。小分子无机原料药物如氢氧化铝凝胶剂是由分散的药物小粒子以网状结构存在于液体中，属两相分散系统，也称混悬型凝胶剂。混悬型凝胶剂可有触变性，静止时形成半固体而搅拌或振摇时成为液体。

凝胶剂基质属单相分散系统，有水性与油性之分。水性凝胶基质一般由水、甘油或丙二醇与纤维素衍生物、卡波姆和海藻酸盐、西黄蓍胶、明胶、淀粉等构成；油性凝胶基质 由液状石蜡与聚乙烯或脂肪油与胶体硅或铝皂、锌皂等构成。

凝胶剂在生产与贮藏期间应符合下列有关规定。

（1）混悬型凝胶剂中胶粒应分散均匀，不应下沉、结块。

（2）凝胶剂应均匀、细腻，在常温时保持胶状，不干涸或液化。

（3）凝胶剂根据需要可加入保湿剂、抑菌剂、抗氧剂、乳化剂、增稠剂和透皮促进剂等。

除另有规定外，在制剂确定处方时，该处方的抑菌效力应符合抑菌效力检查法（通则 1121）的规定。

（4）凝胶剂一般应检查 pH。

（5）除另有规定外，凝胶剂应避光、密闭贮存，并应防冻。

（6）凝胶剂用于烧伤治疗如为非无菌制剂的，应在标签上标明“非无菌制剂”；产品说明书中应注明“本品为非无菌制剂”，同时在适应证下应明确“用于程度较轻的烧伤（Ⅰ°或浅Ⅱ°）”；注意事项下规定“应遵医嘱使用”。

一、凝胶剂的基质

临床上应用较多的是水性凝胶剂，下面主要介绍水性凝胶基质。

水性凝胶基质大多在水中溶胀成水性凝胶而不溶解。本类基质一般易涂展和洗除，不污染衣物，无油腻感，能吸收组织渗出液，不妨碍皮肤正常功能。同时，由于其黏滞度较小而利于药物，特别是水溶性药物的释放。缺点是润滑作用较差，易失水和霉变，常需添加保湿剂和防腐剂，且用量较其他基质大。另外可根据需要加入抗氧剂、增溶剂、透皮促进剂等附加剂。常用的凝胶基质有卡波姆、纤维素及其衍生物等。

1. 卡波姆（Carbmer）

卡波姆是水性凝胶剂最常用的基质，此基质对酸、碱、醇都有一定的耐受性；能耐受低温储存和高压湿热灭菌，但不能耐受盐类；有良好的生物相容性，对眼和皮肤没有刺激性。卡波姆基质美观且制备工艺简单。

卡波姆系由丙烯酸与丙烯基蔗糖交联的高分子聚合物，商品名为卡波普（Carbopol）。卡波姆是一种引湿性很强的白色松散粉末，可以在水中迅速溶胀但不溶解。通过与碱中和形成凝胶。当用碱中和时，随大分子的不断溶解，其黏度逐渐上升，在低浓度时形成澄明溶液，浓度较大时形成半透明的凝胶。本品制成的基质无油腻感、使用润滑舒适，特别适宜于治疗脂溢性皮肤病。常用型号有 941、940、934，常用浓度为 0.2% ~ 1.5%，可根据制剂稠度的要求随意调节浓度。

2. 纤维素类

某些纤维素衍生物可在水中溶胀或溶解为胶性物，调节适宜的稠度可形成水溶性软膏基质。常用的品种有羟丙甲纤维素（HPMC）、甲基纤维素（MC）和羧甲基纤维素钠（CMC-Na），后两者常用的浓度为 2% ~ 6%。

（1）羟丙甲纤维素（HPMC）：作为一种优良的凝胶剂基质，其特点为制备工艺简单，稳定性好，生物相容性好，刺激性小，产品美观，涂展舒适。HPMC 还广泛用于化妆品领域。常用 HPMC 的黏度从 0.005 Pa · s 到 10 Pa · s 不等。HPMC 所成凝胶一般为无色透明。此外，HPMC 在热水中溶解度较小，易析出，所以 HPMC 为基质制成的凝胶不适合高温灭菌。

（2）甲基纤维素（MC）：常用作凝胶剂基质，其特点是不溶于热水，在冷水中可溶胀至透明，用法与羟丙甲纤维素相同。所制凝胶一般为无色透明，稳定性好，但涂展舒适度较羟丙甲纤维素稍差。

（3）羧甲基纤维素纳（CMC-Na）：是一种具有黏合、助悬、增稠、乳化及缓释作用的纤维素衍生物，具有吸湿性，易于分散在水中形成澄明的胶状液，在半固体中用作凝胶基质。

在 pH 7 左右保护胶体性最佳，对热较稳定，但 20 °C 以下时，黏度迅速上升，45 °C 左右变化不明显，80 °C 以上较长时间加热可显著降低黏度。

3. 壳聚糖

壳聚糖是甲壳素进行部分或完全脱乙酰化产物，属大分子阳离子聚合物，在水中可形成凝胶。形成凝胶后可以包裹药物，既可减轻对皮肤及胃肠道的刺激，又可控制药物的释放速度。

二、保湿剂、溶剂

常用的保湿剂为甘油和丙二醇，用量一般为 5% ~ 15%。甘油保湿效果较好，刺激性小；丙二醇促透皮吸收效果好，对药物的溶解性能一般较甘油好，但刺激性较甘油大。常用溶剂为水、甘油、丙二醇以及乙醇等。水溶性药物一般直接以水为溶剂。若药物水溶性差，单靠加大甘油或丙二醇的用量仍不能解决，可考虑加入乙醇（仅限于皮肤外用制剂），乙醇的使用量根据溶解效果可无限制调整。

三、增溶剂

若药物难溶于水，虽然可以溶解在所加溶剂里，但在凝胶制备过程中有时还会析出，故常需加入增溶剂。常用的增溶剂为吐温 80、聚氧乙烯氢化蓖麻油、平平加 O 等。吐温 80 增溶效果好，刺激性小，可用于各种凝胶，但若使用量较大，常使凝胶发黄，影响外观；聚氧乙烯氢化蓖麻油刺激性小，增溶效果较好，所成凝胶常为无色透明但微带乳光；平平加 O 增溶效果好，加入合适的量，常可得到无色透明凝胶，外观很好，但一般只适合皮肤外用。增溶剂的使用量因主药及使用部位的不同而异，通常用量越少越好。

四、抗氧剂、防腐剂、促渗透剂

卡波姆基质制成的凝胶通常需加入抗氧剂和防腐剂。常用的抗氧剂有各种亚硫酸盐、半胱氨酸、二丁基羟基甲苯（BHT）等，并常配以乙二胺四乙酸二钠作为金属离子络合剂，抗氧剂以亚硫酸盐为最常用，使用时要考虑它含有阳离子，加入量不可过多。常用的防腐剂为尼泊金类、硫柳汞、氯甲酚、三氯叔丁醇、苯甲酸及其钠盐等，若基质中已含有大量乙醇，则可以考虑不用加入防腐剂。皮肤外用凝胶可加入促渗透剂，常用的有氮酮。

五、水凝胶剂的制备方法

水凝胶剂一般制法是：药物溶于水者，常先溶于部分水或甘油中，必要时加热，其余处方成分按基质配制方法制成水凝胶基质，再与药物溶液混匀加水至足量，搅匀即得；药物不溶于水者，可先用少量水或甘油研细、分散，再混于基质中搅匀即得。

六、凝胶剂质量要求

除另有规定外，凝胶剂应进行以下相应检查。

1. 粒　度

除另有规定外，混悬型凝胶剂照下述方法检查，应符合规定。

检查法：取供试品适量，置于载玻片上，涂成薄层，薄层面积相当于盖玻片面积，共涂 3

片，照粒度和粒度分布测定法（通则 0982 第一法）测定，均不得检出大于 180 μm 的粒子。

2. 装　量

照最低装量检查法（通则 0942）检查，应符合规定。

3. 无　菌

除另有规定外，用于烧伤[除程度较轻的烧伤（Ⅰ°或浅Ⅱ°外）]或严重创伤的凝胶剂，照无菌检查法（通则 1101）检查，应符合规定。

4. 微生物限度

除另有规定外，照非无菌产品微生物限度检查：微生物计数法（通则 1105）和控制菌检查法（通则 1106）及非无菌药品微生物限度标准（通则 1107）检查，应符合规定。

第二部分　生产操作

第 1 步　称　量

（1）准备工作完毕后，按主配方用量对物料进行逐个核对、称量。称量过程中要做到一人称量，另一人复核，并做好记录。

（2）操作完毕，将设备、器具按相应的标准操作规程进行清洗、消毒、干燥处理，将工作场所打扫干净，并做好清场记录。

第 2 步　配　制

（1）检查配液罐及生产场清洁情况，作好生产前准备，取下清场牌，挂上生产牌。

（2）配制准备工作完毕后，将 PEG4000、甘油泵入配液罐中，开动搅拌器，同时打开循环水，微热至完全溶解后，加入吡罗昔康混匀。

（3）将交联型聚丙烯酸钠及处方总量 4/5 的纯化水置于电动研体中，开启机器，将其充分研匀后，倒入配液罐中。

（4）用少量纯化水冲洗研磨器具，清洗液倒入配液罐中，加入苯扎溴铵，继续搅拌，加水至处方量，搅拌至均匀无颗粒状时，将药液泵入贮药缸，即得。密闭保存。

（5）及时填写生产记录并进行清场工作。

第 3 步　灌　装

（1）检查灌装设备运行、清洁情况，作好灌装前准备工作，取下清场牌，挂上生产牌。

（2）灌装准备工作完毕后，将检验合格的半成品再次加热至 35 °C 左右，然后用周转锅将凝胶体加到软膏灌装封口机的上料斗中，保温 35 ℃左右，待灌装。

（3）将软膏灌装机空转几分钟，试运转正常后，插入软膏管调试装量，待装量确定后即可灌装。

（4）灌装过程中应及时抽查装量，并随时检查铝塑管的外观、热封处有无渗漏、拧盖配合是否紧密等，同时做好检查记录。

（5）生产结束后，按生产的清洁消毒规程进行设备的清洁、消毒及保养，由 QA 检查人员检查合格后，放置“已清洁”标志。清场结束后，填写生产及清场记录。

第4步 包 装

（1）按生产指令领取包装材料，作好包装准备工作，取下清场牌，挂上生产牌。

（2）包装准备工作完毕后，将待包装的凝胶管倒在包装工作台上，检查其外观质量，用剪刀将尾部修剪整齐，将漏药的软管及时挑出。

（3）操作人员按包装指令在小盒上打印产品批号、生产日期及有效期。

（4）将合格的凝胶管置于全自动装盒机中，调节装盒速度，试运转正常后开始包装，每小盒内装 1 管及 1 张说明书。按同样的要求，将装小盒的凝胶再进行装中盒、装箱、入库等操作。

（5）生产完毕后，填写生产包装记录及清场记录。

巩固练习

1.【A 型题】（单项选择题）

（1）外用膏剂药物的透皮吸收包括三个阶段，其中穿透是指（　　）。

A. 药物从基质中脱离出来并扩散到皮肤上

B. 药物通过表皮进入真皮、皮下组织

C. 药物透入皮肤通过血管或淋巴管进入体循环

D. 药物透过基质到达基质表面

E. 以上答案均不正确

（2）TTS 的含义是（　　）。

A. 经皮吸收因素　　B. 经皮给药系统

C. 经皮吸收过程　　D. 经皮吸收途径

E. 经皮吸收原理

（3）透皮吸收的主要途径是（　　）。

A. 完整表皮　　B. 毛囊　　C. 皮脂腺　　D. 汗腺　　E. 血管

（4）下列关于皮肤条件影响透皮吸收的论述，错误的是（　　）。

A. 病变、破损的皮肤能加快药物的吸收

B. 皮肤温度升高，吸收加快

C. 皮肤清洁后，有利于药物的穿透

D. 皮肤湿润引起角质层肿胀不利于吸收

E. 皮肤薄有利于吸收

（5）下列哪种基质引起皮肤的水合作用最强？（　　）

A. 油脂性基质　　B. 水溶性基质

C. W/O 型基质　　D. O/W 型基质

E. 聚乙二醇为基质

（6）适用于治疗脂溢性皮炎的软膏基质是（　　）。

A. 聚乙二醇类　　B. 卡波姆

C. 甘油明胶　　D. 纤维素衍生物

E. 海藻酸钠

（7）具有吸水作用的油脂性基质为（　　）。

A. 羊毛脂　　B. 液体石蜡

C. 固体石蜡　　D. 豚脂

E. 凡士林

（8）不宜作为眼膏基质的是（　　）。

A. 羊毛脂　　B. 二甲聚硅

C. 液状石蜡　　D. 凡士林

E. 蜂蜡

（9）下列与透皮吸收的量无关的因素为（　　）。

A. 药物浓度　　B. 应用面积

C. 涂布厚度　　D. 年龄与性别

E. 与皮肤接触时间

（10）下列哪种基质与皮脂分泌物相近，故可提高软膏中药物的渗透性？（　　）

A. 凡士林　　B. 卡波姆

C. 聚乙二醇　　D. 羊毛脂

E. 豚脂

（11）在油脂性基质中有适宜的稠度和涂展性的基质是（　　）。

A. 羊毛脂　　B. 凡士林

C. 蜂蜡　　D. 豚脂

E. 液状石蜡

（12）不宜用于急性炎性渗出液较多的创面的基质是（　　）。

A. 甲基纤维素　　B. 海藻酸钠

C. 卡波姆　　D. 凡士林

E. 皂土

（13）若患处分泌物过多易造成分泌物反向吸收的基质是（　　）。

A. 油脂性基质　　B. 水溶性基质

C. W/O 型基质　　D. O/W 型基质

E. 以上基质均可

（14）对水溶性软膏基质论述错误的是（　　）。

A. 由天然或合成的水溶性高分子物质组成

B. 该基质释药较快

C. 能吸收组织渗出液

D. 润滑作用较好

E. 无油腻性和刺激性

（15）可降低酚类防腐剂防腐能力的软膏基质是（　　）。

A. 羊毛脂　　B. 凡士林

C. 聚乙二醇　　D. 甲基纤维素

E. 卡波姆

（16）软膏中加入挥发性药物或热敏性药物的方法为（　　）。

A. 待基质降温至 80 °C 左右再与药物混合均匀

B. 待基质降温至 70 °C 左右再与药物混合均匀

C. 待基质降温至 60 °C 左右再与药物混合均匀

D. 待基质降温至 50 °C 左右再与药物混合均匀

E. 待基质降温至 40 °C 左右再与药物混合均匀

（17）水溶性药物与油溶性基质混合时一般常采用（　　）。

A. 可将药物水溶液直接加入基质中搅匀

B. 先用少量水溶解，以羊毛脂吸收后再与其他基质混匀

C. 用基质加热提取，去渣后冷却即得

D. 可将药物细粉与基质研匀

E. 先用少量液体石蜡溶解再与其他基质混匀

（18）眼膏剂常用基质为（　　）。

A. 凡士林 6 份，液状石蜡、羊毛脂各 2 份

B. 凡士林 7 份，液状石蜡 1 份、羊毛脂 2 份

C. 凡士林 8 份，液状石蜡、羊毛脂各 1 份

D. 凡士林 4 份，液状石蜡、羊毛脂各 3 份

E. 凡士林 6 份，液状石蜡 1 份、羊毛脂各 3 份

（19）眼膏剂的制备中基质的灭菌方法为（　　）。

A. 120 °C 干热灭菌 1 ~ 2 h　　B. 130 °C 干热灭菌 1 ~ 2 h

C. 140 °C 干热灭菌 1 ~ 2 h　　D. 150 °C 干热灭菌 1 ~ 2 h

E. 121.5 °C 干热灭菌 1 ~ 2 h

（20）制备黑膏药的植物油以（　　）。

A. 棉籽油最好　　B. 豆油最好

C. 花生油最好　　D. 麻油最好

E. 菜油最好

（21）黑膏药制备过程中没涉及的操作为（　　）。

A. 去火毒　　B. 炼油

C. 下丹收膏　　D. 炸料

E. 收丹

（22）对于炸料叙述错误的是（　　）。

A. 质地较坚硬的药料先炸

B. 质地疏松的药料后炸

C. 挥发性药料研粉滩涂时加入

D. 树脂类药料炼油时加入

E. 一般炸至表面深褐色、内部焦黄为度

（23）对于炼油叙述错误的是（　　）。

A. 药油在 300 °C 继续熬炼

B. 炼油是油脂在高温下氧化、聚合、增稠的过程

C. 以炼至挂旗为度

D. 炼油程度过嫩则膏药太软

E. 炼油时有浓烟发生

（24）黑膏药中油丹比例为（　　）。

A. 10：（1～2）

B. 10：（2～3）

C. 10：（3～4）

D. 10：（4～5）

E. 10：（5～6）

（25）下丹时的温度为（　　）。

A. 200 °C

B. 220 °C

C. 270 °C

D. 300 °C

E. 320 °C

（26）下列辅料哪一个在橡胶膏剂基质中可以起到软化剂的作用？（　　）

A. 橡胶

B. 凡士林

C. 立德粉

D. 汽油

E. 松香

（27）下列辅料在橡胶膏剂基质中可以起到增黏剂的作用的基质是（　　）。

A. 橡胶

B. 羊毛脂

C. 立德粉

D. 汽油

E. 松香

（28）下列辅料在橡胶膏剂基质中可以起到填充剂的作用的基质是（　　）。

A. 橡胶

B. 凡士林

C. 立德粉

D. 汽油

E. 液状石蜡

（29）下列叙述哪一个不是橡胶硬膏剂的特点？（　　）

A. 黏着力较强

B. 无需预热可直接贴用

C. 有保护伤口防止皲裂的作用

D. 药效时间长

E. 膏面需有覆盖物

（30）溶剂法制备橡胶膏剂，网状胶片消除静电的时间为（　　）。

A. 12～18 h

B. 14～20 h

C. 16～22 h

D. 18～24 h

E. 10～16 h

（31）热压法制备橡胶膏剂的填充剂常用（　　）。

A. 氧化锌　　B. 锌钡白

C. 滑石粉　　D. 微粉硅胶

E. 钛白粉

（32）糊剂所含固体粉末应在（　　）。

A. 20%以上　　B. 25%以上

C. 30%以上　　D. 35%以上

E. 40%以上

（33）黑膏药与橡胶膏剂的改进剂型是（　　）

A. 糊剂　　B. 涂膜剂

C. 膜剂　　D. 巴布剂

E. 丹剂

（34）作为巴布剂的基质常用亲水性较强的（　　）。

A. 聚乙烯醇　　B. 羧甲基纤维素

C. 聚丙烯酸钠　　D. 聚乙烯吡咯烷酮

E. 明胶

（35）需要进行软化点测定的是（　　）。

A. 软膏剂　　B. 眼膏剂

C. 黑膏药　　D. 巴布剂

E. 糊剂

（36）下列哪一项不是橡胶膏剂质量检查项目？（　　）

A. 外观　　B. 含膏量

C. 耐热　　D. 耐寒

E. 酸碱度

（37）徐长卿软膏属于哪种基质？（　　）。

A. 水溶性基质　　B. 烃类基质

C. 类脂类基质　　D. 乳剂型基质

E. 油脂类基质

（38）下面对眼膏剂的叙述中错误的是（　　）。

A. 药物与适宜的基质制成的供眼用的灭菌软膏剂

B. 应均匀、细腻、稠度适宜，易涂布于眼部

C. 对眼部无刺激

D. 无微生物污染

E. 滴眼剂较一般眼膏剂疗效持久，且能减轻眼睑对眼球的摩擦

2. B 型题（匹配题）

[（1）~（4）]

A. 油脂类　　B. 类脂类　　C. 烃类　　D. 硅酮类　　E. 纤维素衍生物

（1）凡士林属于（　　）。

（2）液状石蜡属于（　　）。

（3）羊毛脂属于（　　）。
（4）豚脂属于（　　）。
[（5）~（8）]
A. 橡皮膏　B. 黑膏药　C. 白膏药　D. 软膏　E. 滴丸
（5）植物油、羊毛脂、蜂蜡用于制备（　　）。
（6）橡胶、松香、凡士林用于制备（　　）。
（7）硬脂酸钠、PEG6000 用于制备（　　）。
（8）植物油和章丹用于制备（　　）。
[（9）~（12）]
A. 由石油分馏得到的多种高级烃的混合物
B. 高级脂肪酸与高级醇的酯类
C. 在水中不溶解，在 8 ~ 10 倍水中膨胀成为胶冻
D. 丙烯酸与丙烯基蔗糖交联的高分子聚合物
E. 溶于水形成的黏稠性凝胶，可作软膏基质，常用浓度 2.5%
（9）凡士林是（　　）。
（10）羊毛脂是（　　）。
（11）卡波姆是（　　）。
（12）皂土是（　　）。
[（13）~（16）]
A. 不溶性固体药物制备软膏加入基质的方法
B. 水溶性药物制备软膏加入基质的方法
C. 中药浸出制剂制备软膏加入基质的方法
D. 含有共熔成分制备软膏加入基质的方法
E. 含有挥发性药物或热敏性药物制备软膏加入基质的方法
（13）先用少量水溶解，以羊毛脂吸收后，再与其余基质混匀是（　　）。
（14）将药物细粉加入熔融的基质中，不断搅拌至冷却是（　　）。
（15）浓缩至稠膏状，再与基质混匀是（　　）。
（16）先将其研磨共熔后，再与冷却至 40 °C 的基质混匀是（　　）。
[（17）~（20）]
A. 软膏剂的基质　B. 橡胶膏剂的基质　C. 黑膏药的基质　D. 涂膜剂的基质
E. 巴布剂的基质
（17）卡波姆可作（　　）。
（18）黄丹可作（　　）。
（19）氧化锌可作（　　）
（20）聚丙烯酸钠可作（　　）。
3. X 型题（多项选择题）
（1）外用膏剂包括（　　）。
A. 糊剂　B. 巴布剂　C. 膜剂　D. 软膏剂　E. 黑膏药
（2）软膏剂多用于慢性皮肤病，主要作用有（　　）。

A. 保护创面　B. 润滑皮肤
C. 局部治疗作用　D. 全身治疗作用
E. 诊断疾病作用

（3）软膏剂的基质应具备的条件为（　　）。
A. 能与药物的水溶液或油溶液互相混合并能吸收分泌液
B. 具有适宜的稠度、黏着性、涂展性，无刺激性
C. 不妨碍皮肤的正常功能与伤口愈合
D. 应与药物结合牢固
E. 不与药物产生配伍禁忌

（4）经黏膜给药的剂型有（　　）。
A. 涂膜剂　B. 透皮贴膏　C. 滴眼剂　D. 滴鼻剂　E. 舌下片剂

（5）经皮肤给药的剂型有（　　）。
A. 涂膜剂　B. 搽剂　C. 洗剂　D. 糊剂　E. 舌下片剂

（6）不经胃肠给药的剂型有（　　）。
A. 灌肠剂　B. 巴布剂　C. 注射剂　D. 气雾剂　E. 软膏剂

（7）影响透皮吸收的因素有（　　）。
A. 药物的浓度　B. 应用面积
C. 涂布的厚度　D. 应用次数
E. 与皮肤接触的时间

（8）下列关于影响透皮吸收的因素叙述正确的有（　　）。
A. 具有合适的油、水分配系数的药物，透皮吸收效果好
B. 药物以离子形式易吸收
C. 药物相对分子量越大，吸收越慢
D. 药物在乳剂型基质中释放较快
E. 药物在基质中溶解状态比混悬颗粒易吸收

（9）具有吸水作用的软膏基质有（　　）。
A. 羊毛脂　B. 聚乙二醇　C. 蜂蜡　D. 凡士林　E. 液体石蜡

（10）下列哪些基质的软膏需加入保湿剂和防腐剂？（　　）
A. 油脂性基质　B. 水溶性基质
C. O/W 型乳剂基质　D. W/O 型乳剂基质
E. 以上均可

（11）软膏剂的制法有（　　）。
A. 研和法　B. 熔和法　C. 乳化法　D. 搓捏法　E. 冷压法

（12）黑膏药基质的原料有（　　）。
A. 植物油　B. 宫粉　C. 红丹　D. 红升丹　E. 水银

（13）黑膏药的制备过程包括（　　）。
A. 药料提取　B. 炼油　C. 下丹收膏　D. 去火毒　E. 摊涂

（14）关于“火毒”叙述正确的是（　　）。
A. 易对局部皮肤产生刺激　B. 是高温时氧化分解的产物

C. 是醛、酮、脂肪酸等　　D. 多具脂溶性

E. 膏药制成后需放入冷水中浸渍

（15）黑膏药中涉及的传统术语有（　　）。

A. 牛眼泡　B. 去火毒　C. 外枯内焦　D. 挂旗　E. 滴水成珠

（16）橡胶膏剂的基质组成有（　　）。

A. 橡胶　B. 松香　C. 凡士林　D. 氧化锌　E. 汽油

（17）红丹的质量要求（　　）。

A. 为橘红色非结晶性粉末　B. 主要成分四氧化三铅

C. 含量在 95%以上　D. 使用前应干燥

E. 以上均正确

（18）橡胶作为基质的主要原料有哪些特性？（　　）

A. 高弹性　B. 低传热性

C. 不透气性　D. 不透水性

E. 易老化性

（19）溶剂法制备橡胶膏剂的制备过程包括（　　）。

A. 药料提取　B. 混炼炼压均匀

C. 膏浆制备　D. 涂膏浆

E. 回收溶剂

（20）糊剂的特点有（　　）。

A. 具收敛、消毒、吸收分泌物及保护作用

B. 分为水溶性糊剂和油溶性糊剂

C. 用研和法制备

D. 稠度较高

E. 含有 25%以上的固体粉末

（21）常用的成膜材料有（　　）。

A. 聚乙烯醇缩甲乙醛　B. 聚乙烯醇

C. 玉米朊　D. 火棉胶

E. 聚丙烯酸钠

（22）下列关于软膏剂的叙述正确的有（　　）。

A. 软膏剂多用于慢性皮肤病

B. 软膏剂中油脂性基质灭菌时可直火加热

C. 急性损伤的皮肤不宜使用油脂性基质软膏剂

D. 软膏剂中油脂性基质灭菌时可用耐高压蒸汽夹层锅加热

E. 软膏剂中油脂性基质灭菌条件为 150 °C 约 1h。

项目三巩固练习答案

项目实施

劳动组织形式：本项目实施中，对学生进行分组，每 8~10 名学生组成一个工作组。各小组制定出工作计划及实施方案，组长协助教师参与指导组织本组学生学习，检查项目实施进程和质量，制定改进措施，共同完成项目任务。

项目评价：按时间、质量、安全、文明和环保要求进行考核。学生按照表 3-3 进行项目考核评分，先自评，在自评的基础上，由本组的同学互评，最后由教师进行总结评分。

表 3-3 项目考核评价表

姓名： 总分：

序号	考核项目	考核内容及要求	评分标准	配分	学生自评	学生互评	教师考评	得分
1	时间要求	8 小时	不按时完成无分	10				
2	质量要求	投料	原辅料投料量是否符合生产指令要求，不符合扣 10 分	10				
		灭菌	温度、时间、压力是否符合工艺规程要求，不符合扣 10 分	10				
		配制	过滤、保温是否符合工艺规程要求，不符合扣 10 分	10				
		含量	主药含量是否为标示量的 90%~110%，不符合扣 10 分	10				
		铝管臭氧灭菌	灭菌时间是否符合工艺规程要求，不符合扣 10 分	10				
		灌装	1. 装量是否符合内控标准，不符合扣 10 分 2. 外观折边、封尾整齐，批号清晰，不符合扣 5 分	15				
		包装品	1. 说明书、小盒品名、规格、批号应相符，不符合扣 5 分。 2. 装盒、装箱数量要正确、有装箱单，不符合扣 5 分。	10				
3	安全要求		一次不遵守，酌情扣 5 分	5				
4	文明要求		一次不遵守，酌情扣 5 分	5				
5	环保要求		一次不遵守，酌情扣 5 分	5				

注：如出现重大安全、文明、环保事故，本项目考核记为 0 分。

项目作业

红色正金软膏

【处方】薄荷脑 150 g　　肉桂油 30 g

樟油 50 g　　丁香罗勒油 30 g

薄荷素油 100 g　　樟脑 50 g

桉油 60 g

【制法】以上七味，取桉油、樟油、肉桂油与适量浓氨溶液混匀，加热回流 8 小时，放冷，加入薄荷脑、樟脑、薄荷素油、丁香罗勒油，混合，过滤，备用；将适量地蜡、石蜡及黄凡士林加热熔融，过滤，在 80 ~ 90 °C 左右加入上述混合物，混匀，制成 1 000 g，即得。

按上述处方，学生按事先分组制定软膏剂的制备方案，方案经讨论可行后，按方案制备红色正金软膏，并做好相关的生产记录。

项目拓展

请结合制剂的相关知识，按制药企业生产的相关要求生产盐酸洛美沙星乳膏，并做好相应的生产记录。

盐酸洛美沙星乳膏

【处方】

盐酸洛美沙星 30 g　　注射用水 10 kg　　单硬脂酸甘油酯 150 g

液状石蜡 2.22 kg　　十八醇 670 g　　甘油 220 g

十二烷基硫酸钠 110 g　　羟苯乙酯 10 g

项目四 液体制剂的制备

项目要求

- 时间要求：教学学时 18 课时；
- 质量要求：符合国家药品生产的相关标准要求；
- 安全要求：严格按照液体制剂生产操作规程进行项目作业；
- 文明要求：自觉按照文明生产规程进行项目作业；
- 环保要求：按照环境保护要求进行项目作业。

项目分析

液体制剂是指所有以液态形式存在并使用的药物制剂。液体制剂给药途径广泛，既可内服，也可外用，生产工艺一般包括备料、配液、过滤、分装、包装等工序。一般情况下，液体制剂对生产环境的洁净度要求相对固体制剂较高，尤其是配液环节，它是液体制剂生产的关键工序，其操作的好坏将直接影响到产品的质量，故须对其严格控制，以满足液体制剂的质量和预定用途的要求。液体制剂质量要求：① 均相液体制剂应是澄明溶液，非均相液体制剂中的药物粒子应分散均匀；② 浓度应准确，口服的液体制剂应外观良好，口感适宜，外用的液体制剂应无刺激性；③ 应具备一定的防腐能力，保存和使用过程中不应发生霉变；④ 液体制剂的包装容器应适宜，方便患者携带和使用。

本项目通过对利巴韦林口服液、乐儿康糖浆的制备方法及相关理论知识的讲解，使学生进一步掌握合剂、洗剂、酊剂等液体制剂的制备方法。

项目实施路径与步骤

【项目实施路径】

- 任务一　利巴韦林口服溶液的制备
- 任务二　乐儿康糖浆的制备

【项目实施步骤】

任务一 利巴韦林口服溶液的制备

利巴韦林口服溶液

【处方】

利巴韦林 30 g	木糖醇 30 g	磷酸氢二钠 5 g
薄荷醇 6 g	丙二醇 6 mL	注射用水 1 000 mL

【制法】将利巴韦林、木糖醇、磷酸氢二钠、薄荷醇、丙二醇溶于 200 mL 注射用水中，加注射用水至 1 000 mL，滤过，即得。

第一部分 理论知识

一、液体制剂的概念和分类

液体制剂系指药物分散在适宜的分散介质中制成的液体形态的制剂。通常是将药物以不同的分散方法和分散程度分散在适宜的分散介质中制成的液体分散体系，可供内服或外用。通常情况下，可将液体制剂按以下两种方法进行分类。

（一）按给药途径分类

1. 内服液体制剂

如溶液剂、糖浆剂、混悬剂、乳剂等。

2. 外用液体制剂

如洗剂、搽剂、滴眼剂、滴鼻剂、滴耳剂、含漱剂、灌洗剂等。

（二）按分散系统分类

1. 均相液体制剂

药物以分子或离子状态均匀分散在分散介质中而形成的澄明溶液。其中的溶质称为分散相，溶剂称为分散介质。

（1）低分子溶液剂：由低分子药物分散在分散介质中形成的液体制剂。分散相为小于 1 nm 的分子或离子，如氯化钠水溶液、吡拉西坦口服溶液等。

（2）高分子溶液剂（胶体溶液）：当以水为分散介质时，又称亲水胶体。分散相为 1 ~ 100 nm 的高分子化合物，如明胶水溶液、胃蛋白酶合剂等。

2. 非均相液体制剂

药物以分子聚集体、微粒或小液滴的状态分散在分散介质中而形成的多相的、不均匀的分散体系。

（1）溶胶剂：当以水为分散介质时，又称疏水胶体。分散相为 1～100 nm 的固体药物，如氢氧化铁溶胶、氯化银溶胶等。

（2）混悬剂：由不溶性固体药物以微粒状态分散在分散介质中形成的不均匀分散体系。分散相为大于 500 nm 的固体药物，一般外观浑浊，如炉甘石洗剂、布洛芬混悬液等。

（3）乳剂：由不溶性液体药物以液滴状态分散在分散介质中形成的不均匀分散体系。分散相多为大于 100 nm 的液体药物，一般外观呈乳白色不透明状，如鱼肝油乳剂、盐酸特比萘芬乳等。

二、液体制剂的特点

液体制剂是指所有以液态形式存在并使用的药物制剂。与固体制剂相比，液体制剂有以下优点：① 药物分散度大，吸收快，显效快；② 剂量易增减，服用方便，特别适用于婴幼儿和老年患者；③ 通过调整液体制剂的浓度能减少某些药物的刺激性，如将溴化物、碘化物等固体药物制成液体制剂后，可避免其固体口服后由于局部浓度过高而引起的胃肠道刺激作用；④ 给药途径广泛，可内服，也可外用。

但是液体制剂也存在着以下一些缺点：① 由于液体制剂中药物的分散度大，又受分散介质的影响，其化学稳定性较差；② 因一般液体制剂的体积较大，故携带、运输、储存都不方便；③ 水性液体制剂长时间存放容易霉变，需加入防腐剂，非水性制剂又会产生一定的药理作用；④ 液体制剂对包装的要求较高。

三、液体制剂的溶剂与附加剂

液体制剂的溶剂，其种类对液体制剂的性质和质量影响很大，使用时要根据不同的需求合理选择，常用的分散介质可按介电常数的大小分为极性溶剂、半极性溶剂和非极性溶剂三类。

（一）极性溶剂

1. 水

水是制备液体药剂最常用的溶剂，能与乙醇、甘油、丙二醇等以任意比例混溶。水能溶解大多数的无机盐类和极性大的有机药物，还能溶解中药材中的生物碱及其盐类、苷类、糖类、鞣质、酸类等成分。水的溶解范围比较广，又无药理作用，且价廉易得，是首选的溶剂，但水无防腐作用，有些药物在水中易产生霉变，制剂中应加入适宜的防腐剂。制备液体制剂时所用的水应为纯化水，不宜使用饮用水。

2. 甘　油

甘油又名丙三醇，为无色黏稠澄明液体，能与水、乙醇、丙二醇等以任意比例混溶，对鞣质、苯酚和硼酸的溶解度比水大。甘油有甜味，毒性小，有吸水性，对皮肤、黏膜有刺激性，当含水 10%以上时便无刺激性，可供内服或外用。

3. 二甲基亚砜

二甲基亚砜为无色澄明液体，能与水、乙醇、甘油、丙二醇等以任意比例混溶。本品溶解范围广，又有“万能溶媒”之称。本品有大蒜臭味，有较强的吸湿性，可促进药物在皮肤上的渗透，但对皮肤有轻度刺激。

（二）半极性溶剂

1. 乙　醇

乙醇为常用的溶剂，没有特殊说明时，乙醇指 95%（体积分数）的乙醇。乙醇可与水、丙二醇、甘油等以任意比例混合，可溶解大部分有机药物和药材中的有效成分，如生物碱及其盐类、挥发油、树脂、色素等。含乙醇 20%以上的水溶液即有防腐作用；40%以上能抑制某些药物的水解；70%以上有消毒作用。乙醇有一定的药理作用，且有易挥发、易燃烧等缺点。

2. 丙二醇

丙二醇为无色黏稠澄明液体，味微甜，有引湿性，性质与甘油相近，但黏度较小，能与水、甘油、乙醇等任意比例混溶。丙二醇的毒性小、无刺激性，能溶解许多有机药物，可作为内服及肌内注射液的溶剂。

3. 聚乙二醇

其分子量小于 1 000 时为液体，超过 1 000 即为半固体或固体。液体制剂中常用聚乙二醇 300 ~ 600，为无色澄明略黏稠的液体，能与水、乙醇、甘油等任意比例混溶，聚乙二醇不同浓度的水溶液，能溶解许多水溶性无机盐和水不溶性的有机药物。本品对易水解的药物有一定的稳定作用，在外用制剂中具有与甘油类似的保湿作用。

（三）非极性溶剂

1. 脂肪油

脂肪油为常用非极性溶剂，如豆油、麻油、花生油、橄榄油等植物油，能溶解非极性药物，如固醇类激素、油溶性维生素、游离生物碱、挥发油等。脂肪油易氧化、酸败，也易与碱性药物发生皂化反应，影响制剂的质量。多用于外用液体制剂，如洗剂、搽剂等。

2. 液体石蜡

液体石蜡是从石油产品中分离得到的液状饱和烃的混合物，为无色澄明油状液体，无臭、无味，化学性质稳定，能溶解生物碱、挥发油等非极性药物。分为轻质液体石蜡和重质液体石蜡两种，轻质液体石蜡相对密度为 0.828 ~ 0.860，多用于外用液体制剂；重质液体石蜡相对密度为 0.860 ~ 0.890，多用于软膏剂及糊剂。

3. 乙酸乙酯

乙酸乙酯为无色油状液体，微臭，可溶解挥发油、甾体药物及其他油溶性药物。本品有挥发性和可燃性，在空气中容易氧化、变色，需加入抗氧剂。常作为搽剂的溶剂。

（四）液体制剂的附加剂

为了保证液体制剂的安全性、有效性及稳定性等，常在制剂中加入除主药以外的一些辅料，统称为附加剂。液体制剂常用的附加剂有以下几种。

1. 潜溶剂

某些药物在一种溶剂中难溶，但在混合溶剂中却有较大的溶解度，如甲硝唑在水中的溶解度为 10%（质量体积分数），如果使用水-乙醇混合溶剂，则溶解度提高 5 倍。在混合溶剂中当各溶剂达到一定比例时，药物的溶解度出现极大值，这种现象称潜溶，此混合溶剂称潜溶剂。能与水形成潜溶剂的有：乙醇、甘油、丙二醇、聚乙二醇等。

2. 增溶剂

增溶是指在液体分散体系中加入适宜的表面活性剂，某些难溶性药物在表面活性剂的作用下，大大增加了其在溶剂中的溶解度。具有增溶能力的表面活性剂称为增溶剂，被增溶的物质称为增溶质。对于以水为溶剂的药物，增溶剂的最适 HLB 值为 15 ~ 18，常用的增溶剂有聚山梨酯类（吐温类）和聚氧乙烯脂肪酸酯类（卖泽类）等。

3. 助溶剂

在难溶性药物中加入一种物质后，可因其与难溶性药物形成络合物、复盐或分子缔合物等而使难溶性药物在溶剂（主要是水）中的溶解度大大增加，此种物质称为助溶剂。助溶剂多为低分子化合物，不是表面活性剂，如碘与碘化钾可形成络合物 $KI \cdot I_2$ 而增加了碘在水中的溶解度，碘化钾为助溶剂。

4. 助悬剂

助悬剂系指在混悬液中为增加分散介质的黏度以降低微粒的沉降速度或增加微粒的亲水性而添加的附加剂。常用的助悬剂有低分子助悬剂（如甘油、糖浆等）和高分子助悬剂（如阿拉伯胶、西黄蓍胶、纤维素类、卡波姆、触变胶等）两大类。

5. 润湿剂

润湿剂系指能增加疏水性药物微粒被水湿润的附加剂。常用的润湿剂有乙醇、甘 油和 HLB 值在 7 ~ 11 的表面活性剂，如吐温类、泊洛沙姆等。

6. 絮凝剂与反絮凝剂

制备混悬剂时常需加入絮凝剂，使微粒间的斥力减小而形成疏松的絮状聚集体，防止微粒的快速沉降，以提高混悬剂的稳定性。反之，为防止絮凝后溶液过度黏稠，可使用反絮凝剂。常用的絮凝剂与反絮凝剂有柠檬酸盐、酒石酸盐、磷酸盐等。

7. 防腐剂

防腐剂又称抑菌剂，是指能抑制微生物生长、繁殖的化学物质。液体制剂特别是以水为溶剂的液体制剂，易被微生物污染而发霉变质，尤其是含有糖类、蛋白质等营养物质的液体制剂，更易引起微生物的滋生和繁殖，微生物的存在严重影响了制剂的质量及人体的用药安全，故在液体制剂中常需添加适宜的防腐剂，以达到有效的防腐目的。常用的防腐剂有以下几类：

（1）对羟基苯甲酸酯类：又称尼泊金类，分为对羟基苯甲酸甲酯、乙酯、丙酯、丁酯四类。其抑菌作用随烷基碳数的增加而增加，但溶解度则减小，抑菌浓度分别为甲酯 0.05% ~ 0.25%、乙酯 0.05% ~ 0.15%、丙酯 0.02% ~ 0.075%、丁酯 0.01%。本类防腐剂应用广泛，化学性质稳定，在酸性、中性溶液中均有效，但在酸性溶液中作用较强，在弱碱性溶液中作用较弱。

（2）苯甲酸及其盐类：为常用防腐剂，其为未解离的分子状态时抑菌作用强，所以在酸性溶液中抑菌效果较好，最适 pH 是 4，当溶液的 pH 增高时其解离度增大，防腐效果降低。苯甲酸的常用量一般为 0.1% ~ 0.3%，苯甲酸钠的常用量是 0.2% ~ 0.5%。苯甲酸在水中的溶解度较小（0.29%），而在乙醇中的溶解度较大（43%），故常将其配成 20%的乙醇溶液应用。

（3）山梨酸：为白色至黄白色结晶性粉末，因分子状态的山梨酸有防腐作用，故山梨酸也是在酸性溶液中的抑菌效果好。山梨酸与其他防腐剂联合使用会产生协同作用，但与吐温类合用时，因二者会发生络合反应，故抑菌作用有所减弱。其常用量为 0.05% ~ 0.2%。

（4）苯扎溴铵：又称新洁尔灭，为阳离子型表面活性剂。本品为淡黄色黏稠液体，低温时形成蜡状固体，溶于水和乙醇，微溶于丙酮和乙醚，性质稳定，作防腐剂使用时常用浓度为 0.02% ~ 0.2%。

（5）其他防腐剂。20%以上的乙醇溶液，0.5%的苯甲醇，0.5%的三氯叔丁醇，含桂皮油为 0.01%、含薄荷油为 0.05%的溶剂等均有一定的防腐作用。

8. 矫味剂

矫味剂系指药品中用以改善或屏蔽药物不良气味和味道，使病人难以觉察药物的强烈苦味（或其他异味如辛辣、刺激等）的药用辅料。矫味剂一般包括甜味剂、芳香剂、胶浆剂和泡腾剂四类。

（1）甜味剂。用于掩盖制剂的苦、涩、咸等不良味道时常需加入甜味剂，甜味剂包括天然和合成的两大类。天然的甜味剂有蔗糖、单糖浆、果汁糖浆、甜菊苷等。其中蔗糖和单糖浆应用最广泛；果汁糖浆（如橙皮糖浆、桂皮糖浆）兼具矫臭作用；甜菊苷为微黄白色粉末，无臭，有清凉甜味，甜度比蔗糖高约 300 倍，常用量为 0.025% ~ 0.05%，本品甜味持久且不被吸收，但甜中带苦，故常与蔗糖或糖精钠合用。合成的甜味剂有糖精钠和阿斯巴甜等。糖精钠的甜度为蔗糖的 200 ~ 700 倍，常用量为 0.03%，易溶于水，常与单糖浆或甜菊苷合用，常作咸味药物的矫味剂。阿斯巴甜，也称蛋白糖，甜度为蔗糖的 150 ~ 200 倍，可以有效地降低热量，适用于糖尿病、肥胖症患者。

（2）芳香剂。在药剂中用以改善药剂的气味的香料和香精称为芳香剂。香料由于来源不同，分为天然香料和人造香料两类。天然香料有从植物中提取的芳香挥发性物质，如柠檬、茴香、薄荷油等，以及此类挥发性物质制成的芳香水剂、酊剂、醑剂等。人造香料亦称香精，是在人工香料中添加适量溶剂调配而成，如苹果香精、橘子香精、香蕉香精等。

（3）胶浆剂。具有黏稠缓和的性质，可干扰味蕾的味觉而具有矫味的作用。常用的有海藻酸钠、阿拉伯胶、明胶、甲基纤维素、羧甲基纤维素钠等的胶浆。常于胶浆中加入甜味剂，增加其矫味作用。

（4）泡腾剂。系利用有机酸（如枸橼酸、酒石酸）与碳酸氢钠混合，遇水后产生大量二氧化碳，由于二氧化碳溶于水呈酸性，能麻痹味蕾而矫味。

9. 着色剂

有时为了改善制剂的外观颜色、识别制剂的浓度、区分应用方法和增加病人用药的顺应性等，往往需要在制剂中添加适宜的着色剂。常用的着色剂有天然色素（如甜菜红、胡萝卜素、叶绿素等）和合成色素（如苋菜红、胭脂红、柠檬黄、日落黄、伊红、品红等）两类。

10. 其他附加剂

在液体制剂中为了增加其稳定性，有时还需要加入抗氧剂、pH 调节剂、金属离子络合剂等。

四、溶液型液体制剂

溶液型液体制剂在液体制剂中较为常见，根据分散相的粒径大小及分散状态的不同，可将其分为以下两种类型。

1. 真溶液型液体制剂

真溶液型液体制剂又称低分子溶液剂，系指小分子药物以分子或离子形式分散在溶剂中制成的均匀分散的液体制剂，简称真溶液。真溶液的分散相质点小于 1 nm，属于单相分散体系，其性质较为稳定，但如果制备或储存不当，也易发生化学变化而导致制剂的质量改变，如药物的水解、氧化及滋生微生物等均可导致药物变质。常见剂型有溶液剂、芳香水剂、糖浆剂、甘油剂、酊剂等。

（1）溶液剂：药物溶解于溶剂中所形成的澄明液体制剂。溶质多为不挥发性药物，溶剂多用水、乙醇或非极性溶剂，根据需要可加入助溶剂、抗氧剂、矫味剂等附加剂。溶液剂的制备通常采用两种方法，即溶解法和稀释法。稀释法是先将药物制成高浓度溶液，再用溶剂稀释至所需的浓度。此外，溶液剂的制备还有化学反应法，仅适用于原料药物缺乏或质量不符合要求的情况。

（2）芳香水剂：挥发油或其他芳香挥发性药物的澄明饱和或近饱和的水溶液。用乙醇和水混合溶剂制成的含大量挥发油的溶液，称为浓芳香水剂。芳香水剂的浓度一般都很低，可矫味、矫臭和作分散剂使用。

（3）糖浆剂：含有药物或芳香物质的浓蔗糖水溶液。糖浆剂可分为含药糖浆、单糖浆和芳香糖浆。含药的糖浆有治疗作用，含糖量一般为 50%～65%，能掩盖某些药物的苦味、咸味及其他不适臭味，适合儿童服用。糖浆剂中的药物可以是化学药物，也可以是药材的提取物。纯蔗糖的近饱和水溶液称为单糖浆或糖浆，浓度为 85%（g/mL）或 64.7%（g/g）。芳香糖浆为含芳香性物质的糖浆剂，通常作为制剂的矫味剂。糖浆剂可采用溶解法和混合法制备。溶解法包括热溶法和冷溶法；混合法是将含药溶液与单糖浆均匀混合制备糖浆剂的方法，此方法适用于制备含药糖浆剂。

（4）甘油剂：药物溶于甘油中制成的专供外用的溶液剂，甘油剂中含甘油应不低于 50%（g/g）。甘油具有黏稠性、高渗透性和防腐性，且吸湿性较大，能吸收患处的分泌液，对患处有滋润和保护作用。甘油剂多用于口腔、耳鼻喉科疾病。甘油剂的制备可用溶解法和化学反应法。

（5）酊剂：药物用规定浓度的乙醇浸出或溶解而制成的澄清液体制剂，可供内服或外用。酊剂的浓度除另有规定外，含有毒性药品（药材）的酊剂，每 100 mL 应相当于原药物 100 g；其他酊剂每 100 mL 应相当于原药物 20 g。

（6）醑剂：含有挥发性物质的浓乙醇溶液，可供内服或外用，又可用作矫味剂。醑剂中的药物浓度一般为 5%～10%，乙醇浓度一般为 60%～90%。醑剂可用溶解法和蒸馏法制备。

2. 胶体溶液型液体制剂

胶体溶液型液体制剂系指药物以 1～100 nm 大小的粒子均匀分散在溶剂中所形成的液体制剂。当溶剂为水时，又分为亲水胶体溶液和疏水胶体溶液两类。

（1）亲水胶体溶液：高分子化合物以分子状态分散在溶剂中制成的均匀分散的液体制剂，又称高分子溶液剂。高分子溶液具有荷电性、胶凝性、一定的渗透压和黏性等性质。制备高分子溶液时首先要经过溶胀过程。溶胀是指水分子渗入到高分子化合物分子间的空隙中，与高分子中的亲水基团发生水化作用而使其体积膨胀，结果使高分子空隙间充满了水分子，这一过程称为有限溶胀。由于高分子空隙间存在水分子，从而降低了高分子分子间的作用力，溶胀过程继续进行，最后使高分子化合物完全分散在水中而形成高分子溶液，这一过程称为无限溶胀。由于各种高分子化合物在水中的溶胀过程和速度不同，故制法也不完全一样。如胃蛋白酶的溶胀过程较快，在制备胃蛋白酶合剂时可将其均匀地撒在水面上，待其自然膨胀后轻轻搅拌即得。而明胶的溶胀速度较慢，需先将其切成小块，在水中浸泡 3～4 h，再加热搅拌使其形成高分子溶液。

（2）疏水胶体溶液：固体药物以微粒分散在水中形成的非均匀状态的液体分散体系，又称溶胶剂。疏水胶体溶液的外观与溶液剂一样是透明的，但由于其胶粒是多分子聚集体，有极大的分散度，属热力学不稳定系统。溶胶剂由于有双电层结构而荷电，可以荷正电，也可以荷负电，并且能够产生“丁达尔效应”和“布朗运动”。制备溶胶剂可以采用分散法和凝聚法。分散法就是把粗大粒子分散成胶体微粒的方法，包括机械分散法、胶溶法和超声波分散法；凝聚法是指利用物理的方法或化学反应使分子或离子等分散物质结合成胶体粒子的方法。

五、混悬型液体制剂

混悬剂系指难溶性固体药物以微粒状态分散于介质中形成的非均匀分散的液体制剂。混悬剂中药物微粒一般在 0.5～10 μm，小者可为 0.1 μm，大者可达 50 μm 或更大。混悬剂所用的分散介质大多数为水，也可用植物油，还可以按一定的生产工艺将其制成干粉形式，临用时再加分散介质制成高浓度的混悬剂，如阿奇霉素干混悬剂。混悬剂在药物制剂领域应用较广泛，如搽剂、洗剂、注射剂、气雾剂、栓剂和软膏剂等都有混悬型制剂存在。

一般下列情况可考虑制备混悬剂：

（1）难溶性药物需制成液体制剂供临床应用；

（2）药物剂量超过了溶解度而不能以溶液剂形式应用；

（3）两种溶液混合时药物的溶解度降低而析出固体药物或产生难溶性化合物；

（4）为了使药物产生长效作用。

但为了安全，毒剧药或剂量小的药物不应制成混悬剂使用。混悬剂的制备也可以采用分散法和凝聚法两种方法。由于混悬剂属于粗分散体系，使混悬微粒具有较高的表面自由能而处于不稳定状态，为了提高混悬剂的物理稳定性，在制备时常需加入助悬剂、润湿剂、絮凝剂和反絮凝剂等稳定剂。

六、乳剂型液体制剂

乳剂系指两种互不相溶的液体混合，其中一种液体以液滴状态分散在另一种液体中形成的非均匀分散的液体制剂，形成液滴的液体称为分散相、内相或非连续相，另一种液体则称为分散介质、外相或连续相。乳剂由水相（W）、油相（O）和乳化剂组成，三者缺一不可。故根据乳剂内、外相组成的不同，可将其分为水包油型（O/W 型）、油包水型（W/O 型）及复合型乳剂（W/O/W 或 O/W/O 型）。另外，还可根据乳滴的大小，将乳剂分为普通乳、亚微乳和纳米乳。普通乳的液滴大小一般在 1～100 μm，乳剂的外观为乳白色不透明的液体；亚微乳的液滴大小一般在 0.1～0.5 μm，静脉注射用乳剂多为此种类型；纳米乳的粒径更小，在 0.01～0.1 μm，肉眼可见乳剂为透明的液体。

乳化剂是乳剂的重要组成部分，理想的乳化剂应具有较强的乳化能力；无毒、无刺激性；

一定的生理适应能力，稳定性好。具体应用时应结合药物的性质、乳剂的类型、乳化方法等因素综合考虑选择合适的乳化剂。乳剂中常见的乳化剂有以下几类。

1. 天然乳化剂

天然乳化剂多为高分子化合物，具有较强的亲水性，能形成 O/W 型乳剂，乳剂形成时被吸附于乳滴表面，形成多分子乳化膜，多数黏性较大，能增加乳剂的稳定性，使用这类乳化剂宜新鲜配制或加入适宜的防腐剂。常用的天然乳化剂有阿拉伯胶、西黄蓍胶、明胶、杏树胶、卵磷脂等。其中阿拉伯胶与西黄蓍胶在药剂学中应用较普遍，但单独应用时乳化能力均较弱，一般将二者互相配合使用效果较好；明胶为两性蛋白质，用量为油量的 1%～2%，易受溶液的 pH 值及电解质的影响而产生凝聚作用，亦常与阿拉伯胶合并使用；杏树胶为杏树分泌的胶汁凝结而成的棕色块状物，用量为 2%～4%，其乳化能力和黏度均超过阿拉伯胶；卵磷脂的乳化能力强，可供内服，一个卵黄约含有 7%的卵磷脂，相当于 10g 阿拉伯胶的乳化能力，其精制品还可供静脉注射用。

2. 表面活性剂类

此类乳化剂的分子中因含有较强的亲水基和亲油基，故具有较强的亲水性和亲油性，其乳化能力强，性质较稳定，如混合使用效果更好。常用的有阴离子型表面活性剂（如硬脂酸钠、硬脂酸钾、油酸钠、十二烷基硫酸钠、十六烷基硫酸化蓖麻油等）和非离子型表面活性剂（如脂肪酸甘油酯、蔗糖脂肪酸酯、脂肪酸山梨坦、聚山梨酯、卖泽、苄泽、泊洛沙姆等），其中非离子型表面活性剂的毒性、刺激性均较小，且性质稳定，应用较广泛。

3. 固体微粒类

这类乳化剂为一些溶解度小、颗粒细微的固体粉末，乳化时聚集于液-液（油-水）界面上形成固体微粒乳化膜而起到阻止乳滴合并的作用。形成乳剂的类型由固体粉末与水相的接触角 θ 决定，一般 $\theta<90°$ 时易被水润湿，形成 O/W 型乳剂，乳化剂有氢氧化镁、氢氧化铝、二氧化硅、硅皂土等；$\theta>90°$ 时易被油润湿，形成 W/O 型乳剂，乳化剂有氢氧化钙、氢氧化锌、硬脂酸镁等。

4. 辅助乳化剂

辅助乳化剂是指与乳化剂合并使用而增加乳剂稳定性的一类物质。此类乳化剂的乳化能力一般很弱或无乳化能力，但它能提高乳剂中某一相的黏度，并能使乳化膜强度增大，防止液滴的合并。用来增加水相黏度的辅助乳化剂有甲基纤维素、羧甲基纤维素钠、羟丙基纤维素、海藻酸钠、阿拉伯胶、西黄蓍胶、琼脂、黄原胶、果胶等；增加油相黏度的辅助乳化剂有单硬脂酸甘油酯、蜂蜡、鲸蜡醇、硬脂酸、硬脂醇等。

七、表面活性剂

表面活性剂是指具有很强的表面活性，能使液体的表面张力显著下降的物质。表面活性剂分子一般由非极性烃链和一个以上的极性基团组成。烃链长度一般在 8 个碳原子以上，极性基团可以是解离的离子，也可以是不解离的亲水基团（如 $-OH$、$-COOH$、$-NH_2$、$-SO_3H$ 等）。

表面活性剂在药物制剂领域中的应用非常广泛。如常用于油的乳化，难溶药物的增溶，固体药物的润湿，混悬液的分散与助悬，增加药物的稳定性，促进药物的吸收等方面。此外，还可以用作起泡剂与消泡剂、去污剂、消毒剂、杀菌剂等。

（一）表面活性剂分类

按极性基团的解离性质分为阴离子表面活性剂、阳离子表面活性剂、两性离子表面活性剂、非离子表面活性剂四类。

1. 阴离子型表面活性剂

此类表面活性剂起表面活性作用的部分是阴离子。

（1）高级脂肪酸盐（肥皂类）。分为碱金属皂（如硬脂酸钠、硬脂酸钾等）和有机胺皂（如三乙醇胺皂）。这两类皂有较强的亲水性，可作增溶剂和 O/W 型乳化剂使用。碱土金属皂（如硬脂酸钙、硬脂酸镁等）亲水性很弱，只能作 W/O 型乳化剂及疏水性润滑剂使用。

（2）硫酸化物。如十二烷基硫酸钠（又称月桂醇硫酸钠）、十六醇硫酸钠。硫酸化物有较强的乳化能力，对黏膜有刺激性，主要作软膏的乳化剂。

（3）磺酸化物。如二辛基琥珀酸硫酸钠、十二烷基苯磺酸钠等，后者为广泛使用的洗涤剂。

2. 阳离子型表面活性剂

此类表面活性剂起表面活性作用的是阳离子，也称为阳性皂，为季铵化物。其特点是水溶性大，但由于其毒性较大，常用作消毒杀菌剂，如苯扎氯铵（洁尔灭）和苯扎溴铵（新洁尔灭）等。某些品种如苯扎氯铵，可作为抑菌剂用于眼用溶液。

3. 两性离子型表面活性剂

这类表面活性剂的分子结构中同时具有正、负电荷基团，在不同 pH 介质中可表现出阳离子或阴离子表面活性剂的性质。两性表面活性剂在碱水溶液中呈阴离子表面活性剂的性质，具有很好的起泡、去污作用；在酸性溶液中则呈阳离子表面活性剂的性质，具有很强的杀菌能力。

（1）卵磷脂：天然表面活性剂，从卵黄和大豆中提取而制得。分子中的负电荷基团是磷酸型阴离子，正电荷基团为季铵盐型阳离子。本品毒副作用小，可作为静脉脂肪乳剂的乳化剂使用，也是制备脂质体的主要材料。

（2）氨基酸型与甜菜碱型。此两类为合成的表面活性剂。其阴离子部分主要是羧酸盐，阳离子部分为季铵盐或胺盐。其中氨基酸型两性离子表面活性剂“Tego”杀菌力很强而毒性小于阳离子表面活性剂。

4. 非离子型表面活性剂

非离子型表面活性剂在水中不解离，亲水基团一般为多元醇，亲油基团是长链脂肪酸或长链脂肪醇以及烷基或芳基等。常用的品种有如下几类。

（1）脂肪酸甘油酯。主要有脂肪酸单甘油酯和脂肪酸二甘油酯，如单硬脂酸甘油酯等。其表面活性作用较弱，HLB 为 3 ~ 4，主要用作 W/O 型辅助乳化剂。

（2）蔗糖脂肪酸酯。蔗糖脂肪酸酯是蔗糖与脂肪酸反应生成的一大类化合物，属多元醇型非离子表面活性剂，为白色至黄色粉末，在室温下性质稳定，主要用作 O/W 型乳化剂和分散剂。

（3）脂肪酸山梨坦。其商品名为司盘（Span），是失水山梨醇脂肪酸酯。根据反应的脂肪酸的不同，可分为司盘 20、司盘 40、司盘 60、司盘 65、司盘 80、司盘 85 等。其 HLB 值为

1.8 ~ 3.8，是常用的 W/O 型乳化剂，常与吐温配合使用。

（4）聚山梨酯。其商品名为吐温（Tween），是聚氧乙烯失水山梨醇脂肪酸酯。因其结构与脂肪酸山梨坦比增加了聚氧乙烯基团，故亲水性大大提高，HLB 值在 8 以上，可用作增溶剂、分散剂、润湿剂及 O/W 型乳化剂。与司盘的命名相对应，有吐温 20、吐温 40、吐温 60、吐温 65、吐温 80、吐温 85 等多种。

（5）聚氧乙烯脂肪酸酯/醇醚。此两类商品名分别为卖泽（Myrij）/苄泽（Brij）。两类都具有较高的 HLB 值，亲水性较强，可作为增溶剂及 O/W 型乳化剂使用。

（6）聚氧乙烯-聚氧丙烯共聚物。又称为泊洛沙姆，商品名为普朗尼克，相对分子量可在 1 000 ~ 14 000，HLB 值为 0.5 ~ 30，随聚氧丙烯比例的增加，亲油性增强；反之，随聚氧乙烯比例的增加，亲水性增强。本品作为高分子非离子表面活性剂，具有润湿、乳化、分散、起泡和消泡等多种优良性能，但增溶能力较弱。

（二）表面活性剂的基本性质

1. 形成胶束与增溶作用

（1）形成表面活性剂胶束。亲水性较大的表面活性剂以较低的浓度分散在水中可形成真溶液，随其浓度的增加，多个表面活性剂分子会缔合形成胶束，能形成胶束的最低浓度即为临界胶束浓度（CMC）。胶束可为球形，也可是层状结构，都尽可能地将疏水基藏于胶束内部而将亲水基外露。

（2）增溶作用。表面活性剂在水中达到 CMC 后，由真溶液变为胶体溶液，并具有增溶作用。一些水不溶性或微溶性药物会进入胶束的不同位置而使其在水中的溶解度显著增加，这个过程称为增溶，而此表面活性剂则称为增溶剂。对于离子型表面活性剂，温度上升主要是增加溶质在胶束中的溶解度以及增加表面活性剂的溶解度。

Krafft（克拉费特）点：对于离子型表面活性剂，温度升高其溶解度增加，超过某一温度时溶解度急剧增大，这一温度称为 Krafft 点。Krafft 点越高的表面活性剂，其临界胶束浓度越小，Krafft 点是表面活性剂应用温度的下限。

起昙与昙点：对于某些聚氧乙烯型非离子表面活性剂，当温度升高到一定程度时，可导致聚氧乙烯链与水之间的氢键断裂，而在水中的溶解度急剧下降并析出，溶液出现混浊，这一现象称为起昙，此温度称为浊点或昙点。吐温类表面活性剂有起昙现象，但泊洛沙姆（Poloxamer）188 等聚氧乙烯类非离子表面活性剂在常压下观察不到浊点。

2. 亲水亲油平衡值（HLB）

（1）HLB 的概念。表面活性剂分子中亲水基团和亲油基团对水或油的综合亲和力称为亲水亲油平衡值（HLB）。HLB 值越大，表明表面活性剂的亲水性越强，反之亦然。非离子型表面活性剂在混合使用时，其 HLB 值具有加和性。公式如下：

$$HLB=(HLB_A \times W_A+HLB_B \times W_B)/(W_A+W_B)$$

式中 HLB_A——乳化剂 A 的 HLB 值；

HLB_B——乳化剂 B 的 HLB 值；

W_A——乳化剂 A 的重量；

W_B——乳化剂 B 的重量。

（2）HLB 的范围。根据经验，将表面活性剂的 HLB 值范围限定在 0～40，其中非离子表面活性剂的 HLB 值为 0～20，疏水性最大的石蜡的 HLB 值定为 0，亲水性最大的聚氧乙烯的 HLB 值定为 20，其他的非离子型表面活性剂的 HLB 值则介于 0～20。HLB 值不同的表面活性剂，其用途也不同。如 HLB 值为 3～6 者，适合用作 W/O 型乳化剂；HLB 值为 8～18 者，适合用作 0/W 型乳化剂；HLB 值为 7～9 者，可用作润湿剂；HLB 值为 13～18 者，可作增溶剂等。

3. 生物学性质

（1）对药物吸收的影响：药物如果不在胶束内部或容易从胶束中扩散出来，则表面活性剂的存在一般会促进药物的吸收。

（2）毒性与刺激性。此二者为选择表面活性剂时需要考虑的重要指标。表面活性剂毒性大小的顺序一般是：阳离子表面活性剂>阴离子表面活性剂>非离子表面活性剂。

阳离子表面活性剂由于毒性较大，故只作为消毒杀菌使用，阴离子表面活性剂有较强的溶血作用和刺激性，也只能作外用，非离子型表面活性剂毒性较小，可用作口服。其中 Poloxainer188 毒性较低，可供静脉注射用，而吐温 80 的溶血作用虽然最小，但也只能用于肌内注射。

第二部分 生产操作

第1步 配料

（1）配料前核对原辅料名称、批号、生产厂家、规格及数量，均应与检验报告单相符。配料岗位的操作人员按生产任务要求将原辅材料领入配料间，配料间需经 QA 检查员检查清场合格，配制条件应符合生产条件要求。换下清场状态牌，挂上生产状态牌。

（2）准备工作完毕后，按主配方用量对物料进行逐个核对、称量，称量过程中要做到一人称量，另一人复核，无复核不得称量投料，且所用器具要每料一个，不得混用，避免交叉污染。

（3）剩余的原辅料应密封储存，在容器外标明品名、批号、日期、剩余量等。

（4）操作完毕，将设备、器具按相应的标准操作规程进行清洗、消毒、干燥处理。将工作场所打扫干净，并做好清场记录。

第2步 配液

（1）按生产任务要求将原辅料经传递窗送入配液间，存放在原辅料存放室。检查上批清场记录，将“清场合格证”附入批生产记录。配液间按《D 级洁净区清洁消毒规程》进行清洁消毒，经 QA 检查员检查合格签发“生产许可证”后进行操作。换下清场状态牌，挂上生产状态牌。

（2）配液前先用纯化水冲洗配液罐的内、外表面，用滤过合格的纯化水冲洗管道，罐内用纯蒸汽消毒，同时检查配液罐的电机工作是否正常。

（3）打开纯化水注入阀，向配液罐中加入适量的纯化水（处方全量的 1/10）。然后打开加料盖，将利巴韦林放入配液罐中，开启搅拌装置，利巴韦林溶解后，再向其中加入木糖醇、磷酸氢二钠、薄荷醇、丙二醇，继续搅拌，使其完全溶解。

（4）向上述制得的溶液中添加纯化水至处方全量，搅匀后关闭搅拌器。

第3步 滤 过

（1）将半成品实施过滤操作。按《板框式压滤机标准操作规程》，将过滤器用纯化水彻底清洁后，放好滤材，准备过滤药液。

（2）连接配液罐出口和板框式压滤机入口，开动板框式压滤机对药液进行过滤，控制过滤压力低于 0.4 MPa，过滤后的药液转入贮液罐，然后用输液泵输至贮罐。贮罐贴上标签，标明品名、数量、批号、生产日期、操作人。

第4步 药液灌封

1. 玻璃瓶的领取与整理

（1）根据生产指令，开出领料单，按检验报告单核对仓库送来的玻璃瓶，进行检查验收。

（2）将玻璃瓶的包装拆包，除去包装箱内的填充物，将包装物及时运走，破瓶及玻璃碎屑现定存放，不得乱丢。

（3）将盛装玻璃瓶的不锈钢盘经纯化水洗净烘干后送到装盘处。

（4）将玻璃瓶逐个装入不锈钢盘中，直至盘装满。装盘过程中，随时挑出破口、不规则口、长短粗细相差较多等废损的玻璃瓶，并将不合格玻璃瓶置于规定容器中。

2. 玻璃瓶的清洗

（1）按领料单领取待洗的玻璃瓶，经物料通道进入洁净区，领取时注意核对品名、批号和数量。

（2）将整理好的待洗的玻璃瓶整齐堆放在清洗机的进瓶盘上，按直线式洗瓶机的标准操作规程进行洗瓶操作。

（3）开启洗瓶机，经过滤水、纯化水喷淋洗涤，净压缩空气吹淋后，取出。

（4）严格检查清洗后的玻璃瓶质量，没洗干净的或有破损的玻璃瓶应立即挑出，不得让其流入下一道工序。

3. 玻璃瓶的烘干灭菌

（1）将清洗好的玻璃瓶送入隧道式灭菌烘箱中，按灭菌烘干机的标准操作规程进行烘干和灭菌。

（2）设置灭菌温度 350 °C，灭菌时间 12 min，经排湿、烘干、灭菌，冷却后，经链条传动至灌封室。

（3）取需要量的玻璃瓶铝盖，用洁净容器由加料斗加入至铝盖清洗机中，按铝盖清洗机标准操作程序操作，经粗洗、漂洗、精洗、烘干，经取样检查合格后，准备灌封。

4. 灌　封

（1）先后用纯化水、药液冲洗管道，冲洗液弃去。药液由管道输入至灌封间，玻璃瓶、瓶塞（盖）由洗瓶间传入。

（2）取配制检验合格的药液，核对品名、批号和数量。按口服液灌封机标准操作规程操作，将设备清洁后，手动吸入药液，开机试运转，调整装量至符合该品种的半成品控制要求。

（3）开启灌封机，开始进行正式生产操作。

（4）在灌封过程中应随时检查装量、封口和设备的运转情况，发现异常情况应及时停机处理，并及时剔除封口不好和装量不合格的产品。药液须在 24 h 内灌封完毕。

（5）灌封结束后，关闭各机器。将灌封合格的药品装入周转筛中，并标明品名、规格、批号、日期、操作者及流水号。

第 5 步　外包装

参考“维 C 银翘片外包装”操作规程进行。

任务二　乐儿康糖浆的制备

乐儿康糖浆

【处方】党　参 77.3 g　　黄　芪 77.3 g　　山　药 77.3 g
麦　冬 77.3 g　　大　枣 25.8 g　　炒麦芽 25.8 g
桑　枝 206.2 g　　太子参 77.3 g　　茯　苓 51.5 g
薏苡仁 77.3 g　　制何首乌 77.3 g
焦山楂 25.8 g　　陈　皮 77.3 g

【制法】以上十三味，加水煎煮二次，每次 2 小时，滤过，合并滤液并浓缩成清膏，加入蔗糖 603.1 g，炼蜜 220.6 g，煮沸，浓缩，滤过，滤液加入枸橼酸适量和苯甲酸钠或山梨酸钾 3 g，加水调整总量至 1 000 mL，混匀，即得。

第一部分　理论知识

一、糖浆剂的定义

糖浆剂系指含有原料药物的浓蔗糖水溶液。

二、糖浆剂在生产与贮藏期间应符合的规定

（1）含蔗糖量应不低于 45%（g/mL）。

（2）将原料药物用新煮沸过的水溶解（饮片应按各品种项下规定的方法提取、纯化、浓缩至一定体积），加入单糖浆；如直接加入蔗糖配制，则需煮沸，必要时滤过，并自滤器上添加适量新煮沸过的水至处方规定量。

（3）根据需要可加入适宜的附加剂。如需加入抑菌剂，除另有规定外，在制剂确定处方时，该处方的抑菌效力应符合抑菌效力检查法（通则 1121）的规定。山梨酸和苯甲酸的用量不得过 0.3%（其钾盐、钠盐的用量分别按酸计），羟苯酯类的用量不得过 0.05%。如需加入其他附加剂，其品种与用量应符合国家标准的有关规定，且不应影响成品的稳定性，并应避免对检验产生干扰。必要时可加入适量的乙醇、甘油或其他多元醇。

（4）除另有规定外，糖浆剂应澄清。在贮存期间不得有发霉、酸败、产生气体或其他变质现象，允许有少量摇之易散的沉淀。

（5）一般应检查相对密度、pH 等。

（6）除另有规定外，糖浆剂应密封，避光置干燥处贮存。

三、糖浆剂的辅料和附加剂

糖浆剂中的辅料主要是蔗糖，糖浆剂的附加剂有防腐剂、矫臭剂和助溶剂等。

（一）蔗　糖

蔗糖是糖浆剂中不能缺少的重要辅料，制备糖浆剂所用的原料蔗糖应符合《中国药典》规定。蔗糖主要作为矫味剂，能掩盖某些药物的不良气味，改善口感，利于服用。蔗糖本身是一种营养物质，微生物易于入侵与繁殖；一些食用蔗糖不仅有色，而且含有蛋白质、黏液质等高分子杂质。因此，糖质量的优劣，对糖浆剂的质量影响很大。

蔗糖属于双糖类。其水溶液较稳定，但在有酸的存在下，加热后易转化水解生成转化糖葡萄糖与果糖。此两种单糖在糖浆剂中都随加热时间的长短而或多或少的存在。转化糖具有还原性，可延缓某些易氧化药物的氧化变质。但转化糖过多对糖浆的稳定性也有一定的影响。

（二）防腐剂

糖浆剂中的主要附加剂为防腐剂，常用于糖浆剂中的防腐剂有羧酸类及尼泊金类。羧酸类中常用 0.1% ~ 0.25%的苯甲酸、0.05% ~ 0.15%的山梨酸，此外也可用丙酸。此三种羧酸的钠盐也可应用，但浓度应提高，如苯甲酸钠常用浓度为 0.15% ~ 0.35%。三种羧酸在化学上属于低级脂肪酸，在水溶液中很少电离，大部分保持分子态。对微生物的抑制作用主要是分子态，故使用此类防腐剂时，在酸性条件下效果为佳。

尼泊金类对霉菌的抑制效能较羧酸类为强，对酵母菌的抑制效能不如羧酸类，对细菌的抑制效能较弱。此类防腐剂毒性较低，广泛用于糖浆剂、煎膏剂的防腐，适用于弱酸性和中性的药液，但仍以偏酸性效果为佳。介质的最适 pH，甲酯和乙酯为 6.0 以下，丙酯为 7.0 以下，超越界限时，防腐效果减弱。

甲酯在 pH 3.0 ~ 6.0 的水溶液中，100 °C 加热 2 h 或 120 °C 加热 30 min 均稳定。但 pH 升高时，受热后则可测出其分解，尼泊金类在水溶液中，当 pH 在 7.0 以上时，受热后有较明显

的分解，丙酯比甲酯较稳定。

液体药剂中含低浓度丙二醇时，可加强尼泊金的作用。在45%糖浆中加入甲酯 0.1%～0.18%与乙酯 0.25%时，对霉菌和酵母菌的防腐效果不显著，如再添加 2%～5%丙二醇时，防腐效果显著提高，而单用 2%～5%丙二醇时，无防腐效果。

（三）矫味、矫臭与着色剂

当药物具有不良气味和色泽时，患者服用会引起恶心、呕吐，产生厌恶感，甚至拒绝服用。用矫味、矫臭、着色剂，就能在一定程度上掩盖或矫正药物的恶味、恶臭，使患者特别 是儿童乐于接受。

1. 矫味、矫臭剂

如糖浆、果汁糖浆、糖精钠等能矫味；淀粉浆能减轻其刺激性；泡腾剂等也有矫味作用；天然植物中的挥发油或芳香水，如薄荷油、桂皮油、茴香油、薄荷水等天然芳香剂亦具有矫味、矫臭的作用，同时具有不同程度的辅助防腐作用。挥发油的常用量为 0.06%左右。桂皮醛 0.01%时能抑制生霉，0.1%时可抑制发酵。挥发油混合使用时效果可增强，如含蔗糖 40%的稀糖浆，加入 0.04%橙皮油、0.01%八角茴香油和 5%乙醇的混合防腐剂，可达到抑霉和抑制发酵效果。

2. 着色剂

常用的着色剂分为天然染料和合成染料两大类。

（1）天然染料。焦糖、叶绿素等无毒天然植物色素和氧化铁、氧比锌等矿物色素。

（2）合成染料。用于制剂的合成染料，必须是可食用、无毒，对人体无毒，有较好的耐热性和适应性。目前允许使用的合成食用色素有苋菜红、胭脂红、柠檬黄、靛蓝等四种。

（四）其他附加剂

有时可添加适量的乙醇、甘油或其他多元醇。乙醇存在于醇浸出制剂的糖浆剂中时，兼有辅助防腐作用，其成品中常保留一定浓度的乙醇量，一般认为较适宜的乙醇防腐浓度为 15%～25%。

四、糖浆剂的制备方法

糖浆剂的制备方法有热溶法、冷溶法、混合法三种。工业生产中大多采用混合法制备糖浆剂。

1. 热溶法

首先，按照化糖工序制备一定浓度的单糖浆。然后，再将可溶性药物按照生产工艺要求加入单糖浆中，并加入一定量的纯化水将药液调整至规定浓度，溶解，滤过，即得。

2. 冷溶法

首先，在化糖工序中，不需要加热，将蔗糖在常温（20 °C 左右）搅拌下溶解于纯化水中制备单糖浆。然后，再将可溶性药物按照生产工艺要求加入单糖浆中，并加入一定量的纯化水将药液调整至规定浓度，溶解，滤过，即得。

3. 混合法

将药材提取浓缩液与单糖浆直接混合均匀而制成。

五、糖浆剂质量要求

除另有规定外，糖浆剂应进行以下相应检查。

1. 装　量

单剂量灌装的糖浆剂，照下述方法检查应符合规定。

检查法：取供试品 5 支，将内容物分别倒入经标化的量入式量筒内，尽量倾净。在室温下检视，每支装量与标示装量相比较，少于标示装量的不得多于 1 支，并不得少于标示装量的 95%。

多剂量灌装的糖浆剂，照最低装量检查法（通则 0942）检查，应符合规定。

2. 微生物限度

除另有规定外，照非无菌产品微生物限度检查：微生物计数法（通则 1105）和控制菌检查法（通则 1106）及非无菌药品微生物限度标准（通则 1107）检查，应符合规定。

第二部分　生产操作

第 1 步　称量配料

按生产指令，按“制剂前处理称量配料”操作，并做好记录。

第 2 步　水提取

结合本品种要求，参考“板蓝根颗粒水提取”操作，并做好记录。

第 3 步　水提液浓缩

结合本品种要求，参考“板蓝根颗粒水提液浓缩”操作，并做好记录。

第 4 步　化　糖

（1）用纯化水冲洗干净化糖锅，检查电动搅拌是否正常，检查所有阀门及管道等部件是否严密完好。

（2）在化糖锅内放入适量纯化水，关闭化糖锅旁通阀，打开自动排水阀，打开蒸汽阀加热纯化水，至水沸腾。

（3）慢慢加入蔗糖，并开启搅拌，至蔗糖完全溶解，加水调整含糖量为 85%（g/mL）。

（4）生产结束，关闭进汽阀，放出物料；用饮用水冲洗干净搅拌桨及锅内壁，再用纯化水冲洗一遍后，挂上“已清洁”卫生状态牌。

第5步 配 液

（1）检查配液罐各阀门是否处于适当位置。

（2）将药液与单糖浆从加料口分别加入配液罐内。

（3）打开搅拌器，向配液缸夹套内通蒸汽，对罐内药液进行加热，保持适当温度状态。

（4）加入适量的纯化水并不断搅拌，检测糖浆剂的相对密度和含糖量，当糖浆剂的相对密度和含糖量达到工艺所要求的密度时停机。

（5）糖浆剂经配液罐出口放出。

（6）将糖浆剂称重，装入洁净的容器中。

（7）配液罐加纯化水加热 30 min，将内壁黏附的浸膏刷洗干净，清洁配液缸内壁至水澄清。

（8）清洁进料管道及放料管道。

（9）依次用饮用水、纯净水清洗后，再用消毒液消毒。

（10）清洁清场完毕后，挂“已清洁”状态标示牌，填写生产记录（见表 4-1）及清场记录。

表 4-1 糖浆与清膏混合生产记录

产品名称				规格			
生产批号				生产日期			
下达批生产指令文号				下达日期			
生产前检查							
执行的标准文件号		物料		现场		检查人	
设备、岗位 SOP 号		品种		清洁、清场合格证		复核人	
清洁、清场 SOP 号		数量		设备、容器完好			
各种记录表格		合格证		计量器具清洁完好		结论：	
配料单编号		包装完好		其他			
生产记录							
清膏		糖浆		数量/L			
数量/kg		糖浆含糖量/%					
投料人	复核人		投料总量/kg		投料时间		
质量监控项目						操作人：	

续表

投入的药量/kg		投入的糖浆量/L				
时间	时　分	时　分	时　分	时　分		
混合液的温度/°C						复核人:
浓缩的相对密度						
含糖量/%						
浓缩的起始时间		浓缩的结束时间				
药液的储罐号		浓缩液总量/L				
质量检验结论		质检员		日期		备注:
移交数量/L		药液的储罐号		移交人		
接收人		工时				

第6步　静置、过滤

将配制好的糖浆剂在 10 ~ 20 °C 的条件下，静置 24 ~ 48 h。对静置沉降好的糖浆剂进行精滤，精滤后送至中转站，填写请验单等待检验放行。待成品的澄明度、药液含量等各项检验合格后，进行分装和包装操作。

第7步　灌　封

参考“液体制剂利巴韦林口服液灌封”操作。

第8步　外包装

参考“项目二冰硼散外包装”操作。

知识拓展四十六

100 L 化糖锅标准操作规程

1. 操作前准备

（1）用纯化水冲洗干净化糖锅，称好蔗糖。

（2）检查电动搅拌是否正常。

（3）检查所有阀门及管道等部件是否严密、完好。

2. 生产操作

（1）在化糖锅内放入适量纯化水，关闭化糖锅旁通阀，打开自动排水阀，打开蒸汽阀加热纯化水，至水沸腾。

（2）慢慢加入蔗糖，并开启搅拌，至蔗糖完全溶解。

（3）注意控制蒸汽进汽阀，防止冲料及夹套蒸汽压力过高。

（4）生产结束后，关闭进汽阀，放出物料；用饮用水冲洗干净搅拌桨及锅壁，再用纯化水冲洗一遍后，挂上“已清洁”卫状态牌。

（5）填写“主要设备运行记录”和“设备清洁记录”。

知识拓展四十七

微孔滤膜清洁规程

1. 清洁频度

除菌过滤操作前，将新微孔滤膜清洁 1 次。

2. 清洁工具

洁净容器、镊子。

3. 清洁方法

（1）清洁方法 1：

① 取新微孔滤膜，用纯化水冲去表面尘埃颗粒后，用注射用水冲洗 1 遍；

② 将微孔滤膜放入指定容器内，加适量注射用水浸没并煮沸 30 分钟后，密闭存放，备用。

（2）清洁方法 2：

① 将新微孔滤膜放入 70 °C 左右的注射用水中浸泡 1 小时。

② 再换用 40 °C 左右的注射用水浸泡 12～24 小时，备用。临用前用新鲜的注射用水冲洗后再装入板框过滤器内。

（3）清洁完毕后，在盛装微孔滤膜容器表面，贴挂“已清洁”状态标示牌。

4. 清洁效果的评价

整洁、干净、无异物污染。

5. 清洁工具的处理

清洁工具应按清洁工具清洁规程进行清洁消毒处理。

知识拓展四十八

多层板框过滤器操作规程

1. 操作前准备

（1）按需准备微孔滤膜，并按微孔滤膜清洁规程进行清洁。

（2）检查多层板框过滤器的清洁（消毒）情况，并用工艺规定的清洁用水冲洗进水板、出水板。

（3）检查硅胶软管的完好性，使用前用工艺规定的清洁用水冲洗软管管道 1～2 遍。

（4）准备所需用的容器及工具。

2. 多层板框过滤器的安装及使用

（1）检查进水板的大、小硅胶密封胶圈的完整性，并平整地压按于密封槽内，以防过滤时漏液。

（2）在出水板的网板面上，平铺上规定膜片直径及孔径的微孔滤膜，脱碳用时应在滤膜上平铺 1～2 层相应直径尺寸润湿后的滤纸。

（3）将进水板、出水板按滤板序号，安装于横架上。

（4）检查滤板序号排列是否正确，确认无误后，顺时针旋紧手轮，直至用手扳不动手轮为止。

（5）将进水接咀、出水接咀分别连接上硅胶软管，并将橡胶软管安装于漏水接咀上。

（6）将进液管口放入待过滤原液内；出液口用洁净容器盛接。

（7）先关闭过液阀，然后按下输液泵启动开关，再逐渐打开进液阀排出管内空气后，即可进行过滤。

（8）操作中应微调过液阀及出液阀，使压力不得超过 4 kg/cm^2，并注意若压力突然增高或降低，应考虑滤膜阻塞或破损。

（9）停泵时，先关进液阀，后关闭出液阀及输液泵电源开关。

3. 板框过滤器的清洁

按多层板框过滤器清洁规程进行拆卸及清洁。

知识拓展四十八

多层板框过滤器清洁消毒规程

1. 清洁频度

（1）生产操作前、后各清洁 1 次。

（2）更换品种时清洁 1 次。

（3）特殊情况随时清洁。

2. 清洁工具

清洁布、毛刷、水桶、镊子、橡胶手套。

3. 消毒剂

75%乙醇、3% H_2O_2、1% NaOH（每月轮换使用）。

4. 清洁方法

1）非除菌用多层板框过滤器的清洁方法

（1）使用前用注射用水或纯化水冲洗 1～2 遍。

（2）使用后的清洁。

① 逆时针旋转手轮，将使用后的滤纸、滤膜取下置于废料桶内。将盘内废水排入指定容器内。

② 重新旋紧手轮，直至用手扳不动为止，用注射用水或纯化水冲洗管路除去残留药液。

③ 逆时针旋转手轮，将进水板、出水板、进液管、出液管拆卸下来置于清洁间内，用注射用水或纯化水冲洗，直至表面无可见残留物为止，放入注射用水或纯化水中浸泡。

④ 设备不可拆卸的主体部分用注射用水或纯化水擦洗至无残留物后，用干清洁布擦干。

2）除菌用多层板框过滤器的清洁方法

（1）使用前的清洁。

① 打开排放阀，将管路内残留的 3% H_2O_2 或 1% NaOH 排放干净。

② 用注射用水冲洗去除消毒剂残留。

③ 用注射用水冲洗掉附着在进水板、出水板上的消毒剂。

④ 将出水板网面上平铺上规定膜片直径、孔径的微孔滤膜，并按拆卸的逆顺序，将多层板框过滤器组装为一体。

⑤ 用注射用水冲洗整机 1～2 遍。

（2）使用后的清洁。

① 逆时针旋转手轮，将滤膜取下置于废料桶内。

② 将盘内废液排放入指定容器内。

③ 重新旋紧手轮，直至用手扳不动为止。

④ 用注射用水冲洗管路，去除残留药液。

⑤ 用 3% H_2O_2 或 1% NaOH 冲洗管路 1～3 分钟。

⑥ 关闭排放阀、进液阀，用 3%H_2O_2 或 1% NaOH 浸泡管路内壁。

⑦ 逆时针旋转手轮，将进水板、出水板、进液管、出液管卸下，用注射用水冲洗，直至表面无可见残留物，放入 3% H_2O_2 或 1% NaOH 内浸泡。

⑧ 不可拆卸部分用 75%乙醇溶液擦拭 1～2 遍。

3）清洁记录及检查

清洁完毕后填写清洁记录，并由 QA 检查员检查清洁（消毒）情况，确认合格后，贴“已清洁”标示。

5. 清洁效果评价

设备表面光洁、干净，无油污、污物污染，无前批生产遗留物。

6. 清洁工具的清洁与存放

清洁工具按清洁工具清洁规程在清洁间内清洁、晾晒，并于清洁工具间指定地点存放。

知识拓展五十

100 L 化糖锅清洁标准操作规程

（1）按《清洁剂配制操作标准规程》配制 1%洗衣粉溶液或 1%洗洁精溶液。

（2）准备好清洁用具塑胶桶、海绵块、不锈钢刷。

（3）清洁程序：

① 每次工作完毕，用饮用水冲洗化糖锅或用饮用水煮沸溶解锅内残留糖浆，如不能洗净，可用海绵块或不锈钢刷刷洗；用清洁剂擦洗搅拌器、锅壁、锅盖，再用饮用水冲洗干净，晾干备用。

② 每次使用前，化糖锅内加入适量饮用水，煮沸 30 分钟灭菌，再用纯化水冲洗一遍后，才能开始工作。

（4）清洁用具按《生产用具、容器清洁标准操作规程》进行清洁和存放。

（5）每次清洁后，将化糖锅挂上“已清洁”标志牌。

（6）做好“清洁记录”。

巩固练习

一、选择题

1.【A 型题】（单项选择题）

（1）增加药物溶解度的方法不包括（　　）。

A. 制成可溶性盐　　B. 加入助溶剂　　C. 加入增溶剂

D. 升高温度　　E. 使用潜溶剂

（2）乳剂的附加剂不包括（　　）。

A. 乳化剂　　B. 抗氧剂　　C. 增溶剂

D. 防腐剂　　E. 辅助乳化剂

（3）混悬剂的附加剂不包括（　　）。

A. 增溶剂　　B. 助悬剂　　C. 润湿剂

D. 絮凝剂　　E. 反絮凝剂

（4）下列表面活性剂中有起昙现象的是（　　）。

A. 肥皂类　　B. 硫酸酯盐型　　C. 磺酸化物

D. 聚山梨酯类　　E. 阳离子型

（5）高分子溶液稳定的主要原因是（　　）。

A. 高分子化合物含有大量的亲水基与水形成牢固的水化膜

B. 有较高的黏稠性

C. 有较高的渗透压

D. 有网状结构

E. 分子结构中含有非极性基团

（6）下列对高分子溶液性质的叙述，不正确的是（　　）。

A. 有陈化现象　B. 有电泳现象　C. 有双分子层结构

D. 有絮凝现象　E. 稳定性较高

（7）混悬剂中结晶增长的主要原因是（　　）。

A. 药物密度较大　B. 粒度不均匀　C. ζ电位降低

D. 分散介质密度过大　E. 分散介质黏度过大

（8）W/O 型的乳化剂是（　　）。

A. 聚山梨酯类（吐温类）　B. 聚氧乙烯脂肪酸酯类（卖泽类）

C. 聚氧乙烯脂肪醇醚类（苄泽类）　D. 脂肪酸山梨坦类（司盘类）

E. 聚氧乙烯-聚氧丙烯共聚物

（9）下列对表面活性剂的叙述，正确的是（　　）。

A. 非离子型的毒性大于离子型

B. HLB 值越小，亲水性越强

C. 作乳化剂使用时，浓度应大于 CMC

D. 作 O/W 型乳化剂使用时，HLB 值应大于 8

E. 表面活性剂中吐温类杀菌作用最强

（10）下列对表面活性剂的叙述，正确的是（　　）。

A. 吐温类溶血作用最小

B. 两性离子型表面活性剂在碱性溶液中呈阴离子表面活性剂性质，杀菌力强

C. 用于作消毒杀菌使用的是阴离子型表面活性剂

D. 表面活性剂不能混合使用

E. 非离子型对皮肤和黏膜的刺激性为最大

（11）等量的司盘 80（HLB 4.3）与吐温 80（HLB 15.0）混合后的 HLB 值是（　　）。

A. 7.5　B. 6.42　C. 8.56

D. 9.65　E. 10.65

（12）表面活性剂的性质不包括（　　）。

A. 亲水亲油平衡值　B. 昙点　C. 临界胶团浓度

D. 适宜的黏稠度　E. 毒性

（13）根据 Stokes 定律，与微粒沉降速度呈正比的是（　　）。

A. 微粒的半径　B. 微粒的直径　C. 分散介质的黏度

D. 微粒半径的平方　E. 分散介质的密度

（14）乳剂放置后出现分散相粒子上浮或下沉的现象，这种现象是乳剂的（　　）。

A. 分层　B. 絮凝　C. 转相

D. 破裂　E. 酸败

（15）乳剂的类型主要取决于（　　）。

A. 乳化剂的 HLB 值　B. 乳化剂的量

C. 乳化剂的 HLB 值和两相的数量比
D. 制备工艺　　E. 分散介质的黏度

（16）制备混悬液时为增加体系的黏度，加入的亲水高分子材料称为（　　）。
A. 助悬剂　　B. 润湿剂　　C. 增溶剂
D. 絮凝剂　　E. 乳化剂

（17）制备复方碘口服液时，加入碘化钾的目的是（　　）。
A. 成盐　　B. 减少刺激　　C. 助滤
D. 增溶　　E. 助溶

（18）下列对混悬型药剂的论述正确的是（　　）。
A. 混悬型液体药剂是指大小在 1 ~ 1 000 nm 范围的分散相质点分散于分散介质中
B. 混悬型液体药剂也包括干混悬剂
C. 混悬液型液体药剂属于动力学不稳定体系，热力学稳定体系
D. 混悬液型液体剂属于动力学稳定体系，热力学稳定体系
E. 稳定性只与分散介质黏度有关

（19）下列表面活性剂哪个有起昙现象？（　　）
A. 司盘 20　　B. 磷脂酰胆碱（卵磷脂）　　C. 洁尔灭
D. 普朗尼克 F68　　E. 吐温 80

（20）下列对表面活性剂的论述错误的是（　　）。
A. 表面活性剂有起昙现象　　B. 可用于杀菌和防腐
C. 有疏水基团和亲水基团　　D. 磷脂酰胆碱（卵磷脂）为非离子型表面活性剂
E. 表面活性剂可以作为起泡剂和消泡剂

（21）炉甘石洗剂中所用的助悬剂为（　　）。
A. 琼脂　　B. 阿拉伯胶　　C. 硅皂土
D. 羧甲基纤维素钠　　E. 甲基纤维素

（22）对于含有聚山梨酯类的药物，其防腐能力不会受到破坏的是（　　）。
A. 尼泊金乙酯　　B. 对羟基苯甲酸酯　　C. 山梨酸
D. 山梨酸钾　　E. 苯甲酸钠

（23）薄荷水属于（　　）。
A. 合剂　　B. 混悬剂　　C. 微粒体系
D. 真溶液　　E. 胶浆剂

（24）下列液体制剂中，分散相质点最大的是（　　）。
A. 真溶液型液体制剂　　B. 高分子溶液　　C. 溶胶制剂
D. 乳浊液型液体制剂　　E. 混悬型液体制剂

（25）下列措施中，对增加混悬液的动力学稳定性不起作用的是（　　）。
A. 减小微粒半径　　B. 增大微粒半径
C. 减小微粒与分散介质的密度差　　D. 增大分散介质的密度
E. 增大分散介质的黏度

（26）适宜制备 O/W 型乳剂的乳化剂，HLB 值一般为（　　）。
A. 3 ~ 6　　B. 8 ~ 12　　C. 8 ~ 16　　D. 10 ~ 12　　E. 10 ~ 16

（27）下列属于阳离子表面活性剂的是（　　）。

A. 溴苄烷铵（新洁尔灭）　　B. 卵磷脂

C. 脱水山梨醇脂肪酸酯类　　D. 聚氧乙烯脱水山梨醇脂肪酸酯类

E. 硬脂醇硫酸钠（十八烷基硫酸钠）

（28）下列有关增加药物溶解度方法的叙述，不正确的是（　　）。

A. 加入表面活性剂　　B. 加入助悬剂　　C. 使用潜溶剂

D. 加入助溶剂　　E. 制成盐类

（29）下列不宜制成混悬液的药物是（　　）。

A. 治疗剂量大的药物　　B. 毒剧药和剂量小的药物

C. 在溶液中不稳定的药物　　D. 需发挥长效作用的药物

E. 难溶性药物

（30）分散相质点小于 1 nm 的是（　　）。

A. 真溶液　　B. 高分子溶液　　C. 溶胶

D. 乳浊液　　E. 混悬液

（31）芳香水剂属于（　　）。

A. 真溶液　　B. 高分子溶液　　C. 溶胶

D. 乳浊液　　E. 混悬液

（32）下列属于阴离子表面活性剂的是（　　）。

A. 溴化十六烷基三甲铵　　B. 豆磷脂

C. 聚山梨酯 80（吐温 80）　　D. 三乙醇胺皂　　E. 普朗尼克 F68

（33）乳剂中分散相液滴合并，与分散介质分层，振摇后不能恢复原来均匀分散的状态，这一现象称为（　　）。

A. 分层　　B. 合并　　C. 转相　　D. 破裂　　E. 絮凝

（34）下列关于非离子型表面活性剂的叙述，正确的是（　　）。

A. 仅限于口服制剂或外用制剂使用　　B. 有杀菌作用

C. 有防腐作用　　D. 所有品种均有起昙现象

E. 在水中不解离

（35）阴离子表面活性剂不具有的作用是（　　）。

A. 防腐　　B. 乳化　　C. 增溶　　D. 去污　　E. 润湿

（36）下列乳化剂中不属于固体粉末型的是（　　）。

A. 氢氧化铝　　B. 明胶　　C. 二氧化硅

D. 硅藻土　　E. 硬脂酸镁

（37）一般最稳定的乳浊液分散相浓度一般约为（　　）。

A. 10%　　B. 30%　　C. 50%　　D. 70%　　E. 90%

（38）下列表面活性剂在水中具有起昙现象的是（　　）。

A. 聚山梨酯 80　　B. 油酸山梨坦　　C. 普朗尼克 F68

D. 十二烷基硫酸钠　　E. 油酸三乙醇胺

（39）制备乳剂最适宜的乳化温度为（　　）。

A. 30 ~ 50 °C　　B. 40 ~ 60 °C　　C. 50 ~ 70 °C
D. 60 ~ 80 °C　　E. 80 °C ~ 100 °C

（40）下列表面活性剂中毒性、刺激性最大的是（　　）。
A. 吐温 80　　B. 司盘 80　　C. 卵磷脂
D. 溴化十六烷基三甲铵　　E. 十二烷基磺酸钠

（41）表面活性剂开始形成胶束时的溶液浓度称为（　　）。
A. 昙点　　B. 起昙　　C. 助溶
D. 增溶　　E. 临界胶束浓度

（42）欲制备稳定的乳剂，必须加入（　　）。
A. 乳化剂　　B. 抗氧剂　　C. 着色剂
D. 防腐剂　　E. 助悬剂

（43）下列属于临界胶束浓度的缩写是（　　）。
A. WTO　　B. GMP　　C. CMC
D. CMC-Na　　E. CM

（44）乳剂受光、热、空气及微生物作用，使体系中油或乳化剂发生变质的现象称为（　　）。
A. 分层　　B. 合并　　C. 转相
D. 破裂　　E. 酸败

（45）用作增溶剂的表面活性剂的 HLB 值范围为（　　）。
A. 3 ~ 8　　B. 7 ~ 9　　C. 8 ~ 16
D. 13 ~ 16　　E. 15 ~ 18

（46）制备乳剂中油相为植物油时，油、水、胶的比例为（　　）。
A. 1∶2∶1　　B. 2∶2∶1　　C. 3∶2∶1
D. 4∶2∶1　　E. 5∶2∶1

（47）制备乳剂中油相为挥发油时，油、水、胶的比例为（　　）。
A. 1∶2∶1　　B. 2∶2∶1　　C. 3∶2∶1
D. 4∶2∶1　　E. 5∶2∶1

（48）制备乳剂中油相为液状石蜡时，油、水、胶的比例为（　　）。
A. 1∶2∶1　　B. 2∶2∶1　　C. 3∶2∶1
D. 4∶2∶1　　E. 5∶2∶1

（49）下列有关溶胶的叙述，不正确的是（　　）。
A. 由多分子聚集体作为分散相的高度分散体系
B. 体系存在强烈的布朗运动
C. 溶胶加入高分子化合物后稳定性与亲水胶相同
D. 有明显的“丁达尔效应”
E. 有界面动电现象

（50）2%硬脂酸铝的植物油溶液属于（　　）。
A. 触变胶　　B. 干胶　　C. 凝胶
D. 亲水胶体　　E. 疏水胶体

2.【B 型题】(匹配题)

[(1)~(4)]

A. 分散相小于 1 nm　B. 分散相在 1 ~ 100 nm　C. 分散相在 0.1 ~ 100 μm

D. 分散相在 0.5 ~ 10 μm　E. 分散相在 1 ~ 100 μm

(1)真溶液(　　)。

(2)高分子溶液(　　)。

(3)乳浊液(　　)。

(4)混悬液(　　)。

[(5)~(8)]

A. 普朗尼克 F68　B. 豆磷脂　C. 新洁尔灭

D. 二辛基琥珀酸磺酸钠　E. 苯甲酸类

(5)为非离子型表面活性剂的是(　　)。

(6)为天然的两性离子表面活性剂的是(　　)。

(7)为阴离子型表面活性剂的是(　　)。

(8)为阳离子型表面活性剂的是(　　)。

[(9)~(12)]

A. 热溶法　B. 溶解法　C. 浸渍法　D. 凝聚法　E. 湿胶法

(9)乳剂的制备方法为(　　)。

(10)混悬液的制备方法为(　　)。

(11)溶胶的制备方法为(　　)。

(12)溶液剂制备方法为(　　)。

[(13)~(16)]

A. HLB 值　B. CMC　C. W/O 型乳剂　D. O/W 型乳浊液　E. HLBab

(13)临界胶束浓度为(　　)。

(14)亲水亲油平衡值为(　　)。

(15)水包油型乳浊液为(　　)。

(16)油包水型乳剂为(　　)。

[(17)~(20)]

A. 月桂醇硫酸钠　B. 磺酸盐　C. 溴苄烷铵　D. 卵磷脂　E. 吐温 80

(17)理想的静脉注射用乳化剂是(　　)。

(18)目前广泛作洗涤剂的是(　　)。

(19)主要用于外用软膏乳化的是(　　)。

(20)主要用于杀菌与防腐的是(　　)。

[(21)~(24)]

A. 3 ~ 8　B. 7 ~ 9　C. 8 ~ 16　D. 13 ~ 16　E. 15 ~ 18

(21)作 W/O 型乳化剂的表面活性剂的 HLB 值为(　　)。

(22)作 O/W 型乳化剂的表面活性剂的 HLB 值为(　　)。

(23)作润湿剂的表面活性剂的 HLB 值为(　　)。

（24）作增溶剂的表面活性剂的 HLB 值为（　　）。

二、名词解释

1. 表面活性剂

2. 起昙

3. 增溶

4. 助溶

5. 絮凝

6. 保护胶体

7. 胶束

8. 临界胶束浓度（CMC）

三、填空题

（1）液体药剂按分散系统分为均相液体药剂和非均匀相液体药剂。均相液体药剂包括______、______；非均匀相液体药剂包括______、______、______。

（2）酊剂系指药物用规定浓度的______浸出或溶解而制成的澄清液体制剂，亦可用______稀释制成，供口服或外用。

（3）醑剂系指挥发性药物的______溶液，可供内服、外用。

（4）甘油剂系指药物溶于______中制成的专供______的溶液剂，用于口腔、耳鼻喉科疾病。

（5）增加药物溶解度常用的方法有______、______、______和______。

（6）乳剂由______相、______相和______组成。

（7）表面活性剂按解离情况及解离后所带电荷而分为______型、______型、______和______型表面活性剂。

（8）在水中的表面活性剂达到一定浓度时，表面活性剂分子进入溶液内部，形成疏水基向内、亲水基向外的______，称为______。表面活性剂开始形成胶束时的溶液浓度称为______（CMC）。

（9）乳剂在放置过程中，由于分散相和分散介质的______不同而分层。

（10）乳化剂的作用有______、______和______。

四、简答题

（1）简述液体制剂的特点。

（2）液体制剂的质量要求有哪些？

（3）混悬剂的基本要求有哪些？

（4）乳剂有哪些特点？

（5）影响乳化的因素有哪些？

项目四巩固练习答案

项目实施

劳动组织形式：本项目实施中，对学生进行分组，每 8～10 名学生组成一个工作组。各小组制订出实施方案及工作计划，组长协助教师参与指导组织本组学生学习，检查项目实施进程和质量，制定改进措施，共同完成项目任务。

项目评价：按时间、质量、安全、文明和环保要求进行考核。学生按照表 4-2 进行项目考核评分，先自评，在自评的基础上，由本组的同学互评，最后由教师进行总结评分。

表 4-2　项目考核评价表

姓名：　　　　　　　　　　　　　　　　　　　　　　　总分：

序号	考核项目	考核内容及要求	评分标准	配分	学生自评	学生互评	教师考评	得分
1	时间要求	8 小时	不按时完成无分	10				
2	质量要求	投料	原辅料投料量是否符合生产指令要求，不符合扣 10 分	10				
		水提取、浓缩	提取、浓缩是否符合提取操作规程，不符合分别扣 5 分	10				
		化糖	化糖是否符合工艺规程，不符合扣 10 分	10				
		瓶处理	瓶洗、烘是否符合工艺规程要求，不符合扣合 10 分	10				
		配制	配制是否符合工艺规程要求，不符合扣 15 分	15				
		灌装	1. 装量是否符合内控标准，不符合扣 5 分 2. 熔封或轧盖是否闭封，不符合扣 5 分	10				
		包装品	1. 说明书、小盒品名、规格、批号应相符，不符合扣 5 分。 2. 装盒、装箱数量是否正确、是否有装箱单，不符合扣 5 分。	10				
3	安全要求		一次不遵守，酌情扣 5 分	5				
4	文明要求		一次不遵守，酌情扣 5 分	5				
5	环保要求		一次不遵守，酌情扣 5 分	5				

注：如出现重大安全、文明、环保事故，本项目考核记为 0 分。

项目作业

归脾合剂

【处方】党参 68 g　　炙黄芪 68 g　　茯苓 136 g
炒酸枣仁 68 g　　当归 136 g　　炒白术 136 g
炙甘草 34 g　　制远志 136 g　　龙眼肉 136 g
木香 34 g　　大枣（去核）34 g　　生姜 17 g

【制法】以上十二味，炒白术、木香和当归分别蒸馏提取挥发油；当归药渣用 50%乙醇作溶剂进行渗漉，收集渗漉液，回收乙醇；白术和木香的药渣与其余党参等九味加水煎煮三次，第一次 2 小时，第二次 1.5 小时，第三次 1 小时，合并煎液，滤过，滤液浓缩至适量，与上述渗漉液合并，静置，滤过，滤液浓缩至约 1 000 mL，加入苯甲酸钠 3 g，放冷，加入上述挥发油，加水至 1 000 mL，混匀，即得。

按上述处方及制法，学生按事先分组制定归脾合剂的制备方案，方案经讨论可行后，按制定方案制备归脾合剂，做好相关的生产记录。

项目拓展

请结合液体制剂的相关知识，按制药企业生产的相关要求生产双黄连滴眼剂，并做好相应的生产记录。

双黄连滴眼剂

【处方】连翘 500 g　　金银花 250 g　　黄芩 250 g

【制法】以上三味，黄芩加水煎煮二次，每次 1 小时，滤过，合并滤液，滤液用 2 mol/L 盐酸调节 pH 至 1.0～2.0，在 80 °C 保温 30 分钟，静置 24 小时，滤过，沉淀加水搅拌，用 40%氢氧化钠溶液调节 pH 至 6.0～7.0，加等量乙醇，搅拌使溶解，滤过，滤液用 2 mol/L 盐酸调节 pH 至 2.0，80 °C 保温 30 分钟，静置 12 小时，滤过，沉淀用乙醇洗至 pH 至 4.0，加水搅拌，用 40%氢氧化钠溶液调节 pH 至 6.0～7.0，加入 0.5%活性炭，充分搅拌，50 °C 保温 30 分钟，加入乙醇，搅拌均匀后，立即滤过，滤液用 2 mol/L 盐酸调节 pH 至 2.0，80 °C 保温 30 分钟，静置 12 小时，滤过，沉淀用少量乙醇洗涤后，60 °C 以下干燥，备用；金银花、连翘分别加水浸渍 30 分钟后，煎煮二次，每次 1 小时，合并煎液滤过，滤液浓缩至相对密度为 1.20～1.25（70 °C）的清膏，冷至 40 °C，缓缓加入乙醇使含醇量达 75%，充分搅拌，静置 12 小时，滤取上清液，回收乙醇至无醇味，加水静置 12 小时，滤取上清液，浓缩至相对密度为 1.10～1.15（80 °C）的清膏，冷至 40 °C，加入乙醇使含醇量达 85%，静置 12 小时以上，滤取上清液，回收乙醇至无醇味，备用。取上述黄芩提取物，加入适量水，加热，用 40%氢氧化钠溶液调节 pH 至 7.0 使溶解，加入上述金银花、连翘提取物，加水至 1 000 mL，加入 0.5%活性炭 5 g，调节 pH 至 7.0，加热微沸 15 分钟，冷却，滤过，加入注射用水至 1 000 mL，115 °C 灭菌 30 分钟，冷藏，滤过，浓缩，冷冻干燥，制成粉末，分装成 1 000 支，即得。另取氯化钠 45 g 和羟苯乙酯 2.5 g，加水 5 000 mL，搅拌使之溶解，滤过，115 °C 灭菌 30 分钟，冷却，分装成 1 000 支，即得滴眼溶剂。

项目五 无菌制剂的制备

项目要求

- 时间要求：教学学时 18 课时；
- 质量要求：符合国家药品生产的相关标准要求；
- 安全要求：严格按照无菌制剂生产操作规程进行项目作业；
- 文明要求：自觉按照文明生产规程进行项目作业；
- 环保要求：按照环境保护要求进行项目作业。

项目分析

无菌制剂是指法定药品标准中列有无菌检查项目的制剂。无菌制剂按生产工艺可分为两类：采用最终灭菌工艺的为最终灭菌制剂；部分或全部工序采用无菌生产工艺的为非最终灭菌制剂。

无菌制剂的生产须满足其质量和预定用途的要求，应当最大限度降低微生物、各种微粒和热原的污染，生产人员的技能、所接受的培训及其工作态度是达到上述目标的关键因素，无菌药品的生产必须严格按照精心设计并经验证的方法及规程进行，产品的无菌或其他质量特性绝不能只依赖于任何形式的最终处理或成品检验（包括无菌检查），生产过程控制是关键。

本项目重点介绍注射剂、粉针剂等无菌注射剂的生产工艺及质量控制。

项目实施路径与步骤

【项目实施路径】

- 任务一　维生素 B_6 注射液的制备
- 任务二　注射用青霉素钠的制备

【项目实施步骤】

任务一 维生素 B_6 注射液

处方　规格 2 mL：50 mg

维生素 B_6　25 g

活性炭　适量

注射用水加至　1 000 mL

第一部分 理论知识

一、注射剂的定义与分类

注射剂系指原料药物或与适宜的辅料制成的供注入体内的无菌制剂。

注射剂可分为注射液、注射用无菌粉末与注射用浓溶液等。

注射液系指原料药物或与适宜的辅料制成的供注入体内的无菌液体制剂，包括溶液型、乳状液型或混悬型等注射液。可用于皮下注射、皮内注射、肌内注射、静脉注射、静脉滴注、鞘内注射、椎管内注射等。其中，供静脉滴注用的大容量注射液（除另有规定外，一般不小于 100 mL，生物制品一般不小 50 mL）也可称为输液。中药注射剂一般不宜制成混悬型注射液。

注射用无菌粉末系指原料药物或与适宜辅料制成的供临用前用无菌溶液配制成注射液的无菌粉末或无菌块状物，一般采用无菌分装或冷冻干燥法制得。可用适宜的注射用溶剂配制后注射，也可用静脉输液配制后静脉滴注。以冷冻干燥法制备的生物制品注射用无菌粉末，也可称为注射用冻干制剂。

注射用浓溶液系指原料药物与适宜辅料制成的供临用前稀释后静脉滴注用的无菌浓溶液。

二、注射剂在生产与贮藏期间的要求

（1）溶液型注射液应澄清；除另有规定外，混悬型注射液中原料药物粒径应控制在 15 μm 以下，含 15 ~ 20 μm（间有个别 20 ~ 50 μm）者，不应超过 10%，若有可见沉淀，振摇时应容易分散均匀。混悬型注射液不得用于静脉注射或椎管内注射；乳状液型注射液，不得有相分离现象，不得用于椎管注射；静脉用乳状液型注射液 90%的乳滴粒径应在 1 μm 以下，不得有大于 5 μm 的乳滴。除另有规定外，输液应尽可能与血液等渗。

（2）注射剂所用的原辅料应从来源及生产工艺等环节进行严格控制并应符合注射用的质量要求。除另有规定外，制备中药注射剂的饮片等原料药物应严格按各品种项下规定的方法提取、纯化，制成半成品、成品，并应进行相应的质量控制。生物制品原液、半成品和成品的生产及质量控制应符合相关品种要求。

（3）注射剂所用溶剂应安全无害，并与其他药用成分兼容性良好，不得影响活性成分的疗效和质量。一般分为水性溶剂和非水性溶剂。

① 水性溶剂最常用的为注射用水，也可用 0.9%氯化钠溶液或其他适宜的水溶液。

② 非水性溶剂常用植物油，主要为供注射用的大豆油，其他还有乙醇、丙二醇和聚乙二醇等。供注射用的非水性溶剂，应严格限制其用量，并应在各品种项下进行相应的检查。

（4）配制注射剂时，可根据需要加入适宜的附加剂，如渗透压调节剂、pH 值调节剂、增溶剂、助溶剂、抗氧剂、抑菌剂、乳化剂、助悬剂等。所用附加剂应不影响药物疗效，避免对检验产生干扰，使用浓度不得引起毒性或明显的刺激性。常用的抗氧剂有亚硫酸钠、亚硫酸氢钠和焦亚硫酸钠等，一般浓度为 0.1% ~ 0.2%。多剂量包装的注射液可加适宜的抑菌剂，抑菌剂的用量应能抑制注射液中微生物的生长，除另有规定外，在制剂确定处方时，该处方的抑菌效力应符合抑菌效力检查法（通则 1121）的规定。加有抑菌剂的注射液，仍应采用适宜的方法灭菌。静脉给药与脑池内、硬膜外、椎管内用的注射液均不得加抑菌剂。常用的抑菌剂为 0.5%苯酚、0.3%甲酚、0.5%三氯叔丁醇、0.01%硫柳汞等。

（5）注射剂常用容器有玻璃安瓿、玻璃瓶、塑料安瓿、塑料瓶（袋）、预装式注射器等。容器的密封性，须用适宜的方法确证。除另有规定外，容器应符合有关注射用玻璃容器和塑料容器的国家标准规定。容器用胶塞特别是多剂量包装注射液用的胶塞要有足够的弹性和稳定性，其质量应符合有关国家标准规定。除另有规定外，容器应足够透明，以便内容物的检视。

（6）在注射剂的生产过程中应尽可能缩短配制时间，防止微生物与热原的污染及原料药物变质。输液的配制过程更应严格控制。制备混悬型注射液、乳状液型注射液过程中，要采取必要的措施，保证粒子大小符合质量标准的要求。注射用无菌粉末应按无菌操作制备。必要时注射剂应进行相应的安全性检查，如异常毒性、过敏反应、溶血与凝聚、降压物质等，均应符合要求。

（7）灌装标示装量为不大于 50 mL 的注射剂时，应按表 5-1 适当增加装量。除另有规定外，多剂量包装的注射剂，每一容器的装量一般不得超过 10 次注射量，增加的装量应能保证每次注射用量。

表 5-1　注射剂装量增加量

标示装量/mL	增加量/mL	
	易流动液	黏稠液
0.5	0.10	0.12
1	0.10	0.15
2	0.15	0.25
5	0.30	0.50
10	0.50	0.70
20	0.60	0.90
50	1.0	1.5

注射剂灌装后应尽快熔封或严封。接触空气易变质的原料药物，在灌装过程中，应排除容器内的空气，可填充二氧化碳或氮等气体，立即熔封或严封。

对温度敏感的原料药物在灌封过程中应控制温度，灌封完成后应立即将注射剂置于规定的温度下贮存。

制备注射用冻干制剂时，分装后应及时冷冻干燥。冻干后残留水分应符合相关品种的要求。

生物制品的分装和冻干，还应符合“生物制品分装和冻干规程”的要求。

（8）注射剂熔封或严封后，一般应根据原料药物性质选用适宜的方法进行灭菌，必须保证制成品无菌。注射剂应采用适宜方法进行容器检漏。

（9）除另有规定外，注射剂应避光贮存。生物制品原液、半成品和成品的生产及质量控制应符合相关品种要求。

（10）注射剂的标签或说明书中应标明其中所用辅料的名称，如有抑菌剂还应标明抑菌剂的种类及浓度；注射用无菌粉末应标明配制溶液所用的溶剂种类，必要时还应标注溶剂量。

三、注射剂的给药途径

1. 肌内注射

注射于肌肉组织中，一次剂量一般在 5 mL 以下，一般为水溶液、油溶液，混悬液、乳浊液均可作肌内注射。

2. 皮下注射

注射于真皮与肌肉之间的松软组织内，一般用量为 1 ~ 2 mL，药物吸收速度稍慢。由于人的皮下感觉比肌肉敏感，故有刺激性的药物及油或水的混悬液，一般不宜作皮下注射。

3. 皮内注射

注射于表皮和真皮之间，一次注射量在 0.2 mL 以下。常用于过敏性试验或疾病诊断，如青霉素皮试液和结核菌素稀释液。

4. 静脉注射

一次剂量自几毫升至几千毫升，可分为静脉推注和静脉滴注，前者用量小，一般 5 ~ 50 mL，后者剂量大，多至数千毫升。若注入大量的注射液则须考虑 pH 及渗透压。静脉注射药物起效最快，是急救首选的手段；也用于补充体液和供营养之用，多为水溶液。油溶液和混悬型注射液一般不能作静脉注射。

5. 脊椎腔注射

注射液注入脊椎四周蛛网膜下腔内。由于神经组织比较敏感，且脊椎液循环较慢，故注入一次剂量不得超过 10 mL，其 pH 为 5.0 ~ 8.0，渗透压亦应与脊椎液相等。

四、注射剂的溶剂及附加剂

1. 注射用水

本品为纯化水经蒸馏所得的水。

2. 注射用油

注射用油系指精制的植物油。除应符合《中国药典》（2015 年版）各项下的规定外，并应精制使其符合下列规定。

（1）注射用油应无异臭，无酸败味，色泽不得深于黄色 6 号标准比色液；在 10 °C 时应保持澄明。

（2）碘值应为 79 ~ 128，酸值不大于 0.56，皂化值应为 185 ~ 200，并不得检出矿物油，含水量及杂质均不得超过 0.2%。

碘值反映油中不饱和键的多少，过高表示含不饱和键多，油易氧化酸败；过低表示含有较多的蜡类杂质。酸值表示游离脂肪酸的多少，过高表示油脂酸败严重，可影响某些药物的稳定性，且有刺激性。皂化值表示油中游离脂肪酸和结合成酯的脂肪酸总量，过低表明油中脂肪酸分子量较大或含不皂化的杂质较多；过高表明脂肪酸分子量较小，亲水性较强。

已精制的注射用油采用 150 ~ 160 °C 进行 1 ~ 2 h 的干热灭菌，注射用油应贮于避光密闭洁净容器中，避免与日光、空气接触。

3. 其他注射用溶剂

对于不溶或难溶于水或在水溶液中不稳定的药物常用非水溶剂制备注射液。常用的非水溶剂有以下几种。

（1）水溶性非水溶剂有乙醇、甘油、1,2-丙二醇、聚乙二醇 300、聚乙二醇 400 等，其中丙二醇必须用 1,2-丙二醇。一般使用浓度均在 50%以下，特别是乙醇，10%肌内注射时已产生疼痛。而甘油与丙二醇浓度为 50%时，黏稠度已使生产与使用感到不便。

（2）常用的油溶性非水溶剂有苯甲酸苄酯，与注射用油制成复合溶剂可增加二巯基丙醇在油中的溶解度及稳定性。油酸乙酯可被组织迅速吸收，常在激素类药物中使用。其他油溶性非水溶剂还有乳酸乙酯等。

以上各种非水溶剂均应符合注射用或药用规格，不能用化学试剂代替。

4. 防止主药氧化的附加剂

常用的有抗氧剂、惰性气体及金属离子络合剂等。

抗氧剂是一些比药物更易氧化的还原性物质，当抗氧剂与易氧化药物共存时，空气中的氧气先与抗氧剂发生作用，消耗氧气，从而使主药保持稳定。常用的水溶性抗氧剂有亚硫酸氢钠、焦亚硫酸钠、亚硫酸钠、硫代硫酸钠等，其中前两种适用于偏酸性药液，后两种适用于偏碱性药液。

通入惰性气体可驱除安瓿与药液中的氧气，生产上常用的高纯度的惰性气体有氮气和二氧化碳，从除氧的效果看，二氧化碳优于氮气；但二氧化碳在水中呈酸性，故不宜用于磺胺嘧啶钠等强碱弱酸盐或钙盐等注射剂，否则易析出沉淀。

原料、辅料、溶媒或制药器械等可能携带微量金属离子，可催化氧化反应的进行。常用一些金属螯合剂，来消除金属离子对药液的影响，常用的有 EDTA-Na_2（依地酸二钠）。

5. 抑制微生物生长的附加剂

大多数注射剂均经过灭菌，无需使用抑菌剂。但某些采用低温间歇灭菌、滤过除菌、无菌操作法制备和多剂量包装的注射剂均须加入抑菌剂。但供静脉注射、脊椎注射的注射剂及一次用量超过 5 mL 的注射液不能加抑菌剂。常用的抑菌剂为苯甲醇、三氯叔丁醇等。

6. pH 调节剂

常用的有盐酸、硫酸、枸橼酸及其盐类和氢氧化钠、氢氧化钾、碳酸氢钠等。缓冲剂有磷酸二氢钠和磷酸氢二钠等。在选择 pH 调节剂时一般采用与主药同离子的酸或作用后能产生水的碱。

7. 渗透压调节方法之冰点降低数据法

冰点降低数据法：调节渗透压的依据是冰点相同的稀溶液具有相同的渗透压。一般情况下，血浆的冰点为-0.52 °C，因此任何溶液，只要其冰点降低为-0.52 °C，即与血浆等渗。通过药物水溶液的冰点降低数据，可以计算该药物配成等渗溶液的浓度。等渗调节的用量可用下式进行计算。

$$W=(0.52-a)/b$$

式中 W——配成 100 mL 等渗溶液所需加入药物的量，g；

a——未经调整的药物溶液的冰点下降度数，°C；

b——用以调整等渗的药物 1%（g/mL）溶液的冰点下降度数，°C。

例：配制 1 00 mL 1%盐酸普鲁卡因溶液，需要加多少氯化钠，才能使之成为等渗溶液？

查表得 a=0.12 °C，b=0.58 °C，代入上式得：

$$W=(0.52-0.12)/0.58=0.69\ \text{g}$$

即配制 100 mL 盐酸普鲁卡因溶液需增加 0.69 g 氯化钠，可使 1%的盐酸普鲁卡因溶液成为等渗溶液。

8. 渗透压调节方法之氯化钠等渗当量法

氯化钠等渗当量法：药物的氯化钠等渗当量指与 1 g 药物呈等渗效应的氯化钠量。从表中查出药物的氯化钠等渗当量后，可计算出等渗调节剂氯化钠的用量。计算方法如下式：

$$X=0.009V-E\times W$$

式中 X——配成体积为 V（mL）等渗溶液所需加入氯化钠的量，g；

V——欲配制溶液的体积，mL；

E——药物的氯化钠等渗当量；

W——体积为 V（mL）溶液中所含药物的量，g；

0.009——每 1 mL 等渗氯化钠溶液中所含氯化钠的量，g。

例：若配制 2%的盐酸麻黄碱溶液 1 000 mL，欲使其等渗，需加入氯化钠多少克？

查表可知，盐酸麻黄碱的氯化钠等渗当量 E 为 0.28，2%的盐酸麻黄碱溶液 1 000 mL 含主药的量为 2%×1000=20 g。则：

$$X=0.009\times1000-0.28\times20=3.4\ \text{g}$$

即配制 2%的盐酸麻黄碱溶液 1 000 mL 应加入氯化钠的量为 3.4 g，才能使其成等渗溶液。

五、注射剂的质量要求

除另有规定外，注射剂应进行以下相应检查。

1. 装　量

注射液及注射用浓溶液照下述方法检查，应符合规定。

检查法：供试品标示装量不大于 2 mL 者，取供试品 5 支（瓶）；2 mL 以上至 50 mL 者，取供试品 3 支（瓶）。开启时注意避免损失，将内容物分别用相应体积的干燥注射器及注射针头抽尽，然后缓慢连续地注入经标化的量入式量筒内（量筒的大小应使待测体积至少占其额定体积的 40%，不排尽针头中的液体），在室温下检视。测定油溶液、乳状液或混悬液时，应先加温（如有必要）摇匀，再用干燥注射器及注射针头抽尽后，同前法操作，放冷（加温时），检视。每支（瓶）的装量均不得少于其标示量。

生物制品多剂量供试品：取供试品 1 支（瓶），按标示的剂量数和每剂的装量，分别用注射器抽出，按上述步骤测定单次剂量，应不低于标示量。

标示装量为 50 mL 以上的注射液及注射用浓溶液照最低装量检查法（通则 0942）检查，应符合规定。

也可采用重量除以相对密度计算装量。准确量取供试品，精密称定，求出每 1 mL 供试品的重量（即供试品的相对密度）；精密称定用干燥注射器及注射针头抽出或直接缓慢倾出供试品内容物的重量，再除以供试品相对密度，得出相应的装量。

预装式注射器和弹筒式装置的供试品：标示装量不大于 2 mL 者，取供试品 5 支（瓶）；2 mL 以上至 50 mL 者，取供试品 3 支（瓶）。供试品与所配注射器、针头或活塞装配后将供试品缓慢连续注入容器（不排尽针头中的液体），按单剂量供试品要求进行装量检查，应不低于标示量。

2. 装量差异

除另有规定外，注射用无菌粉末照下述方法检查，应符合规定。

检查法：取供试品 5 瓶（支），除去标签、铝盖，容器外壁用乙醇擦净，干燥，开启时注意避免玻璃屑等异物落入容器中，分别迅速精密称定；容器为玻璃瓶的注射用无菌粉末，首先小心开启内塞，使容器内外气压平衡，盖紧后精密称定。然后倾出内容物，容器用水或乙醇洗净，在适宜条件下干燥后，再分别精密称定每一容器的重量，求出每瓶（支）的装量与平均装量。每瓶（支）装量与平均装量相比较（如有标示装量，则与标示装量相比较），应符合下列规定（见表 5-2），如有 1 瓶（支）不符合规定，应另取 10 瓶（支）复试，应符合规定。

表 5-2　无菌粉末注射剂装量差异限度

平均装量或标示装量	装量差异限度
0.05 g 及 0.05 g 以下	±15%
0.05 g 以上至 0.15 g	±10%
0.15 g 以上至 0.50 g	±7%
0.50 g 以上	±5%

凡规定检查含量均匀度的注射用无菌粉末，一般不再进行装量差异检查。

3. 渗透压摩尔浓度

除另有规定外，静脉输液及椎管注射用注射液按各品种项下的规定，照渗透压摩尔浓度测定法（通则 0632）测定，应符合规定。

4. 可见异物

除另有规定外，照可见异物检查法（通则 0904）检查，应符合规定。

5. 不溶性微粒

除另有规定外，用于静脉注射、静脉滴注、鞘内注射、椎管内注射的溶液型的注射液、注射用无菌粉末及注射用浓溶液照不溶性微粒检查法（通则 0903）检查，均应符合规定。

6. 中药注射剂有关物质

按各品种项下规定，照注射剂有关物质检查法（通则 2400）检查，应符合有关规定。

7. 重金属及有害元素残留量

除另有规定外，中药注射剂照铅、镉、砷、汞、铜测定法（通则 2321）测定，按各品种项下每日最大使用量计算，铅不得超过 12 μg，镉不得超过 3 μg，砷不得超过 6 μg，汞不得超过 2 μg，铜不得超过 150 μg。

8. 无　菌

照无菌检查法（通则 1101）检查，应符合规定。

9. 细菌内毒素或热原

除另有规定外，静脉用注射剂按各品种项下的规定，照细菌内毒素检查法（通则 1143）或热原检查法（通则 1142）检查，应符合规定。

知识拓展五十一

渗透压摩尔浓度测定法

生物膜，例如人体的细胞膜或毛细血管壁，一般具有半透膜的性质，溶剂通过半透膜由低浓度向高浓度溶液扩散的现象称为渗透，阻止渗透所需要施加的压力，称为渗透压。在涉及溶质的扩散或通过生物膜的液体转运各种生物过程中，渗透压都起着极其重要的作用。因此，在制备注射剂、眼用液体制剂等药物制剂时，必须关注其渗透压。处方中添加了渗透压调节剂的制剂，均应控制其渗透压摩尔浓度。

静脉输液、营养液、电解质或渗透利尿药（如甘露醇注射液）等制剂，应在药品说明书上标明其渗透压摩尔浓度，以便临床医生根据实际需要对所用制剂进行适当的处置（如稀释）。正常人体血液的渗透压摩尔浓度范围为 285 ~ 310 mOsmol/kg，0.9%氯化钠溶液或 5%葡萄糖溶液的渗透压摩尔浓度与人体血液相当。溶液的渗透压，依赖于溶液中溶质粒子的数量，是溶液的依数性之一，通常以渗透压摩尔浓度（Osmolality）来表示，它反映的是溶液中各种溶质对溶液渗透压贡献的总和。

渗透压摩尔浓度的单位，通常以每千克溶剂中溶质的毫渗透压摩尔来表示，可按下列公式计算毫渗透压摩尔浓度（mOsmol/kg）:

毫渗透压摩尔浓度（mOsmol/kg）=

$$\frac{\text{每千克溶剂中溶解的溶质克数}}{\text{分子量}} \times n \times 1\,000$$

式中，n 为一个溶质分子溶解或解离时形成的粒子数。在理想溶液中，例如葡萄糖 n=1，氯化钠或硫酸镁 n=2，氯化钙 n=3，枸橼酸钠 n=4。

在生理范围及很稀的溶液中，其渗透压摩尔浓度与理想状态下的计算值偏差较小；随着溶液浓度增加，与计算值比较，实际渗透压摩尔浓度下降。例如 0.9%氯化钠注射液，按上式计算，毫渗透压摩尔浓度是 2×1000×9/58.4=308 mOsmol/kg，而实际上在此浓度时氯化钠溶液的 *n* 稍小于 2，其实际测得值是 286 mOsmol/kg；这是由于在此浓度条件下，一个氯化钠分子解离所形成的两个离子会发生某种程度的缔合，使有效离子数减少的缘故。复杂混合物（如水解蛋白注射液）的理论渗透压摩尔浓度不容易计算，因此通常采用实际测定值表示。

1. 渗透压摩尔浓度的测定

通常采用测量溶液的冰点下降来间接测定其渗透压摩尔浓度。在理想的稀释溶液中，冰点下降符合 $\Delta T_f = K_f \cdot m$ 的关系，式中，ΔT_f 为冰点下降，K_f 为冰点下降常数（当水为溶剂时为 1.86），m 为重量摩尔浓度。而渗透压符合 $P_0 = K_0 \cdot m$ 的关系，式中，P_0 为渗透压，K_0 为渗透压常数，m 为溶液的重量摩尔浓度。由于两式中的浓度等同，故可以用冰点下降法测定溶液的渗透压摩尔浓度。

仪器：采用冰点下降的原理设计的渗透压摩尔浓度测定仪通常由制冷系统、用来测定电流或电位差的热敏探头和振荡器（或金属探针）组成。测定时将探头浸入供试溶液中心，并降至仪器的冷却槽中。启动制冷系统，当供试溶液的温度降至凝固点以下时，仪器采用振荡器（或金属探针）诱导溶液结冰，自动记录冰点下降的温度。仪器显示的测定值可以是冰点下降的温度，也可以是渗透压摩尔浓度。

渗透压摩尔浓度测定仪校正用标准溶液的制备：取基准氯化钠试剂，于 500～650 °C 干燥 40～50 分钟，置干燥器（硅胶）中放冷至室温。根据需要，按表 5-3 所列数据精密称取适量，溶于 1kg 水中，摇匀，即得。

表 5-3 渗透压摩尔浓度测定仪校正用标准溶液

每 1kg 水中氯化钠的重量/g	毫渗透压摩尔浓度/mOsmol · kg^{-1}	冰点下降温度 ΔT/ °C
3.087	100	0.186
6.260	200	0.372
9.463	300	0.558
12.684	400	0.744
15.916	500	0.930
19.147	600	1.116
22.380	700	1.302

供试品溶液：除另有规定外，供试品应结合临床用法，接测定或按各品种项下规定的具体溶解或稀释方法制备供试品溶液，并使其摩尔浓度处于表中测定范围内。例如注射用无菌粉末，可采用药品标签或说明书中的规定溶剂溶解并稀释后测定。需特别注意的是，供试品溶液经稀释后，粒子间的相互作用与原溶液有所不同，一般不能简单地将稀释后的测定值乘以稀释倍数来计算原溶液的渗透压摩尔浓度。

测定法：按仪器说明书操作，首先取适量新沸放冷的水调节仪器零点，然后由表中选择两种标准溶液（供试品溶液的渗透压摩尔浓度应介于两者之间）校正仪器，再测定供试品溶液的渗透压摩尔浓度或冰点下降值。

2. 渗透压摩尔浓度比的测定

供试品溶液与 0.9%（g/mL）氯化钠标准溶液的渗透压摩尔浓度比率称为渗透压摩尔浓度比。用渗透压摩尔浓度测定仪分别测定供试品溶液与 0.9%（g/mL）氯化钠标准溶液的渗透压摩尔浓度 Q_T 与 Q_S，方法同渗透压摩尔浓度测定法，并用下列公式计算渗透压摩尔浓度比：

$$渗透压摩尔浓度比=\frac{Q_T}{Q_S}$$

渗透压摩尔浓度比的测定用标准溶液的制备：取基准氯化钠试剂，于 500～650 °C 干燥 40～50 分钟，置干燥器（硅胶）中放冷至室温。取 0.900 g，精密称定，加水溶解并稀释至 100 mL，摇匀，即得。

第二部分 生产操作

第 1 步 药液的配制与滤过

1. 称 量

（1）配料前核对原辅料名称、批号、生产厂家、规格及数量，应与检验报告单相符，如发现原辅料包装、外观、色泽、形态有差异，应及时与生产与质量部门联系。

（2）按批生产指令要求，一人称量，另一人复核。无复核不得称量投料。操作人、复核人均应在称量原始记录上签名。

（3）剩余的原辅料应密封储存，在容器外标明品名、批号、日期、剩余量及使用人签名。

（4）天平、磅秤每次使用前应校正，并定期由专人校验，做好标贴及记录（表 5-4）。

表 5-4 称量岗位生产记录

<table>
<tr><td>产品名称</td><td colspan="2"></td><td>规格</td><td colspan="2"></td></tr>
<tr><td>生产批号</td><td colspan="2"></td><td>生产日期</td><td colspan="2"></td></tr>
<tr><td colspan="6">生产操作：1、执行称量配料岗位生产操作规程
2、依据该产品的工艺规程和主配方操作
3、执行设备操作规程</td></tr>
<tr><td>物料名称</td><td>批号</td><td>毛重</td><td>件数</td><td>净重</td><td>报告单号</td></tr>
<tr><td></td><td></td><td></td><td></td><td></td><td></td></tr>
<tr><td colspan="6">投料量： kg 产出量： kg 废品量： kg 物料平衡：%（限度）</td></tr>
<tr><td colspan="6">操作人： 复核人： 日期： 年 月 日 时 分</td></tr>
<tr><td colspan="6">质量监控 结论： QA 监控员： 日期： 年 月 日</td></tr>
<tr><td colspan="6">移交数量： kg，共 件 移交人： 接收人： 年 月 日</td></tr>
<tr><td colspan="6">生产过程异常情况：无（ ）
有（ ）按“生产过程偏差处理管理规程”处理并附记录</td></tr>
</table>

2. 配　制

（1）配料前先用注射用水冲洗配料罐内外、标尺，用滤过的合格注射用水冲洗管道、罐内用纯蒸汽消毒。

（2）检查电机、减速器，接通电源后，试转一下，看运转是否可靠。如发现减速器有异声，电机不转，请维修工检查，排除故障。有蒸汽加温的配料罐，接通蒸汽时，先开排汽阀门，再开进汽阀门，进汽应先小后大，压力一般不要超过 0.1 MPa，以免损坏管路，造成事故。

（3）查看配料水化验合格单，水质合格方可投料。使用的注射用水应在 80 °C 以上保温，储存时间不得超过 12 h。

（4）开启阀门，将注射用水注入配液罐中至总体积的 80%（冷却至约 30 °C），关闭进水阀门，通入惰性气体（CO_2），饱和后加入维生素 B_6，加入适量活性炭，用惰性气体（CO_2）饱和的注射用水加至全量。

（5）取样测定含量、pH、察看色泽，并同时通 CO_2 气体封液面，填写生产记录（表 5-5）。

表 5-5　配液岗位生产记录

生产指令单号		产品名称		
本批生产量		规格		批号
设备名称		设备编号		
操作时间	月　日　时　分到　月　日　时　分			
指令	工艺参数　操作参数			
1. 核对物料	有无检验报告单		有（ ）	无（ ）
	物料品名、数量与标识卡是否一致		一致（ ）	不一致（ ）
2. 设备正常清洁	正常		正常（ ）	不正常（ ）
	清洁		清洁（ ）	不清洁（ ）
3. 按工艺要求配料	溶剂名称	加溶剂量/10^4 mL		
（1）额定量溶剂中加入原辅料	原辅料名称	数量	合格证号	
（2）浓配	按浓配浓度为 40%～50% 计算，调节药液 pH 为中间体的规定值	加溶剂至：　10^4 mL 搅拌时间：　时　分到　时　分 加 pH 调节剂名称： pH 调节剂体积：mL pH：		
（3）粗滤	通过砂棒脱碳过滤	过滤时间：　时　分到　时　分		
（4）稀配	加溶剂至规定量，调节 pH 在规定范围内	加溶剂至：　10^4mL 搅拌时间：　时　分到　时　分 加 pH 调节剂名称： pH 调节剂体积：mL pH：		

续表

4. 精滤	按精滤过滤器规程进行，悬挂状态标志卡待验，检验合格后移交灌封岗位	澄明度： 药液含量： 过滤时间：　时　分到　时　分 净药液量： 移交：

3. 过　滤

待半成品检验合格后用砂滤棒或钛棒粗滤，0.45 μm 精密滤芯精滤至澄明。

4. 清　场

（1）每天（或每批）生产结束后必须严格清场。连续生产时配料缸、容器、滤器管道及下道工序灌封机药液管应用热注射用水冲洗干净（特殊品种例外），并用注射用水灌满浸泡过夜。更换产品品种必须全部拆除清洗。

（2）清场结束后，应及时、认真填写清场记录。

第 2 步　安瓿搬运、清洁、理瓶

1. 安瓿的领取、转运与整理

（1）安瓿应有专人验收，对规格、批号、生产厂家、数量、内外包装质量进行核对，并检查检验合格单，核对无误后，领发料双方在领料单上签字。

（2）将安瓿箱送至清包间拆包，拆包前用微湿毛巾擦去箱外灰尘，打开纸箱，将纸箱内安瓿小盒依次取出，顺序放到小车上运到装盘处。

（3）将安瓿不锈钢盘经纯水洗净烘干后（若潮湿可用干毛巾擦干），将不锈钢盘送到装盘处。

2. 安瓿装盘

（1）将小盒内安瓿逐盒装入不锈钢盘中，直至盘装满。

（2）在装盘过程中，挑出破裂、炸底等废损安瓿，置规定容器中。

（3）将安瓿盘放在车上，盘之间不能相互叠压。

3. 安瓿搬运

应小心搬运，将瓶送至洗、灌、封岗位。

4. 工作完毕

（1）将安瓿盘放置一边，经适当清洁后，供下次使用。

（2）将安瓿纸箱、小盒整理好送到规定存放处，空盘依次放好，整齐堆放。

（3）将破损安瓿送入规定场所堆弃，清理作业现场至符合要求。

（4）按规定填写生产记录。

第3步　安瓿的洗、烘、灌封

1. 准备工作

（1）冲洗精密滤芯，检查滤芯安装是否严密。

（2）启动干燥机，使机器升温。

（3）开动超声波清洗机，检查设备各部位运转是否正常，检查喷针位置是否对正瓶口，不正时应及时调整。

（4）往水槽内加注射用水并调节水槽水温在 50 ~ 60 °C。打开并调节各阀门，使压缩空气压力>0.15 MPa，循环水压力>0.2 MPa，喷淋水压力>0.06 MPa。

（5）循环冲洗清洗机管路 10 min 后，由 QA 检查员取样检查新鲜注射用水、循环水可见异物，确认水质合格。

（6）待干燥机高温段温度达到设置的 300 °C 时，方可进行联动线的生产操作。

2. 安瓿清洗

（1）将待洗安瓿整齐堆码在清洗机进瓶盘上，同时将破瓶及不合格的安瓿（不规则口、破口、瓶壁有麻点、长短不齐、细口等）剔除。

（2）启动清洗机，进行洗瓶操作。

（3）安瓿的内部清洗程序为：超声波清洗—循环水—循环水—压缩空气—新鲜注射用水—压缩空气—压缩空气—压缩空气。安瓿的外洗是通过安瓿在水池内的浸泡和当安瓿在滚筒上转位时由喷射水流及圆弧滑道上反弹回来的水流进行冲洗。

（4）开机后应随时观察水、气压力表的压力值是否符合要求，安瓿进入烘箱处是否排列整齐，机器运行过程中是否有断针、碎瓿、浮瓿等异常情况。发现问题应及时处理。

（5）严格检查精洗后安瓿质量，遇安瓿没洗干净及破损应立即挑出，不得流入烘箱。

3. 安瓿烘干灭菌

（1）设定烘干杀菌温度为 300 °C，设定温控停机温度为 100 °C。

（2）启动工作按钮，各层流风机开始运转。此时各层流指示灯亮，加热管正在加热，温度记录仪开始记录。如果有任一指示灯不亮，说明有故障，机器会自动停机。

（3）检查电热管加热情况，转动电流开关，观察电流指示表电流情况。

（4）开启按钮，与清洗机联锁，安瓿进入干燥机。

（5）开启按钮，与灌封机联锁，安瓿进入灌封机。当三机联线正常工作时，全线安瓿进行自动平衡。

4. 灌　封

（1）同送气岗位联系，确认送气生产符合要求。

（2）与配制岗位操作人员联系，用注射用水冲洗管道、灌封机至少 10 min，排净残水。

（3）用药液冲洗管道、针头。检查药液色泽、可见异物，合格后方可试装。

（4）缓慢打开火源阀，立即点火，调整好火焰强度，打开主机开关，调整针头与装量。要求针头插入安瓿的深度和位置适中，装量符合该品种半成品控制要求。

（5）开启灌封机，开始进行正式生产操作。

（6）在灌封机出瓶斗处将灌封后的安瓿装满洁净周转盒，上好挡板，逐盘放入标签并标明品名、批号、规格、机台号，将周转盒及时传至下一工序灭菌。

（7）在操作过程中要随时检查从烘干机出来的安瓿，用镊子将不合格品（包括掉底、裂纹、破口、长短不齐、细口等）剔除，保证供瓶连续。

（8）灌封过程中要随时检查装量和封口质量，及时剔除炭化、漏封、封口不好、装量不合格等不合格品，生产结束后集中销毁。

（9）在灌封操作过程中要注意惰性气体的压力变化，保证充填足够的惰性气体。惰性气体冲入量以液面微动为宜。

（10）灌封结束后，关闭火源、电源；将设备上剩余的未灌装的安瓿通过传递窗返至安瓿清洗间，第二天使用前应重新清洗、灭菌。填写生产记录（表5-6）。

表5-6　洗烘灌岗位生产记录

<table>
<tr><td colspan="2">产品名称</td><td colspan="3"></td><td colspan="2">规格</td><td></td></tr>
<tr><td colspan="2">生产批号</td><td colspan="3"></td><td colspan="2">生产日期</td><td></td></tr>
<tr><td colspan="8">生产操作：1、执行洗瓶、烘瓶、灌装岗位生产操作规程
2、依据该产品的工艺规程和主配方操作
3、执行设备操作规程</td></tr>
<tr><td colspan="2">开始加热时间</td><td colspan="3"></td><td colspan="2">烘干预热段温度/压力</td><td></td></tr>
<tr><td colspan="2">开始送瓶时间</td><td colspan="3"></td><td colspan="2">烘干灭菌段温度/压力</td><td></td></tr>
<tr><td colspan="2">洗瓶段压力</td><td colspan="3"></td><td colspan="2">烘干冷却段温度/压力</td><td></td></tr>
<tr><td colspan="2">进盘速度</td><td colspan="3"></td><td colspan="2">出盘数量</td><td></td></tr>
<tr><td colspan="2">停止送瓶时间</td><td colspan="3"></td><td colspan="2">停机时间</td><td></td></tr>
<tr><td>投入量/个</td><td></td><td>产出量/个</td><td></td><td>废品量/个</td><td></td><td>物料平衡</td><td>%（　）</td></tr>
<tr><td colspan="8">操作人：　　　复核人：　　　日期：　年　月　日　时　分</td></tr>
<tr><td>质量监控</td><td></td><td>结论</td><td></td><td>QA检查员</td><td></td><td>日期</td><td>年　月　日</td></tr>
<tr><td>移交数量/个</td><td></td><td colspan="2">移交人：</td><td colspan="2">接收人：</td><td>日期</td><td>年　月　日</td></tr>
<tr><td colspan="8">灌装生产记录</td></tr>
<tr><td>接液总量</td><td></td><td>理论装量</td><td></td><td>最低装量</td><td colspan="3"></td></tr>
<tr><td>装量范围</td><td></td><td>理论产量</td><td colspan="5"></td></tr>
<tr><td colspan="8">操作前现场检查情况</td></tr>
<tr><td colspan="2">执行的标准文件</td><td colspan="3">物料</td><td colspan="3">现场</td></tr>
<tr><td>设备、岗位SOP文件</td><td>□</td><td colspan="2">中间产品品名、批号核对</td><td>□</td><td colspan="2">清洁、清场合格标志</td><td>□</td></tr>
<tr><td>清洁、清场SOP文件</td><td>□</td><td colspan="2">数量核对</td><td>□</td><td colspan="2">设备试运行良好</td><td>□</td></tr>
<tr><td>各种记录表格</td><td>□</td><td colspan="2">合格报告单</td><td>□</td><td colspan="2">计量、器具符合要求</td><td>□</td></tr>
<tr><td>其他有关文件</td><td>□</td><td colspan="2">包装完好</td><td>□</td><td colspan="2">其他</td><td>□</td></tr>
<tr><td colspan="7">操作记录</td><td></td></tr>
<tr><td>灌装起止时间</td><td colspan="7"></td></tr>
</table>

续表

装量自查记录（每20分钟一次，每次5瓶）							
瓶次 装量 时间	1	2	3	4	5	平均装量	检查人

内包装材料领用记录					
包材名称	领用数	使用数	损耗数	剩余数	领用人
物料平衡	接液总量	灌装瓶数	总平均装量	灌装总量	本批剩余药液量
操作人		组长		QA检查员	

第4步　灭菌、检漏

一、灭　菌

1. 工作准备

（1）了解当天生产的品种、数量、规格，并核对批生产记录，挂上当天生产品种的标志牌。

（2）清除一切与本批灭菌无关的物品。

（3）检查灭菌柜及其他相关设备是否处于正常的工作状态，检查压缩空气是否达到0.4 MPa，检查蒸汽压力是否达到要求（0.3 ~ 0.6 MPa），检查是否有纯化水，检查是否有饮用水为换热器提供冷却水。

2. 灭菌操作

（1）关前门。当前门指示灯灭，后门指示灯亮，该状态可进行灭菌对象入柜工作，当灭菌对象全部入柜，灭菌人员对前门行进方向检查，确认无任何障碍物可进行关前门操作。当前门完全关闭后前门指示灯亮。

（2）灭菌程序启动。启动计算机进入主画面，用鼠标双击“灭菌系统”菜单后输入密码。程序即进入“参数设置”界面，按工艺要求输入相应药品的灭菌条件（温度、时间、F0值），操作员编号及产品批号，然后用鼠标单击“流程图”键。密封门全部正常关闭后，主菜单左侧门状态框显示绿色时，用鼠标单击“启动”键，程序自动运行。

（3）程序结束。此时单击“退出”键，出现一个密码图框，输入密码后回车，进入“操作面板”图框，鼠标单击“停止”键，确认后退出。关闭“操作面板”图框，然后单击“文件”菜单，单击“退出”退出控制程序。

（4）开后门。在灭菌结束后，退出程序。操作人员进行开后门操作，按后端控制盘开门按钮，后门开启，后门灯灭，可进行灭菌对象出柜工作。

（5）关后门。当灭菌对象全部出柜后，操作人员对后门进行方向确认无任何障碍物后关门操作，按后端控制盘关门按钮，当完全关闭时，后灯亮。

3. 结束工作

（1）关闭灭菌柜电源。

（2）清洗灭菌室及消毒车，如灭菌后有破碎瓶子残片、胶塞及其他异物，应及时清除，否则将影响灭菌和冷却效果。

（3）内室清洗后，由 QA 检查员检查有无灭菌遗留物，有无碎玻璃及其他异物，清场合格后签字。

（4）做好灭菌区域的清洁卫生工作。

4. 注意事项

（1）人员需要进入灭菌柜时或操作人员离开时，必须关闭灭菌柜电源和停止供压缩空气，以防止意外发生。

（2）灭菌人员在装柜时应注意轻推消毒小车，防止把柜门碰坏。

（3）灭菌柜前后门严禁同时打开，严禁把待灭菌的药品拉到已灭菌区，防止混药事故发生。

（4）如遇异常情况应及时反映。

二、检　漏

（1）保温结束关闭蒸汽阀，开排气阀直至柜表压为零，开进水阀和排水阀至产品冷却后关闭。

（2）开进色液阀，根据产品将配制的色液泵入柜内至灭菌产品全部浸在色液中（一般白瓶用红色液，棕瓶用蓝色液）。

（3）开真空阀检漏，真空度达到 0.08 MPa 时间不少于 10 min，然后关闭真空阀，开放空阀置至常压，待 20 min 后开排液阀排尽色液，用纯化水清洗后开柜门，拉出灭菌车，逐盘挑出漏头破瓶，挂上已灭菌的状态牌。

（4）认真填写原始记录，详细记录灭菌柜号、产品、温度，时间、漏头和爆头等数据（表 5-7）。

第 5 步　灯　检

1. 生产前准备

（1）核对本批产品的品名、规格、批号、生产数量。

（2）检查是否有前次“清场合格证”副本。

（3）检查灯检室、容器具、灯检架是否有“已清洁”状态标志，且在有效期内。

（4）检查合格后，班长根据生产指令取下现场状态标志牌，换上“生产运行中”状态标志，标明本岗位需要生产的药品品名、批号、规格、生产批量、生产岗位、生产日期、操作人、复核人。

（5）领取中间产品。

表 5-7　灭菌、检漏生产记录

产品名称			规格	
生产批号			生产日期	
生产操作：1、执行灭菌、检漏岗位生产操作规程 2、依据该产品的工艺规程和主配方操作 3、执行设备操作规程				
半成品总量/支				
项目	灭菌柜号			备注
	1	2	3	
装柜时间				
装柜数量				
开汽时间				
灭菌温度				
保温时间				
结束时间				
投入量：　支　产出量：　支　废品量：　支　物料平衡：　%（　）				
操作人		复核人		日期
质量监控结论		QA 检查员		日期
移交数量		移交人		
接收人		日期	年　月　日	

2. 生产操作过程

（1）接通澄明度检测仪电源，打开荧光灯。

（2）启动照度开关，测定照度，同时旋转仪器上部的照度调节旋钮至所需照度为止。

（3）灯检岗位操作工从物料架上取一装有中间产品的周转盘，开口端朝上，斜靠于灯检架的左前方，撤下挡板。

（4）复核周转盘内中间产品的数量。

（5）从另一操作架上取一个贴标印字用空周转盘，开口端靠在灯检架的内壁上。

（6）灯检岗位操作工右手拿起夹子，用力使夹子张开后伸到周转盘中，夹起 10 ~ 15 支灭菌后的中间产品，置于灯检架前面荧光灯旁边。

（7）将夹子从上向下振动一次后迅速返回原位置，轻轻振动夹子，使药液下流，眼睛距离安瓿 25 cm，逐支检查药液中有无异物和碳化点，药液装量是否合格，重复操作 3 遍。

（8）检查合格的中间产品摆放于正前方的空周转盘中。

（9）将不合格的中间产品剔出，分类放于特制的周转盘中，待灯检操作结束后统一销毁，并记录。

（10）反复如此操作直至灯检结束，将不合格品数清，倒入套有塑料袋的废弃物桶中进行处理。

3. 生产结束后的操作

（1）灯检岗位操作工填写中间产品递交单，进行中间产品的交接，中间产品转入外包装岗位，中间产品递交单自留一份贴于批生产记录上，交给外包装岗位操作工一份。

（2）按照《一般生产区容器具及工器具清洁规程》《一般生产区厂房清洁规程》和《一般生产区周转车清洁规程》进行各项清洁。

（3）质量保证部监控员检查清洁清场合格后，在“清场记录”上签字，并签发“清场合格证”正副本。

（4）灯检工序班长将正本“清场合格证”“清洁记录”“清场记录”纳入本批批生产记录，副本“清场合格证”插入灯检室“已清洁”标志牌上，作为下次生产前检查的凭证，纳入下批批生产记录中。

（5）灯检工序班长将填写好的批生产记录（见表 5-8）整理后交给车间主任。

表 5-8　灯检批生产记录

产品名称			规格		生产批号			
生产批量			生产日期	年　月　日				
上工序移交数量								
项目		灯检人员						合计
不合格项目	玻璃							
	异物							
	装量							
	瓶盖							
	破损							
	小计							
投入量：　支		产出量：　支		废品量：　支		物料平衡：　%		
操作人：		复核人：		日期：　年　月　日　时　分				
质量监控：		结论：		QA 检查员：		日期：　年　月　日		
移交数量：		移交人：		接收人：		日期：　年　月　日		
生产过程异常情况：无（　） 有（　）按“生产过程偏差处理管理规程”处理并附记录								

任务二　注射用青霉素钠的制备

处方　　规格：40 万单位，0.24 g/支

青霉素 G 钠	240 g（40 万单位）
制成	1 000 支

第一部分 理论知识

一、注射用无菌粉末的定义及分类

1. 定　义

注射用无菌粉末又称粉针，系用无菌操作法将经过无菌精制的药物分（灌）装于无菌容器中，临用前再用灭菌的注射用溶剂溶解或混悬而制成的剂型。凡遇热或遇水不稳定的药物，如青霉素类、辅酶、蛋白酶类药物等均需制成粉针。

2. 分　类

根据药物的性质和生产工艺的不同，注射用无菌粉末可分为两种，一种是无菌分装制剂，是利用灭菌溶剂结晶法或喷雾干燥法等将原料制成无菌粉末，在无菌条件下直接进行分装，如注射用青霉素 G 钠盐等；另一种是冷冻干燥制剂，是将药物溶液进行无菌分装，然后进行冷冻干燥制成的固体块状物，如辅酶 A 等酶制剂。

二、冷冻干燥的定义及特点

1. 定　义

冷冻干燥也称升华干燥，是将需要干燥的药物溶液预先冷冻成固体，然后在低温与高真空度条件下，从冻结的固态不经过液态而直接升华除去水分的一种干燥方法。冷冻干燥适宜于热敏性、易水解、易氧化及易挥发成分的干燥，常用于血浆、血清、抗生素、激素等生物制品和蛋白质、酶类药品。

若药物极不稳定，不易用一般精制的手段得到无菌的粉末原料，则可采用冷冻干燥的方法，使已滤除微生物的溶液，降温冻结成固体，然后低温抽真空使溶剂水从冰冻的固态直接升华成气体而使药物干燥成疏松的块状或粉末状产品，在无菌操作条件下分装入灭菌容器中，这类制剂称无菌冻干粉注射剂，俗称注射用冻干制品。此法特适用于对热敏感、在水溶液中不稳定的药品的干燥。

2. 冷冻干燥的特点

（1）可避免药品因受热而分解变质，如不会引起产品中的蛋白质变性。

（2）冻干制品质地疏松，保持了原冻结前的体积，加水后可迅速溶解，恢复药液原有特性。

（3）含水量低。在冷冻干燥中，可除去 95%～99%的水分，这有利于制品的长期保存；同时干燥在真空中进行，制品不易氧化，有利于产品长期储存。

（4）干燥在密闭条件下进行，产品中的微粒数比用其他方法生产的产品少。

（5）产品剂量准确，外观优良。

三、冷冻干燥常见问题及解决措施

1. 产品含水偏高

（1）原因：

① 容器药液装量过厚；② 升华干燥过程中供热不足；③ 干燥室真空度不够，冷凝器温度偏高。

（2）解决措施：

① 一般药液装量厚度应在 10 ~ 15 mm；② 增强供热；③ 调整干燥室真空度和冷凝器温度。

2. 成品萎缩

（1）原因：

① 残存水分过高，出箱后吸收水分产生空洞、萎缩；② 药液或支架剂浓度过低。

（2）解决措施：

① 控制成品含水量；② 调整药液或支架剂浓度，使固形物含量为 4% ~ 25%。

3. 喷　瓶

（1）原因：

① 预冻温度过高，冻结不实；② 升华供热过快，局部过热融化；③ 药液浓度过低。

（2）解决措施：

① 控制预冻温度，保证药液冻实；② 控制升华温度不超过共熔点；③ 适当增加固形物含量。

4. 产品颜色和孔隙度不均匀

（1）原因：预冻不及时，溶液产生沉淀。

（2）解决措施：及时预冻。

第二部分　生产操作

第 1 步　称量配料

按“制剂前处理称量配料”操作，称取分装于无菌大瓶中的无菌粉末青霉素 G 钠，交制剂车间分装。

第 2 步　洗瓶与灭菌

1. 洗　瓶

西林瓶经初步处理后，进入洗瓶传送带，设备自动注入纯化水，毛刷内外刷洗后，再经注射用水内外喷淋，无菌空气吹尽残水。

2. 瓶灭菌（远红外隧道烘箱灭菌）

依次将电热自控仪表、风机开关打开，根据工艺要求设定灭菌参数后开始灭菌。预热段 T_1: 250 ~ 300 °C，灭菌段 T_2: 350 ~ 380 °C，保温段 T_3: 350 ~ 380 °C，冷却段 T_4: 250 ~ 120 °C，

出口温度 T_5：40 °C 以下。烘箱出瓶口局部环境为 A 级。

第3步　胶塞洗涤与灭菌

胶塞倒入洗涤罐，在压缩空气搅拌下用纯水漂洗 30 min，再用注射用水漂洗 15 min。捞出盛于不锈钢盘，送进烘箱干燥灭菌，干燥温度 121 °C、干燥时间 1 h，灭菌温度 121 °C、灭菌时间 2 h。

第4步　铝盖洗涤与灭菌

先目视检查铝盖外观，检出不合格铝盖。合格铝盖先用 50% ~ 60%肥皂溶液洗涤，再分别用饮用水、注射用水冲洗干净，于 121 °C±5 °C 干燥，180 °C 灭菌 1 h。

第5步　分　装

1. 空瓶的准备

（1）用 75%乙醇溶液擦拭消毒不锈钢盘，备用。

（2）从隧道烘箱进入无菌室的西林瓶要进行在线空瓶检查，挑出炸瓶、破口瓶，内有玻璃、异物和色点等不合格品。

（3）若发现炸瓶过多，超出正常范围，应及时通知洗瓶岗位调节隧道烘箱温度。

（4）如分装机发生故障，空瓶积压时，应将多余的瓶子拨离到不锈钢盘中，盖上不锈钢盖，待用。

（5）当隧道烘箱输送结束时，或瓶子供应不上分装时，应将不锈钢盘中的瓶子续加到拨瓶甩盘中，保证分装供瓶最佳状态，直至生产结束。

2. 分　装

（1）无菌原料药粉按《物料进出洁净区清洁消毒规程》进入备料间。

（2）将灭菌合格的胶塞从储存室取出，送入分装间，核对胶塞的消毒灭菌时间，用 75%乙醇溶液消毒盛装胶塞的不锈钢容器外表，拆封，将胶塞倒入胶塞振荡器中。

（3）开启分装机及输送带电源，检查运行正常后，按分装机操作规程安装分装机各零件。

（4）记录青霉素 G 钠的批号、批量、桶（袋或瓶）数、含量，按标准量计算公式，复核装量。将青霉素 G 钠原料在备料间用 75%乙醇溶液消毒包装外表，称出原料重量，并记录，送至分装室。

（5）目检原料粉末外观、色泽，有无异物、结块情况，确认无误后，倒入分装机料斗中。

（6）调节分装机，使装量调到规定范围，每个分装头取 5 瓶，称装量，如有一瓶不合格再抽取 10 瓶，如还有一瓶不合格，再继续进行调整，直至装量合格稳定后开始正式分装。

（7）分装过程中每 10 min 从每个分装头取下 2 瓶，检查装量并做好记录。

（8）分装过程中如发现装量不在规定范围内应立即停机，重新调整装量至稳定无误后才能恢复生产。

3. 注意事项

（1）分装过程中，应注意分装机视粉罩内保持一定的药粉，胶塞振荡器中保持一定量的胶塞，随时注意轨道上有无胶塞，以免漏塞。

（2）分装过程中如有打碎瓶，则立即停机，取出破瓶，作废瓶处理；取出拨瓶盘上未盖上胶塞的半成品，作废品处理。

（3）无菌分装室空气洁净度为 A 级，温度控制在 20 ~ 25 °C，相对湿度为 55%左右。

（4）操作人员不得裸手操作，不可避免时应手部消毒。

（5）如发现无菌原料药粉内有黑点、线头、毛、点等异物时，应立即停用，将药粉倒回原桶，密封并贴挂标签，注明品名、批号、重量、停用原因，及时通知生产及质量管理部门。

知识拓展五十二

安瓿清洗机标准操作规程

1. 开机前准备

（1）检查设备清洁情况。

（2）检查水、气供应情况。

（3）检查洗瓿用水澄明度。

（4）检查润滑凸轮、导柱是否需上润滑油。

（5）设定水位，向水箱内注入澄明度合格的注射用水，达到水位后自动加热，水温 55 °C±5 °C。

（6）打开总电源，红黄灯闪亮，机器处于准备状态，将面板上所有开关置于自动状态，红黄灯灭，机器处于待启动状态。

（7）试开动运行，检查设备动转是否正常，有无异常声响。

2. 自动操作

（1）将待洗安瓿排放在不锈钢传送网上，所有操作按钮置于自动状态，按启动按钮，自动操作。

（2）在网带的带动下安瓿向前送进，理瓿机构将安瓿推入水平 V 型槽内，水平推瓿机构把 V 型槽内的安瓿推入自动定心的瓿槽内。

（3）洗瓿。

① 在间歇机构作用下，安瓿随冲洗送链依次向前推进到达洗瓿工位，冲洗针管在凸轮作用下，通过瓶槽底孔将针插入瓿内，水经针管射入瓿内壁，同时经外喷嘴冲洗瓿外壁，用循环水洗安瓿内壁 3 次，洗瓿外壁 1 次。

② 最后一次洗瓿后，压缩空气经针管射入瓿内壁，吹净瓿内的循环用水，再用澄明度合格的注射用水对内壁瓿进行冲洗，用压缩空气吹净瓿内注射用水，反复两次。水压为 0.25 MPa，压缩空气压力为 0.5 MPa。

（4）出瓿。清洗后的安瓿，靠自重和抖动机构敲击下，自动滑入输出装置。摆动组件通过出瓿通道组件把瓿由倾斜状态翻转成瓿口朝上的垂直状态，依次进入出瓿网带。

（5）操作时随时查看水、气、压力表压力，以便保证洗瓿质量。

（6）操作时随时检查管路，若发现渗漏应及时修理。

（7）随时注意针管是否插入安瓿内。

3. 洗瓿结束后关机

洗瓿结束，关闭总电源及所有操作组件。

4. 清洗机的清洁

按安瓿清洗机清洁规程对清洗机进行清洁。

知识拓展五十三

安瓿清洗机清洁规程

1. 清洁频度

（1）生产前、生产结束后各清洁 1 次。

（2）每星期生产结束后清洁、消毒 1 次。

（3）特殊情况随时清洁、消毒。

2. 清洁工具

不脱落纤维的清洁布、毛刷、镊子、橡胶手套、清洁盆、撮子等。

3. 清洁剂

雕牌洗涤剂。

4. 消毒剂

5%甲酚皂溶液、0.2%新洁尔灭溶液、75%乙醇溶液。

5. 清洁方法

（1）生产操作前清洁：用清洁布擦拭设备进瓿口处、出瓿口处。

（2）生产结束后清洁：

① 关闭总电源及各操作钮，用毛刷清除传送带、V 型槽及进瓿通道末端的碎玻璃，并用水冲洗清洗机理瓿、洗瓿机构及送瓿通道。

② 将水箱内水排净后，取下水箱，全面清洁水箱及水箱内网式过滤器。

③ 用清洁布擦拭清洗机各表面，清除表面污迹。

（3）每星期生产结束后，用消毒剂彻底消毒设备各表面。

（4）填写设备清洁记录，QA 检查员检查合格后，贴挂“已清洁”状态标志卡。

6. 清洁效果评价

设备各表面光亮洁净，无可见污迹。

7. 清洁工具清洗及存放

按《清洁工具清洁规程》对清洁工具进行清洁消毒，在清洁工具间存放。

知识拓展五十四

灌封机操作规程

1. 开机前的检查及准备

（1）用 75%乙醇溶液清洁、消毒灌封机进瓿斗、出瓿斗、齿板及外壁。

（2）安装灌注系统。

① 对手部消毒后，从容器中取出玻璃灌注器，检查是否漏气。

② 将玻璃灌注器分两部分，粗的玻璃管带细出口的一头装入灌注器钢套中，放入皮垫；细玻璃管带细出口的一头套上弹簧和应垫、钢套盖，将两部分组装，拧紧钢套盖。

③ 灌注器的上下出口处分别用较短的胶管连接，灌注器上部胶管连接上活塞，上活塞与针头之间用胶管连接，将针头固定在针头架上，拧紧螺丝。

④ 将灌注器底部安装在灌封机的灌注器架上，灌注器上部卡在顶杆套上。

⑤ 灌注器下部胶管道接下活塞，下活塞与玻璃三通一边出口处用胶管连接，玻璃三通另一边出口处用胶管连接另一个灌注器的下活塞，玻璃三通中间上出口处用胶管连接，并用止血钳夹住。

⑥ 玻璃三通下部出口处，用较长的胶管连接下活塞，放入过滤后的注射用水瓶中，冲洗灌注系统。

（3）用手轮顺时针转动，检查灌封机各部运转情况，有无异常声响、震动等，并在各运转部位加润滑油。

2. 开机操作

（1）取灭菌后的安瓿，用镊子挑出碎口及不合格的安瓿，将合格的安瓿放入进瓿斗，取少许安瓿摆放在齿板上。

（2）打开燃气阀，点燃火焰并调整火焰，启动电机，进行试开机。

（3）检查针头是否与安瓿口发生摩擦，针头插入安瓿的深度和位置是否合适。如果针头与安瓿口发生摩擦，必须重新调整针头位置，使操作达到灌装技术标准。

（4）根据装量通知单，用相应体积的干燥注射器及注射针头抽尽瓿内药液，然后注入标化的量筒，在室温下检视装量不得少于其标示量。

（5）观察安瓿封口处玻璃受热是否均匀。如果安瓿封口处玻璃受热不均，将安瓿转瓿板中的顶针上下移动，使顶针面中心对准安瓿中心，安瓿顺利旋转，使封口处玻璃受热达到均匀。

（6）观察拉丝钳与安瓿拉丝情况，如果钳口位置不正时，调节微调螺母，修正钳口位置，使拉丝钳的拉丝达到技术要求。

（7）将灌封机各部运转调至生产所需标准，开始灌封。

（8）将灌注系统的下活塞放入澄明度合格的滤液瓶内，密封瓶口，在出瓿斗处放洁净的钢盘，灌装封后的安瓿。

（9）灌封时，观察针头灌药情况，每隔 20～30 分钟检查一次装量。

（10）更换外头、活塞等用器具时，应检查药液澄明度及装量，合格后才可继续灌封。用镊子随时挑出灌封不良品。

（11）调整灌封机各部件后，螺丝必须拧紧。

3. 关　机

灌封结束后，关闭燃气阀、电源，拔下电源插头。

4. 拆卸灌注系统

5. 清洁消毒

灌封机按灌封机清洁、消毒规程清洁、消毒。

知识拓展五十五

灌封机清洁消毒规程

1. 清洁消毒频度

（1）生产操作前、生产结束后各清洁消毒 1 次。

（2）更换品种时必须按本程序清洁消毒。

（3）设备维修后必须彻底清洁消毒。

2. 清洁工具

不脱落纤维的灭菌清洁布、橡胶手套、毛刷、清洁盆、撮子、镊子。

3.消毒剂

0.2%新洁尔灭溶液、75%乙醇溶液。

4. 清洁消毒方法

（1）生产操作前：用消毒剂清洁消毒灌封机进瓶斗、出瓶斗、齿板及外壁。

（2）生产结束后：

① 关闭燃气阀、电源开关，拔下电源插头，拆卸灌注系统并放在指定容器内。

② 将进瓶斗、出瓶斗、齿板以及灌封机各部存在的碎玻璃屑清除干净。

③ 用灭菌清洁布，将进瓶斗、出瓶斗、齿板以及灌封机上的药液、油垢擦拭干净，再用干灭菌清洁布擦一遍。

④ 用消毒剂清洁消毒进瓶斗、出瓶斗、齿板以及灌封机外壁。

⑤ 清除灌封机周围地面玻璃屑，用消毒剂清洁消毒地面。

⑥ 灌封机清洁消毒后，填写设备清洁记录，经 QA 检查员检查合格后，贴挂“已清洁”状态标志卡，人员退出灌封室时将门关严。

5. 清洁效果评价

灌封机表面无污迹，光亮清洁。

6. 灌注系统清洁灭菌

（1）在洁净区清洁间，先用纯化水冲洗各部件后，再用 3%双氧水浸泡 8 小时，除去热原。

（2）将双氧水倒掉，用 0.22 μm 滤膜过滤的注射用水冲洗各部件 5 分钟，放入指定的洁净容器内，于脉动真空灭菌器经 132 °C 灭菌 5 分钟后，备用。

7. 清洁工具的清洗消毒

按《清洁工具清洁规程》对清洁工具清洁、消毒，在清洁工具间指定地点存放。

知识拓展五十六

真空冷冻干燥机操作规程

1. 开机前的准备

（1）操作人员按《进出一般生产区更衣规程》进行更衣。

（2）打开冷却水，检查真空泵油表的油面是否在视镜的两条油标线之间，检查压缩机中是否有油，相关的制冷阀门是否处于开启状态。

（3）打开电源，面板上随即有显示，启动真空泵及压缩机，观察运转中有无异常声响及特殊的震动，均无问题方可正式开机。

2. 开机操作

（1）制冷。

① 打开 FP（循环泵），“424 混合液”介质（酒精：水：乙二醇为 2：4：4）将在板层中循环，循环大约 10 秒钟。

② 启动 CP_1 压缩机，10 秒钟后开启板冷电磁阀 1（FVS_1）。

③ 启动 CP_2 压缩机，10 秒钟再开启板冷电磁阀 2（FVS_2）。

（2）冷凝：当制品温度达到工艺要求的温度（按品种而定）并保持 1 个小时，每块板的测温探头都达到此温度（一般要−35 °C ~ −40 °C）时，将板冷电磁阀（FVS_1、FVS_2）关闭，打开 FVC_1、FVC_2，这时 1#、2#压缩机对冷凝器进行降温。

（3）抽真空：后箱冷凝器温度降至−40 °C 以下并保持一段时间后，打开 VP_1、VP_2（真空泵 1#、2#），5 分钟后打开小蝶阀，这时真空泵对冷凝器进行抽真空，30 分钟后，打开大蝶阀，真空泵将对整个系统抽真空。

此阶段为产品的升华阶段，其水分在真空的作用下大量升华。为稳定升华速度，板层要向制品提供能量，也就是需加热，板层的加热一般应在箱内真空度达到 10 Pa 以下进行。

（4）二次干燥：在冻干过程中，升华阶段占用大部分干燥时间。当产品中的冻结冰已不存在时，升华阶段结束，但此时制品中还含有 5% ~ 10%的水分，并未达到工艺要求，所以需进行二次干燥。二次干燥方法有两种。

① 提高板层温度以增加供热量。

② 提高干燥箱的压力，以加快热量传送（也就是对冻干箱真空进行控制）。打开掺气微调阀来控制，设计值一般在 10 ~ 30 Pa 也就是掺气到 30 Pa 停止，再恢复到 10 Pa 继续进行。一旦产品的温度达到最高的许可温度之后，应使干燥箱恢复高真空。

在真空下使残余水分强行解脱后，将掺气停止。高真空保持时间要依制品的含水量要求而定，一般保持 2 个小时左右。

（5）冻干结束：

① 关闭大蝶阀；

② 依次关闭小蝶阀、真空泵、冷凝器、FVS_1、FVS_2、FVC_1、FVC_2、电加热、循环泵。开放气阀，使箱内压力恢复大气压。

③ 制品出箱后，将所有开关复位，关闭电源开关，关闭冷却水。

（6）冷凝器除霜：

① 冷凝器除霜可以与干燥箱的进出料同时进行。

② 确认大、小蝶阀已关闭，打开冷凝器放气阀（即溢流阀）将冷凝器内恢复至大气压，然后打开化霜水进水阀，接通化霜水，当水达到溢流口处流出时迅速关掉化霜水开关，保持一段时间后，可将水放掉。根据化箱水的温度和结霜的厚度反复进水、放水，直至化霜彻底完成后排尽冷凝器中的存水。化霜结束后应使开关复位。

3. 操作过程中的控制及复核

（1）开机与关机时应由二人核对进行。

（2）冷凝器在 30～40 分钟应达到-40 °C，当制品预定温度保持 1 小时，且冷凝器在-40 °C 以下并保持一段时间后方可进行抽真空。

（3）每 30 分钟记录一次板温、料温及压力。记录仪上制品的温度曲线要与板温曲线重合。

4. 操作中注意事项

（1）经常检查真空泵及压缩机表的油位。

（2）经常注意真空泵及压缩机运转是否正常，有无特殊声响，电机是否超负荷运转。

（3）注意真空泵温度升高不能超 40 °C。

（4）如停机后，泵温要降到 5 °C 以下时，泵内冷却水必须除净。溢流口流出水时应及时将阀门关掉，操作人员不能离开，否则将损害设备。

5. 操作中异常情况及处理

操作中异常情况的原因及处理见表 5-9。

表 5-9　真空冷冻干燥机操作异常情况的原因及处理

异常情况	原　因	处　理
冷凝温度高	1、冷却水不足	开大供水阀门
	2、冷却水温度高	降低冷却水温度
	3、冷凝器分水不均匀	采取措施均匀分水
	4、冷凝器有大量空气	排除系统中的空气
噪声	1、真空泵旋片弹簧折断	检查、更换
	2、进油量增大	调整
	3、轴承磨损	更换
突然停机	1、真空泵吸入异物	立即断电，拆泵检查
	2、皮带断裂	及时更换
	3、停电	马上更换另一套发电设备

出现异常情况要立即向主管人员报告，并填写异常情况报告并及时处理。

6. 设备的维护与保养

（1）要经常检查真空泵、压缩机等零件部位组合松紧，要定期用汽油或酒精彻底清洗全部零件。

（2）凡转动的部分要定期加润滑油，如发现有磨损或损坏等现象，应及时进行修理或更换。

知识拓展五十七

真空冷冻干燥机清洁消毒规程

1. 清洁消毒频度

（1）每次使用前、后，分别清洁消毒一次。

（2）每周要清洁消毒一次。

（3）冷冻干燥机维修后要清洁消毒。

2. 清洁消毒的准备

（1）清洁工具：不脱落纤维和颗粒的灭菌清洁布、经消毒的镊子、毛刷、撮子、清洁布。

（2）清洁剂及消毒剂的配制。

① 清洁剂的配制：用纯化水冲洗干净的桶量取 10 000 mL 纯化水，加入适量清洁剂搅拌均匀后，经 0.22 μm 滤膜过滤到灭菌容器中，封好备用。

② 消毒剂 75%乙醇溶液配制：取 4 000 m 195%的乙醇用注射用水加至 5 066 mL，然后用 0.22 μm 滤膜过滤到灭菌的广口瓶中备用。

③ 清洁用水：注射用水。

3. 清洁方法

（1）日常清洁、消毒。

① 冷冻干燥机操作人员每天用清洁布将冻干机后箱表面擦拭干净，滴有油污的地方要用清洁剂擦拭。

② 冻干机前箱门口处于无菌室内，灌封人员要对其进行清洁。

a. 用镊子、毛刷将冻干箱板上遗漏的安瓿放到撮子中，按《生产废弃物处理规程》进行处理。

b. 用 75%乙醇溶液浸湿灭菌清洁布，将前箱表面、箱内搁板、箱内四周擦拭，并喷洒 75%乙醇适量，10～20 分钟乙醇挥发完毕后，关闭箱门待用。

（2）每周大清扫或维修时的清洁消毒方法。

① 按《洁净区臭氧消毒灭菌规程》对冻干机前箱进行消毒。

② 臭氧消毒结束后，先清除箱内表面残留物，然后对冻干箱进行清洁消毒。

4. 清洁消毒评价

冷冻干燥机表面无油垢、无异物、清洁光亮。

5. 清洁消毒结果的检查

经 QA 检查员确认合格后在清洁消毒记录上签字，并将冻干机挂上状态标志牌。

6. 清洁工具的清洁与存放

（1）先将清洁用的灭菌布、镊子和毛刷用清洁剂彻底清洁，再用纯化水漂洗干净后，灭菌，备用，存放于洁净区的清洁间内。

（2）撮子先用水冲洗干净后，用清洁剂擦拭，然后用消毒剂消毒备用。

巩固练习

一、选择题

1.【A 型题】（单项选择题）

（1）注射剂按下列给药途径，不能添加抑菌剂的是（　　）。

A. 肌肉注射　　B. 皮内注射　　C. 皮下注射

D. 穴位注射　　E. 静脉注射

（2）供脊椎腔注射的注射剂的 pH 应为（　　）。

A. 酸性　　B. 偏酸性　　C. 中性

D. 偏碱性　　E. 碱性

（3）在下列有关热原检查法的叙述中，错误的为（　　）。

A. 法定检查方法为家兔致热试验和鲎试验法

B. 鲎试验法比家兔试验法更灵敏

C. 鲎试验法操作简单，结果迅速可靠

D. 鲎试验法特别适用于生产过程中的热原控制

E. 鲎试验法对一切内毒素均敏感，可代替家兔试验法

（4）注射用油的精制方法应为（　　）。

A. 除臭→脱水→中和→脱色→灭菌

B. 脱水→除臭→中和→脱色→灭菌

C. 中和→除臭→脱水→脱色→灭菌

D. 中和→脱色→脱水→除臭→灭菌

E. 脱色→脱水→除臭→中和→灭菌

（5）下列表面活性剂中，可用作注射剂增溶剂的是（　　）。

A. 吐温 80　　B. 月桂醇硫酸钠　　C. 硬脂酸钾

D. 鲸蜡醇硫酸钠　　E. 硬脂醇硫酸钠

（6）适用于注射剂偏碱性药液的抗氧剂应为（　　）。

A. 焦亚硫酸钠　　B. 亚硫酸氢钠　　C. 硫脲

D. 硫代硫酸钠　　E. 抗坏血酸

（7）为防止注射剂中药物氧化，除加入抗氧剂、金属络合剂外，可在灌封时向安瓿内通入（　　）。

A. O_2　　B. N_2　　C. Cl_2　　D. H_2

E. 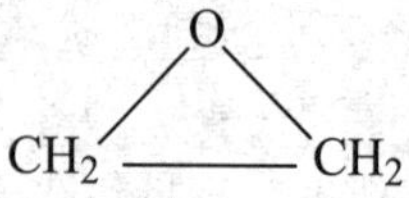

（8）在下列常用的注射剂抑菌剂中，既有抑菌作用又有止痛作用的为（　　）。

A. 苯酚　　B. 甲酚　　C. 氯甲酚

D. 三氯叔丁醇　　E. 硝酸苯汞

（9）用水醇法制备中药注射剂时，为除去中药注射用原液中的蛋白质和多糖，应将含醇量调整为（　　）。

A. 45%　　B. 55%　　C. 65%

D. 75%　　E. 85%

（10）当归注射剂的制备宜选用（　　）。

A. 渗漉法　　B. 蒸馏法　　C. 双提法

D. 水醇法　　E. 醇水法

（11）注射剂最显著的优点为（　　）。

A. 药效迅速、作用可靠

B. 适用于不能口服给药的病人

C. 适用于不宜口服的药物

D. 可发挥局部定位作用

E. 比较经济

（12）注射用水从制备到使用不得超过（　　）。

A. 5 h　　B. 10 h　　C. 12 h

D. 10 h　　E. 20 h

（13）在水中溶解度低或为了延长作用时间的药物可制成（　　）。

A. 粉针剂　　B. 注射用片剂　　C. 水溶性注射剂

D. 乳浊型注射剂　　E. 混悬型注射剂

（14）溶液不稳定的药物可制成（　　）。

A. 粉针剂　　B. 注射用片剂　　C. 水溶性注射剂

D. 乳浊型注射剂　　E. 混悬型注射剂

（15）热原的主要成分是（　　）。

A. 胆固醇　　B. 生物激素　　C. 磷脂

D. 脂多糖　　E. 蛋白质

（16）药典规定制备注射用水的方法为（　　）。

A. 澄清滤过法　　B. 电渗析法　　C. 反渗透法

D. 蒸馏法　　E. 离子交换法

（17）下列条件中能彻底破坏热原的是（　　）。

A. 60 °C 加热 120 min　　B. 100 °C 加热 60 min　　C. 150 °C 加热 30 min

D. 180 °C 加热 30 min　　E. 250 °C 加热 30 min

（18）醇溶液中欲除去鞣质，pH 应调至（　　）。

A. 6 以上　B. 不超过 6　C. 8 以下　D. 8　E. 8 以上

（19）水醇法提取精制中药溶液时，不易除去的杂质是（　　）。

A. 淀粉　B. 鞣质　C. 黏液质　D. 多糖　E. 蛋白质

（20）挥发油注射液配制时常加入适量的氯化钠，目的是（　　）。

A. 盐析　B. 防腐　C. 调整渗透压　D. 增溶　E. 调节 pH 值

（21）中药有效成分为挥发性成分时，通常采用的提取方法是（　　）。

A. 水蒸气蒸馏法　B. 透析法　C. 酸碱法

D. 水醇法　E. 萃取法

（22）要求注射剂必须等渗的给药途径是（　　）。

A. 脊椎腔注射　B. 穴位注射　C. 静脉注射

D. 肌内注射　E. 皮下注射

（23）配制中药注射剂常用的增溶剂是（　　）。

A. 吐温 20　B. 吐温 60　C. 吐温 80　D. 司盘 80　E. 司盘 60

（24）在配制中药注射剂时常将药液进行热处理后冷藏，目的是（　　）。

A. 除去热原　B. 除去杂质　C. 除去细菌　D. 除去氧气　E. 增溶

（25）下列能发生溶血的输液是（　　）。

A. 1%葡萄糖注射液　B. 10%葡萄糖注射液

C. 20%葡萄糖注射液　D. 25%葡萄糖注射液

E. 50%葡萄糖注射液

（26）《中国药典》2015 年版四部规定，注射液标示量为 2 mL 的易流动液体增加的装量为（　　）。

A. 0.60 mL　B. 0.50 mL　C. 0.30 mL　D. 0.15 mL　E. 0.10 mL

（27）在无菌操作的情况下，空安瓿应选用的灭菌方法是（　　）。

A. 紫外线灭菌法　B. 干热空气灭菌法　C. 火焰灭菌法

D. 湿热灭菌法　E. 煮沸灭菌法

（28）《中国药典》2015 年版四部规定，注射液标示量为 2 mL 的黏稠液体增加的装量为（　　）。

A. 0.70 mL　B. 0.50 mL　C. 0.25 mL　D. 0.15 mL　E. 0.12 mL

（29）输液剂的灭菌方法通常采用（　　）。

A. 紫外线灭菌法　B. 干热空气灭菌法　C. 火焰灭菌法

D. 热压灭菌法　E. 煮沸灭菌法

（30）一般注射剂从配制到灭菌不应超过（　　）。

A. 1 h　B. 2 h　C. 5 h　D. 10 h　E. 12 h

（31）一般 1 ~ 5 mL 的中药注射剂灭菌多采用（　　）。

A. 流通蒸汽灭菌 100 °C，30 min　B. 流通蒸汽灭菌 100 °C，45 min

C. 热压灭菌 115 °C，45 min　D. 热压灭菌 121 °C，45 min

E. 低温间歇灭菌

（32）一般 10 ~ 20 mL 的中药注射剂灭菌多采用（　　）。

A. 流通蒸汽灭菌 100 °C，30 min　B. 流通蒸汽灭菌 100 °C，45 min

C. 热压灭菌 115 °C，45 min　　D. 热压灭菌 121 °C，45 min

E. 低温间歇灭菌

（33）输液剂中不得含有（　　）。

A. 抑菌剂　　B. 乳化剂　　C. 抗氧剂

D. 渗透压调节剂　　E. pH 调节剂

（34）混悬液型注射剂必须严格控制药物颗粒大小，99%的颗粒直径应在（　　）。

A. 1 μm 以下　　B. 1 μm 以上　　C. 2 μm 以下

D. 2 μm 以上　　E. 3 μm 以下

（35）混悬液型注射剂必须严格控制药物颗粒大小，供一般注射者，颗粒应小于 15 μm，15 ~ 20 μm 颗粒应不超过（　　）。

A. 1%　　B. 5%　　C. 10%　　D. 15%　　E. 20%

（36）在精制中药提取液时，加入明胶的目的是除去（　　）。

A. 蛋白质　　B. 鞣质　　C. 淀粉　　D. 多糖　　E. 无机盐

（37）蒸馏水器上的隔沫装置的作用是防止（　　）。

A. 蒸汽逸散　　B. 暴沸　　C. 蒸馏速度过快

D. 带入热原　　E. 带入废气

（38）可制备注射用水和洗涤容器用的水是（　　）。

A. 自来水　　B. 矿泉水　　C. 湖水　　D. 深井水　　E. 纯化水

（39）下列可除去鞣质的方法是（　　）。

A. 离心法　　B. 醇水法　　C. 水醇法　　D. 聚酰胺吸附法

E. 酸碱法

（40）在注射剂里加亚硫酸钠的目的是防止（　　）。

A. 水解　　B. 沉淀　　C. 变色　　D. 氧化　　E. 变旋

（41）下列属于等渗的葡萄糖溶液是（　　）。

A. 2.5%　　B. 5.0%　　C. 10%　　D. 20%　　E. 50%

（42）中药注射剂中加入枸橼酸的目的是（　　）。

A. 防止水解　　B. 调节 pH 值　　C. 延缓吸收

D. 防止氧化　　E. 调节渗透压

（43）中药注射液精滤宜选用（　　）。

A. 微孔滤膜滤器　　B. 1 号垂熔滤器　　C. 2 号垂熔滤器

D. 滤棒　　E. 滤纸

（44）下列氯化钠注射液中，为等渗浓度是（　　）。

A. 0.9%　　B. 2.5%　　C. 5.0%　　D. 10%　　E. 15%

（45）中药注射剂中加入苯甲醇的目的是（　　）。

A. 稳定成分　　B. 增溶　　C. 止痛与抑菌　　D. 防止氧化

E. 使药效物质均匀分散

（46）注射剂的 pH 值要求一般控制在（　　）。

A. 4.0 ~ 9.0　　B. 4.0 ~ 8.0　　C. 5.0 ~ 9.0　　D. 6.0 ~ 9.0　　E. 7.4

（47）下列不属于注射用水质量检查项目的是（　　）。

A. 硝酸盐检查　　B. 易氧化物检查　　C. 氯化物检查
D. 重金属检查　　E. 刺激性检查

（48）下列关于热原性质的叙述，不正确的是（　　）。
A. 滤过性　　B. 挥发性　　C. 被吸附性
D. 耐热性　　E. 水溶性

（49）小剂量注射剂与输液剂的区别之一是（　　）。
A. 钾离子不能超标　　B. 要调节渗透压
C. 灌封后立即灭菌　　D. 可加抑菌剂、止痛剂
E. 刺激性检查

（50）处理安瓿的工序是（　　）。
A. 切割→圆口→洗涤→灌水蒸煮→干燥与灭菌
B. 洗涤→切割→圆口→灌水蒸煮→干燥与灭菌
C. 切割→洗涤→圆口→灌水蒸煮→干燥与灭菌
D. 灌水蒸煮→切割→洗涤→圆口→干燥与灭菌
E. 切割→圆口→灌水蒸煮→洗涤→干燥与灭菌

二、名词解释

（1）热原
（2）等渗溶液
（3）等张溶液

三、填空题

（1）混悬液型注射剂中药物的粒度应控制在______以下。
（2）乳浊液型注射剂中其分散相粒径一般应在______范围内。
（3）注射剂的 pH 值一般控制在______范围内。
（4）热原具较强的耐热性，一般经______加热 1 h 不受影响，______也不会发生热解，但在______1 min 可使热原彻底破坏。
（5）法定的热原检查方法为______、______。
（6）配制注射剂，必须采用______制备的注射用水，贮存不得超过______h。
（7）水醇法中，含醇量达 75%时，可除去______和______。
（8）超滤法是利用分子分离的______方法。
（9）针用活性炭使用前应在______干燥______h，进行活化处理。
（10）配液所用注射用油，应在使用前经______灭菌______h，待冷却后即刻进行配制。
（11）鲎试剂中含有能被微量细菌内毒素激活的凝固酶原和凝固蛋白原两种物质，______经内毒素激活转化成具有活性的______，进而使______转变为______而形成凝胶。
（12）注射剂不得含任何活的______。
（13）用量大的和供______、______用的注射剂不应含有______。
（14）溶液型注射剂内不得含有可见的______。
（15）供静脉注射的注射剂应具有与血浆相同或接近的______。
（16）能引起恒温动物体温升高的微生物代谢产物称为______，又称为______。
（17）《中国药典》2015 年版四部规定检查热原的方法是______。

（18）《中国药典》2015 年版四部规定注射用水为纯水经______所得的水。
（19）因为热原具有不______，所以制备注射用水采用______。
（20）注射用水从制备到使用不得超过______。
（21）注射剂所用的各种附加剂均应为______规格。
（22）注射液的 pH 值一般应在______。
（23）静脉注射剂应尽可能等张，______注射剂必须等张。
（24）兼有止痛和抑菌作用的附加剂有苯甲醇和______。
（25）常用的渗透压调节剂有______和______。
（26）滴眼剂用缓冲液的目的是减少______、提高______和增强______。
（27）制备中药注射液常用活性炭处理，其作用有______、______和______。
（28）用于眼部手术或创伤的滴眼剂不得加______。
（29）输液剂的配制方法有______和______。
（30）输液剂一般采用______热压灭菌。

四、简答题

（1）简述热原的含义、组成及基本性质。
（2）简述中药注射剂制备的工艺流程。
（3）简述注射剂有哪些特点和质量要求。
（4）简述输液剂药液配制方法中的浓配法。

五、计算题

（1）现有中药提取液 100 mL，经试验测定其冰点下降度为-0.05 °C，需加氯化钠多少克，才能使之成为等渗溶液？（1%氯化钠溶液的冰点下降度为 0.58 °C）

（2）配制 2%盐酸普鲁卡因溶液 200 mL，需加氯化钠多少克，才能使之成为等渗溶液？（1%盐酸普鲁卡因溶液的冰点下降度为 0.12 °C，1%氯化钠溶液的冰点下降度为 0.58 °C）

项目五巩固练习答案

项目实施

劳动组织形式：本项目实施中，对学生进行分组，每 8～10 名学生组成一个工作组。各小组制定出工作计划及实施方案，组长协助教师参与指导组织本组学生学习，检查项目实施进程和质量，制定改进措施，共同完成项目任务。

项目评价：按时间、质量、安全、文明和环保要求进行考核。学生按照表 5-10 进行项目考核评分，先自评，在自评的基础上，由本组的同学互评，最后由教师进行总结评分。

表 5-10　项目考核评价表

姓名：　　　　　　　　　　　　　　　　　　　　　　　　　　总分：

序号	考核项目	考核内容及要求	评分标准	配分	学生自评	学生互评	教师考评	得分
1	时间要求	8 小时	不按时完成无分	10				
2	质量要求	投料	原辅料投料量是否符合生产指令要求，不符合扣 10 分	10				
		配制	配制是否符合工艺规程要求，不符合扣 10 分	10				
		安瓿处理	安瓿洗、烘是否符合工艺规程要求，不符合扣 10 分	10				
		灌装	1. 装量是否符合内控标准，不符合扣 5 分 2. 熔封或轧盖是否闭封，不符合扣 5 分	10				
		灭菌、检漏	1. 灭菌时间是否符合工艺规程要求，不符合扣 10 分 2. 漏液瓶是否选出，不符合扣 5 分	15				
		灯检	不合格品是否清除，不符合扣 10 分	10				
		包装品	1. 说明书、小盒品名、规格、批号应相符，不符合扣 5 分。 2. 装盒、装箱数量是否正确、是否有装箱单，不符合扣 5 分。	10				
3	安全要求		一次不遵守，酌情扣 5 分	5				
4	文明要求		一次不遵守，酌情扣 5 分	5				
5	环保要求		一次不遵守，酌情扣 5 分	5				

注：如出现重大安全、文明、环保事故，本项目考核记为 0 分。

项目作业

灯盏细辛注射液

【处方】灯盏细辛 800 g

【制法】灯盏细辛加水煎煮二次，第一次加水 10 倍量，煎煮 2 小时，第二次加水 5 倍量，煎煮 2 小时，合并煎液，滤过，滤液减压浓缩至相对密度为 1.15～1.25（75 °C）的清膏，取清膏加 3 倍量水稀释，加 5%氢氧化钠溶液调节 pH 至 7.5～8.5，滤过，滤液加 10%硫酸溶液调节 pH 至 2～3，滤过，得滤液和沉淀。取沉淀，用等量水溶解，加 10%氢氧化钠溶液调节 pH 至 5～6，滤过，滤液 20%硫酸溶液调节 pH 至 1～2，滤过，沉淀 90%乙醇等量洗涤 4 次，再用适量 65%乙醇溶解，加 0.5%氢氧化钠溶液调节 pH 至 5～6，滤过，滤液加 10%盐酸溶液调节 pH 至 1～2，滤过，沉淀用 90%乙醇等量洗涤 4 次，真空干燥干膏粉备用；取滤液，通过聚酰胺柱，分别用 4 倍量水、4 倍 40%乙醇、2 倍量 70%乙醇洗脱，弃去水洗脱液，收集 40%乙醇洗脱液、70%乙醇洗脱液，回收乙醇并浓缩至相对密度 1.03～1.08（70 °C）的精膏，加 5%氢氧化钠溶液，调节 pH 至 7.5～8.5，用乙酸乙酯萃取 2 次，每次 3 倍量，取碱水层用 10%盐酸溶液调节 pH 至 2～3.5，用乙酸乙酯萃取 2 次，每次 3 倍量，收集乙酸乙酯提取液，减压回收乙酸乙酯溶液，剩余稠膏加 5 倍量水，煮沸，浓缩至相对密度为 1.20～1.30（45 °C）的清膏，与上述备用的干膏粉，分别加注射用水适量，用 5%氢氧化钠调节 pH 至 7.5～8.5，滤过，滤液备用；另取氯化钠 8 g、活性炭 2 g，加适量注射用水溶解煮沸，滤过，滤液与上述备用滤液合并，混匀，再加注射用水至 1 000 mL，滤过，灌封，灭菌，即得。

按上述处方，学生按事先分组制定灯盏细辛注射液的制备方案，方案经讨论可行后，按方案制备灯盏细辛注射液，做好相关的生产记录。

项目拓展

请结合无菌制剂的相关知识，按制药企业生产的相关要求生产葡萄糖注射液，并做好相应的生产记录。

处方　　规格　100 mL：10 g

注射用葡萄糖	100 g	1%盐酸	适量
注射用水	加至 1 000 mL		
制成	1 000 mL		